高职高专"十三五"规划教材

液压与气动技术
（第4版）

主　编　李海金　管丛江
副主编　王希英　李建兴　高　枫
主　审　赵克定

北京航空航天大学出版社

内 容 简 介

本书从工程实际应用的角度讲述了液压与气动的基础知识,液压元件与气动元件的工作原理、结构特点、使用和维护,液压与气动基本回路及其在典型设备上的应用,液压系统和气动系统的使用、维护、常见故障及其排除方法。

本书的编写以培养技术技能型人才为目标,自始至终贯彻职业教育的定向性、实用性和先进性原则,减少对理论知识与计算公式的推导,突出应用能力和综合素质的培养,注重教、学、做相结合。

本书可作为高职高专院校、成人高校、民办高校及本科学校的职业技术学院机械类、近机械类专业的教材,也可供相关专业的工程技术人员参考。

本书配有教学课件和习题答案供任课教师参考,有需要者请发邮件至 goodtextbook@126.com 或致电(010)82317037 申请索取。

图书在版编目(CIP)数据

液压与气动技术 / 李海金,管丛江主编. --4 版. -- 北京:北京航空航天大学出版社,2018.2
 ISBN 978 - 7 - 5124 - 2619 - 1

Ⅰ.①液… Ⅱ.①李… ②管… Ⅲ.①液压传动-教材②气压传动-教材 Ⅳ.①TH137②TH138

中国版本图书馆 CIP 数据核字(2018)第 011237 号

版权所有,侵权必究。

液压与气动技术(第 4 版)

主 编 李海金 管丛江
副主编 王希英 李建兴 高 枫
主 审 赵克定
责任编辑 董 瑞

*

北京航空航天大学出版社出版发行

北京市海淀区学院路 37 号(邮编 100191) http://www.buaapress.com.cn
发行部电话:(010)82317024 传真:(010)82328026
读者信箱: goodtextbook@126.com 邮购电话:(010)82316936
北京九州迅驰传媒文化有限公司印装 各地书店经销

*

开本:787mm×1 092mm 1/16 印张:14 字数:358 千字
2018 年 2 月第 4 版 2020 年 9 月第 2 次印刷 印数:3 001~4 000 册
ISBN 978 - 7 - 5124 - 2619 - 1 定价:29.80 元

若本书有倒页、脱页、缺页等印装质量问题,请与本社发行部联系调换。联系电话:(010)82317024

前　　言

为贯彻落实教育部《关于深化职业教育教学改革　全面提高人才培养质量的若干意见》《关于全面提高高等教育质量的若干意见》等文件精神，进一步深化职业教育教学改革，全面提高技术技能型人才液压与气动方面的水平，推进高等职业教育教学发展而编写本教材。本次修订基本保留了前3版的结构和特色，修订后本书有以下特点：

1. 书中的结构图清晰直观。本次修订对书中的结构图进行了重新绘制，特别是液压油和空气等工作介质在图中都表示出来了，还增加了部分液压件和气动件的实物图，便于师生理解书中所讲的内容。

2. 执行最新国家标准 GB/T 786.1—2009，对书中全部液压与气动图形符号进行了更新。

3. 当前还有很多液压资料和液压设备上的图形符号用的是旧国标，因而在书后附有新旧液压与气动图形符号，便于师生查找，为学习提供便利。

本教材共13章，由李海金、管丛江任主编并统稿，王希英、李建兴、高枫任副主编，具体分工如下：黑龙江农业工程职业学院李海金编写第1、2章及附录，黑龙江农业工程职业学院管丛江编写第8、13章，哈尔滨学院王希英编写第3章，哈尔滨技师学院高枫编写第5章，宁波城市职业技术学院李建兴编写第6、9、10章，宁波城市职业技术学院张德友编写第4章，黑龙江农业工程职业学院汪振凤编写第7章，黑龙江农业工程职业学院赵作伟编写第11、12章。哈尔滨工业大学赵克定教授任主审。

黑龙江农业工程职业学院辛连学等人对本书的修订提出了许多宝贵的意见。在此,编者向在本书编写中给予支持和帮助的所有同志表示感谢!

由于编者水平有限,书中可能会有许多不足之处,恳请读者批评指正,以便进一步修改完善。

编　者
2018 年 1 月

目 录

第1章 液压传动概述 ... 1
1.1 液压传动的工作原理及系统组成 ... 1
1.1.1 液压传动的工作原理 ... 1
1.1.2 液压传动系统的组成 ... 2
1.1.3 液压传动系统的图形符号 ... 3
1.2 液压传动的特点与应用 ... 4
1.2.1 液压传动的优点 ... 4
1.2.2 液压传动的缺点 ... 5
1.2.3 液压传动的应用 ... 5
1.3 技能训练 液压传动认知 ... 6
1.4 思考练习题 ... 6

第2章 液压传动基础知识 ... 7
2.1 液压油 ... 7
2.1.1 液压油的性质 ... 7
2.1.2 液压油的种类 ... 9
2.1.3 液压油的选用 ... 10
2.1.4 液压油的使用与维护 ... 11
2.2 流量 ... 13
2.2.1 基本概念 ... 13
2.2.2 液流连续性方程 ... 13
2.2.3 孔口流量 ... 14
2.2.4 缝隙流量 ... 14
2.2.5 流量的测量 ... 16
2.3 压力 ... 16
2.3.1 压力的概念及其特性 ... 16
2.3.2 压力的表示方法 ... 17
2.3.3 压力的传递 ... 17
2.3.4 压力的测量 ... 18
2.3.5 静止液体在固体表面上的作用力 ... 19
2.3.6 伯努利方程 ... 19
2.3.7 压力损失 ... 21
2.4 液压冲击和气穴现象 ... 22
2.4.1 液压冲击 ... 22
2.4.2 气穴现象 ... 22
2.5 技能训练 液压油的更换 ... 23
2.6 思考练习题 ... 24

第3章 液压动力元件 ... 26
3.1 液压泵概述 ... 26
3.1.1 液压泵的工作原理 ... 26
3.1.2 液压泵的分类 ... 27
3.1.3 液压泵的性能参数 ... 27
3.2 齿轮泵 ... 29
3.2.1 齿轮泵的特点 ... 29
3.2.2 外啮合齿轮泵 ... 29
3.2.3 内啮合齿轮泵 ... 33
3.2.4 双联齿轮泵 ... 34
3.2.5 齿轮泵的使用与维修 ... 34
3.3 柱塞泵 ... 36
3.3.1 斜盘式轴向柱塞泵 ... 36
3.3.2 斜轴式轴向柱塞泵 ... 40
3.3.3 径向柱塞泵 ... 40
3.3.4 柱塞泵的使用与维修 ... 41
3.4 叶片泵 ... 43
3.4.1 单作用叶片泵 ... 43
3.4.2 双作用叶片泵 ... 45
3.4.3 叶片泵的常见故障及排除方法 ... 48
3.5 各类液压泵的性能比较及选用 ... 49
3.5.1 各类液压泵的性能比较 ... 49
3.5.2 液压泵的选用 ... 50
3.6 技能训练 液压泵的拆装 ... 50
3.7 思考练习题 ... 53

第4章 液压执行元件 ... 55
4.1 液压缸的类型和特点 ... 55
4.1.1 活塞式液压缸 ... 55
4.1.2 柱塞式液压缸 ... 57
4.1.3 摆动式液压缸 ... 58
4.1.4 其他液压缸 ... 59
4.2 液压缸的结构 ... 60
4.2.1 缸筒组件 ... 60
4.2.2 活塞组件 ... 61
4.2.3 密封装置 ... 62
4.2.4 缓冲装置 ... 65
4.2.5 排气装置 ... 66
4.3 液压缸使用与维修 ... 66
4.3.1 活塞式液压缸的使用 ... 66
4.3.2 液压缸的常见故障及排除方法 ... 67
4.4 液压马达 ... 68
4.4.1 高速液压马达 ... 68

        4.4.2　低速大转矩液压马达 70
    4.5　技能训练　液压缸的拆装 71
    4.6　思考练习题 71
第5章　液压控制元件 73
    5.1　方向控制阀 73
        5.1.1　单向阀 74
        5.1.2　换向阀 75
        5.1.3　滑阀式换向阀的常见故障 81
    5.2　压力控制阀 81
        5.2.1　溢流阀 82
        5.2.2　减压阀 83
        5.2.3　顺序阀 84
        5.2.4　压力继电器 85
        5.2.5　压力控制阀的常见故障及排除方法 85
    5.3　流量控制阀 86
        5.3.1　节流阀 87
        5.3.2　调速阀 87
        5.3.3　分流集流阀 88
        5.3.4　流量控制阀的常见故障及排除方法 89
    5.4　新型液压控制元件 90
        5.4.1　插装阀（插装式锥阀或逻辑阀） 90
        5.4.2　叠加阀 92
        5.4.3　电液比例控制阀 93
        5.4.4　电液数字控制阀（简称数字阀） 94
    5.5　技能训练　液压阀的拆装 94
    5.6　思考练习题 96
第6章　液压辅助元件 98
    6.1　蓄能器 98
        6.1.1　蓄能器的结构和性能 98
        6.1.2　蓄能器的用途 99
        6.1.3　蓄能器的安装与使用 100
    6.2　滤油器 100
        6.2.1　滤油器的功用及过滤精度 100
        6.2.2　滤油器的类型及结构 100
        6.2.3　滤油器的安装 103
    6.3　油管及管接头 104
        6.3.1　油管 104
        6.3.2　管接头 104
    6.4　油箱 105
        6.4.1　油箱的作用 105
        6.4.2　油箱的结构 106
    6.5　压力表及压力表开关 107

6.5.1　压力表 …………………………………………………………………… 107
　　　6.5.2　压力表开关 ……………………………………………………………… 107
　6.6　思考练习题 ……………………………………………………………………… 108

第7章　液压基本回路 ………………………………………………………………… 109
　7.1　压力控制回路 …………………………………………………………………… 109
　　　7.1.1　调压回路 …………………………………………………………………… 109
　　　7.1.2　卸荷回路 …………………………………………………………………… 111
　　　7.1.3　减压回路 …………………………………………………………………… 112
　　　7.1.4　增压回路 …………………………………………………………………… 113
　　　7.1.5　保压回路 …………………………………………………………………… 113
　　　7.1.6　平衡回路 …………………………………………………………………… 115
　7.2　速度控制回路 …………………………………………………………………… 116
　　　7.2.1　调速回路 …………………………………………………………………… 116
　　　7.2.2　增速回路 …………………………………………………………………… 118
　　　7.2.3　速度换接回路 ……………………………………………………………… 120
　7.3　方向控制回路 …………………………………………………………………… 122
　　　7.3.1　换向回路 …………………………………………………………………… 122
　　　7.3.2　制动回路 …………………………………………………………………… 123
　　　7.3.3　锁紧回路 …………………………………………………………………… 124
　7.4　多缸工作控制回路 ……………………………………………………………… 124
　　　7.4.1　顺序动作回路 ……………………………………………………………… 125
　　　7.4.2　多缸同步回路 ……………………………………………………………… 126
　　　7.4.3　互不干扰回路 ……………………………………………………………… 128
　　　7.4.4　互锁回路 …………………………………………………………………… 129
　7.5　技能训练　液压基本回路的安装与调试 ……………………………………… 129
　7.6　思考练习题 ……………………………………………………………………… 130

第8章　典型液压传动系统 …………………………………………………………… 133
　8.1　汽车起重机液压系统 …………………………………………………………… 133
　　　8.1.1　概述 ………………………………………………………………………… 133
　　　8.1.2　液压系统的工作原理 ……………………………………………………… 134
　　　8.1.3　液压系统的主要特点 ……………………………………………………… 136
　8.2　组合机床动力滑台液压系统 …………………………………………………… 136
　　　8.2.1　概述 ………………………………………………………………………… 136
　　　8.2.2　液压系统的工作原理 ……………………………………………………… 137
　　　8.2.3　液压系统的特点 …………………………………………………………… 138
　8.3　数控车床液压系统 ……………………………………………………………… 139
　　　8.3.1　概述 ………………………………………………………………………… 139
　　　8.3.2　液压系统的工作原理 ……………………………………………………… 139
　　　8.3.3　液压系统的特点 …………………………………………………………… 140
　8.4　液压机液压系统 ………………………………………………………………… 141
　　　8.4.1　概述 ………………………………………………………………………… 141
　　　8.4.2　YA32－200型四柱万能液压机液压系统的工作原理 ………………… 141

8.4.3　YA32－200型四柱万能液压机液压系统的特点 …………………………… 143
　　8.5　思考练习题 …………………………………………………………………………… 143

第9章　液压伺服系统 ………………………………………………………………………… 145
　　9.1　液压伺服系统概述 …………………………………………………………………… 145
　　　　9.1.1　液压伺服系统控制原理 ………………………………………………………… 145
　　　　9.1.2　液压伺服系统的基本特点 ……………………………………………………… 146
　　　　9.1.3　液压伺服系统的分类 …………………………………………………………… 146
　　　　9.1.4　液压伺服系统的优缺点 ………………………………………………………… 147
　　9.2　液压伺服系统实例 …………………………………………………………………… 147
　　　　9.2.1　车床液压仿形刀架 ……………………………………………………………… 147
　　　　9.2.2　机械手伸缩运动伺服系统 ……………………………………………………… 148
　　　　9.2.3　液压转向助力器 ………………………………………………………………… 148
　　9.3　思考练习题 …………………………………………………………………………… 149

第10章　液压系统的使用与维护 …………………………………………………………… 150
　　10.1　液压系统的调试与使用 ……………………………………………………………… 150
　　　　10.1.1　液压系统的调试 ……………………………………………………………… 150
　　　　10.1.2　液压系统的使用 ……………………………………………………………… 151
　　10.2　液压系统常见故障分析及排除 ……………………………………………………… 153
　　　　10.2.1　液压系统故障的特点 ………………………………………………………… 153
　　　　10.2.2　液压系统故障分析的一般方法 ……………………………………………… 153
　　　　10.2.3　处理液压故障的步骤 ………………………………………………………… 156
　　　　10.2.4　液压系统常见的故障诊断及排除方法 ……………………………………… 156
　　10.3　思考练习题 …………………………………………………………………………… 157

第11章　气压传动概述 ……………………………………………………………………… 158
　　11.1　气压传动的工作原理及系统组成 …………………………………………………… 158
　　　　11.1.1　气压传动系统的工作原理 …………………………………………………… 158
　　　　11.1.2　气压传动系统的组成 ………………………………………………………… 159
　　11.2　气压传动的优缺点及应用 …………………………………………………………… 159
　　　　11.2.1　气压传动的优点 ……………………………………………………………… 159
　　　　11.2.2　气压传动的缺点 ……………………………………………………………… 159
　　　　11.2.3　气压传动的应用 ……………………………………………………………… 160
　　11.3　空气的基本性质 ……………………………………………………………………… 160
　　　　11.3.1　空气的特性 …………………………………………………………………… 160
　　　　11.3.2　空气的质量等级 ……………………………………………………………… 161
　　11.4　思考练习题 …………………………………………………………………………… 162

第12章　气动元件 …………………………………………………………………………… 163
　　12.1　气源装置 ……………………………………………………………………………… 163
　　　　12.1.1　空气压缩机 …………………………………………………………………… 163
　　　　12.1.2　气源净化装置 ………………………………………………………………… 165
　　12.2　辅助元件 ……………………………………………………………………………… 168
　　　　12.2.1　油雾器 ………………………………………………………………………… 168

12.2.2　消声器 169
12.3　气动执行元件 170
12.3.1　气缸 170
12.3.2　气动马达 173
12.4　气动控制元件 174
12.4.1　方向控制阀 174
12.4.2　压力控制阀 176
12.4.3　流量控制阀 178
12.5　气动逻辑元件 179
12.5.1　"是门"和"与门"元件 179
12.5.2　"或门"元件 179
12.5.3　"非门"与"禁门"元件 180
12.5.4　"或非"元件 180
12.5.5　"双稳"记忆元件 181
12.6　技能训练　气动元件拆装与结构观察 181
12.7　思考练习题 182

第13章　气动基本回路及应用实例 185

13.1　气动基本回路 185
13.1.1　方向控制回路 185
13.1.2　压力控制回路 186
13.1.3　速度控制回路 187
13.1.4　位置控制回路 189
13.1.5　往复动作回路 189
13.1.6　安全保护回路 190
13.2　气压传动应用举例 191
13.2.1　工件夹紧气压传动系统 191
13.2.2　数控加工中心气动换刀系统 192
13.2.3　公共汽车车门气压传动系统 192
13.3　气动系统的使用与维护 193
13.3.1　气动系统的使用 193
13.3.2　气动系统的维护 194
13.3.3　气动系统常见故障原因与排除方法 195
13.4　技能训练　气动基本回路的安装与调试 198
13.5　思考练习题 199

附　录 201

附录A　常用液压与气动元件图形符号（新） 201
附录B　常用液压与气动元件图形符号（旧） 208
附录C　常用液压与气动元件新旧图形符号对比 212

参考文献 214

第1章 液压传动概述

一部完整的机器一般由原动机、工作机构和传动装置等组成。原动机(如内燃机、电动机等)是整个机器的动力来源;工作机构是机器完成任务的直接工作部分(如挖掘机的铲头、车床的车刀、压力机的压头等);传动装置是一个中间环节,其作用是把原动机(如内燃机)输出的动力传送给工作机构以满足工作机构对输出的力、速度和位置的不同要求。传动就是传递动力,按照传动件(或工作介质)的不同,传动有多种方式,如机械传动、电力传动、气压传动、液体传动以及它们的组合——复合传动等。

机械传动:通过轴、齿轮、齿条、蜗轮蜗杆、皮带、链条和杠杆等机械零件直接传递动力并进行控制的一种传动方式,它是发明最早且应用最为普遍的传动方式。

电力传动:利用电力设备并调节各种参数来传递动力并进行控制的一种传动方式。

气压传动:以压缩空气为工作介质,进行能量传递和控制的一种传动方式。

液体传动:以液体为工作介质进行能量传递和控制的一种传动方式。在液体传动中,根据其能量传递形式不同,又分为液力传动和液压传动。液力传动是利用液体动能进行能量转换的传动方式,如液力耦合器和液力变矩器。液压传动是利用液体压力能进行能量转换的传动方式。在机械上采用液压传动技术,可以简化机器的结构,减轻机器质量,减少材料消耗,降低制造成本,减轻劳动强度,提高工作效率和工作的可靠性。

1.1 液压传动的工作原理及系统组成

1.1.1 液压传动的工作原理

人们常常使用一种小巧的起重工具——液压千斤顶,它是一个简单的液压传动系统。图1-1是该液压系统的工作原理示意图。工作时,当人将手柄8向上扳动时,连杆带动小柱塞7向上移动,小液压缸下腔形成真空,储存在油箱2内的油经过油道c和单向阀6吸入此腔;当手柄8被压下时,小柱塞向下移动,小液压缸下腔的油经油道b和单向阀3压入大液压缸下腔(此时单向阀6关闭),迫使大柱塞1上升,顶起重物。这样,手柄不断上下往复扳动,就能不断地把油箱2中的油压入大液压缸下腔,使大活塞顶着重物慢慢上升。单向阀3的作用是保证进入大液压缸的油不会倒流,从而使重物保持在上升位置。若要使重物降下,可拧开放油螺塞5,

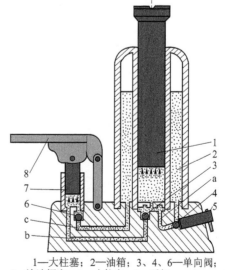

1—大柱塞;2—油箱;3、4、6—单向阀;
5—放油螺塞;7—小柱塞;8—手柄;a、b、c—油道

图1-1 液压千斤顶工作原理示意图

使大液压缸内的油经油道 a 和单向阀 4 回到油箱 2,使大柱塞下降,控制放油口的开口大小,就可以控制重物下降的速度。小液压缸的主要作用是通过不断地完成吸油和压油的动作,将人所做的功转换为油液的液压能,实际上它是一个手动柱塞泵;而大液压缸的作用则是将油液的液压能转化为顶升重物的机械能,它相当于一个柱塞式液压缸。

由上述液压千斤顶的工作过程,可以看出液压千斤顶的正常工作需要三个条件:一是必须具有液体(液压油);二是处于密封容器内的液体(液压油)由于工作容积的变化而能够流动;三是液体(液压油)具有压力。流动并具有一定压力的液体能做功,它具有压力能。

通过对液压千斤顶工作过程的分析,使我们对液压传动的基本工作原理有了一个初步的了解。所谓液压传动就是指在密封容积内,利用液体的压力能来传递动力和运动的一种传动方式。它先将机械能转换为便于输送的液体压力能,再将液体压力能转换为机械能对外做功。

1.1.2 液压传动系统的组成

图 1-2 为一平面磨床实物图,其工作台移动采用液压驱动。

图 1-3 所示为一驱动机床工作台的液压传动系统,这个液压传动系统比千斤顶液压系统复杂得多,其可使工作机构作直线往复运动、克服各种阻力和调节工作机构的运动速度。我们可以通过它进一步了解一般液压传动的工作原理和液压传动系统的基本组成。

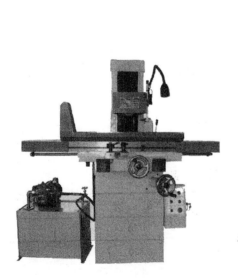

图 1-2 平面磨床实物图

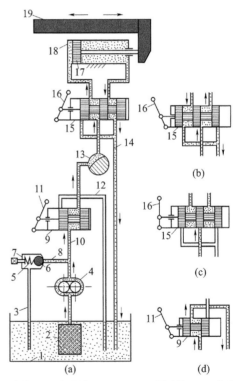

1—油箱;2—滤油器;3、12、14—回油管;4—液压泵;
5—弹簧;6—钢球;7—溢流阀;8—压力支管;9—开停阀;
10—压力管;11—开停手柄;13—节流阀;15—换向阀;
16—换向阀手柄;17—活塞;18—液压缸;19—工作台

图 1-3 机床工作台液压传动系统的工作原理图

在图1-3(a)中,液压泵4由电动机(图中未示出)驱动旋转,从油箱1中吸油。油液经滤油器2进入液压泵4,当它从液压泵输出进入压力管10后,通过开停阀9、节流阀13、换向阀15进入液压缸18左腔,推动活塞17和工作台19向右移动。这时,液压缸18右腔的油经换向阀15和回油管14回油箱。

如果将换向手柄16转换成图1-3(b)所示的状态,则压力管10中的油经过开停阀9、节流阀13和换向阀15进入液压缸18右腔,推动活塞17和工作台19向左移动,并使液压缸左腔的油经换向阀15和回油管14回油箱。

工作台19的移动速度是由节流阀13来调节的。当节流阀口开大时,进入液压缸18的油液增多,工作台的移动速度增大;当节流阀口关小时,工作台的移动速度减小。

如果将换向阀手柄16转换成图1-3(c)所示的状态,压力管中的油液经溢流阀7和回油管3回油箱,不输到液压缸中去,工作台停止运动,而液压系统保持溢流阀调定的压力。

如果将开停手柄11转换成图1-3(d)所示的状态,压力管中的油液经开停阀9和回油管12回到油箱,不输到液压缸中去,工作台也停止运动,但液压系统卸荷。

液压传动系统中的能量转换和传递情况见图1-4。

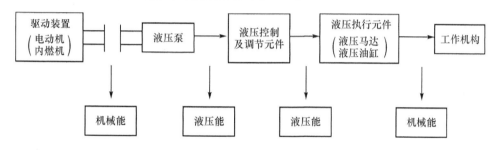

图1-4 液压传动系统中的能量转换和传递图

从液压千斤顶和机床工作台液压传动系统的工作过程可以看出,液压传动系统若能正常工作必须由以下五部分组成:

(1) 动力元件　动力元件指液压泵,它是将原动机输入的机械能转换成油液压力能的能量转换装置,其作用是为液压系统提供压力油,是液压系统的动力源;

(2) 执行元件　执行元件指液压缸或液压马达,它是将油液压力能转换为机械能的能量转换装置,其作用是在压力油的推动下输出力和速度(或转矩和转速),以驱动工作机构;

(3) 控制元件　控制元件指各种液压阀,如换向阀、节流阀、溢流阀等,其作用是用来控制或调节液压系统中油液流动方向、压力和流量,以保证液压执行元件和工作机构完成指定工作;

(4) 辅助元件　辅助元件指油箱、蓄能器、油管、管接头、过滤器、压力表以及流量计等,这些元件起贮油、蓄能、输油、连接、过滤、测量压力和测量流量等作用,对保证液压系统正常工作有着重要的作用;

(5) 工作介质　工作介质指传动液体,通常被称为液压油。它在液压传动及控制中主要起传递动力和信号的作用。

1.1.3　液压传动系统的图形符号

在图1-3中,组成液压传动系统的各个元件是用半结构式图形画出来的。这种图形直观性强,容易理解,但绘制起来比较麻烦,特别是在液压传动系统中的液压元件数量比较多时更是如此。所以,在工程实际中,除某些特殊情况外,一般都是用简单的图形符号来绘制液压传动系统原理图。对图1-3所示的液压传动系统,其系统原理图如果用国家标准GB/T 786.1—2009所规定的液压图形符号绘制就变为图1-5。在这里,图中的符号只表示元件的功能、操作(控制)方法及外部连接口,不表示元件的具体结构和参数,也不表示连接口的实际位置和元件的安装位置。在绘制液压元件的图形符号时,除非特别说明,图中所示状态均表示元件的静止位置或零位置,并且除特别注明的符号或有方向性的元件符号外,它们在图中可根据具体情况作水平或垂直绘制。使用这些图形符号后,可使液压传动系统图简单明了,便于绘制。当有些液压元件无法用图形符号表达或在国家标准中未列入时,可根据标准中规定的符号绘制规则和所给出的符号进行派生。当无法用标准直接引用或派生时,或有必要特别说明系统中某一元(辅)件的结构和工作原理时,可采用局部结构简图或采用它们的结构或半结构示意图表示。在用图形符号来绘制液压传动系统原理图时,符号的大小应以清晰美观为

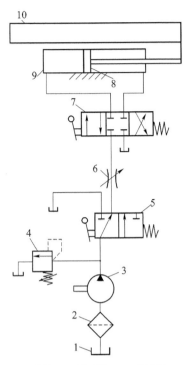

1—油箱;2—滤油器;3—液压泵;
4—溢流阀;5—开停阀;6—节流阀;
7—换向阀;8—活塞;9—液压缸;
10—工作台

图1-5 机床工作台液压传动系统的
工作原理图(用图形符号表达)

原则,绘制时可根据图纸幅面的大小酌情处理,但应保持图形本身的比例。

1.2 液压传动的特点与应用

1.2.1 液压传动的优点

液压传动被广泛地应用于各行各业之中,是因为它与其他传动方式相比有以下一些主要优点:

(1) 在同等体积下,液压装置能产生出更大的动力,也就是说,在同等功率下,液压装置的体积小、质量轻、结构紧凑。液压传动采用高压时,能输出很大的力或力矩,可实现低速大吨位传动,这是其他传动方式所不能比的突出优点。

(2) 液压装置容易做到对速度的无级调节,调速范围大,而且对速度的调节还可以在工作过程中进行。

(3) 液压装置工作平稳,换向冲击小,便于实现频繁换向。

(4) 液压装置易于实现过载保护,能实现自润滑,使用寿命长。

(5) 液压装置易于实现自动化,可以很方便地对液体的流动方向、压力和流量进行调节和控制,并能很容易地和电气、电子控制或气动控制结合起来,实现复杂的运动、操作。

(6) 液压元件易于实现系列化、标准化和通用化,便于设计、制造和推广使用。

1.2.2 液压传动的缺点

(1) 液压传动中的泄漏和液体的可压缩性使这种传动无法保证严格的传动比,故液压传动系统在对传动比要求比较严格的情况下不宜使用。

(2) 液压传动中能量损失(泄漏损失、溢流损失、节流损失、摩擦损失等)较大,传动效率相对低,不宜远距离传递动力。

(3) 液压传动对油温的变化比较敏感,不宜在较高或较低的温度下工作。

(4) 为减少泄漏,液压元件的制造和装配精度要求较高,因此液压元件及液压设备的造价较高。

(5) 当液压系统出现故障时,不易找出故障原因。

1.2.3 液压传动的应用

液压传动相对于机械传动来说是一门新学科。但相对于计算机等新技术,它又是一门较老的技术。17世纪中叶帕斯卡提出了静压传动原理,18世纪末英国制成第一台水压机,液压传动已有几百年的历史。只是由于在早期还没有成熟的液压传动技术和液压元件,而使它没有得到广泛的应用。随着科学技术的不断发展,各行各业对传动技术有了更高的要求,特别是第二次世界大战后,液压传动才被广泛地应用起来。主要应用如下:

(1) 一般工业用液压系统　塑料加工机械(注塑机)、压力机械(锻压机)、重型机械(废钢压块机)、机床(全自动六角车床、平面磨床)等;

(2) 行走机械用液压系统　工程机械(挖掘机)、起重机械(汽车吊)、建筑机械(打桩机)、农业机械(联合收割机)、汽车(转向器、减振器)等;

(3) 钢铁工业用液压系统　冶金机械(轧钢机)、提升装置(升降机)、轧辊调整装置等;

(4) 土木工程用液压系统　防洪闸门及堤坝装置(浪潮防护挡板)、河床升降装置、桥梁操纵机构和矿山机械(凿岩机)等;

(5) 发电厂用液压系统　涡轮机(调速装置)等;

(6) 特殊技术用液压系统　巨型天线控制装置、测量浮标、飞机起落架的收放装置及方向舵控制装置、升降旋转舞台等;

(7) 船舶用液压系统　甲板起重机械(绞车)、船头门、舱壁阀、船尾推进器等;

(8) 军事工业用液压系统　火炮操纵装置、舰船减摇装置、飞行器仿真等。

上述说明不包括所有应用的可能性。目前,液压传动技术在实现高压、高速、大功率、高效率、低噪声、长寿命、高度集成化等方面都取得了很大的进展。同时,由于它与微电子技术密切配合,能在尽可能小的空间内传递出尽可能大的功率并加以准确地控制,从而使得它在各行各业中发挥出了巨大作用。

1.3　技能训练　液压传动认知

1．训练目的
(1) 对液压传动有感性认识，激发学习兴趣。
(2) 深入理解液压传动的工作原理。
(3) 认识各种液压元件。
(4) 能分清各种液压元件归属哪个组成部分，并掌握系统各组成部分的作用。

2．训练设备和工具
有液压传动的机器或液压实验台(透明液压实验台最好)。

3．训练内容与注意事项
(1) 教师操作演示，学生观察
教师操作机器或液压实验台，学生观察机器或液压实验台的动力是如何传递的，深入理解液压传动的工作原理。
(2) 认识元件
在机器或实验台中找出原动机、工作机构以及二者之间的传动装置。找出液压传动装置中的所有液压元件，说出元件名称，指出其作用，并说明其归属于液压系统哪个部分。在此过程中学生可以操作机器或实验台，但必须在教师指导下进行。
(3) 注意事项
① 液压系统压力不要调得太高，能进行操作演示即可；
② 教师操作演示时，学生不要离得太近，以免发生危险。

4．讨　论
所观察机器的液压传动能否换成其他传动方式，为什么？

1.4　思考练习题

1-1　液体传动有哪两种形式？它们的主要区别是什么？
1-2　何谓液压传动？液压传动所用的工作介质是什么？
1-3　液压传动系统由哪几部分组成？各组成部分的作用是什么？
1-4　液压传动的主要优缺点是什么？

第 2 章 液压传动基础知识

现代液压系统大多采用矿物油做工作介质,液压传动的工作介质统称为液压油。本章将以液压油为重点,叙述液压油的主要性质,以及液压传动中两个重要参数:压力和流量,为以后分析和使用液压系统提供必要的基础知识。

2.1 液压油

液压油是液压传动与控制系统中用来传递动力和信号的液体工作介质。除了传递动力和信号外,它还起着润滑、冷却、保护(防锈)、密封、清洁、减振等作用。液压油对液压系统的作用就像血液对人体一样重要。所以合理选择、使用、维护、保管液压油是关系到液压设备工作的可靠性、耐久性和工作性能好坏的关键,也是减少液压设备故障的有力措施。因此,必须正确地掌握液压油的各种性质,合理地使用液压油,从而减少液压系统的故障。

2.1.1 液压油的性质

1. 密 度

对于均质的液体来说,单位体积中所具有的质量叫做密度,即

$$\rho = \frac{m}{V} \tag{2-1}$$

式中,m——液压油的质量,kg;

V——液压油的体积,m^3。

液压油的密度随温度的升高而减小,随压力的升高而增大。但是在一般的工作条件下,温度和压力引起的密度变化很小,可近似认为液压油的密度是不变的。

2. 可压缩性

液体受压力作用而发生体积变化的性质称为液体的可压缩性。液压油的压缩性大小可用体积压缩系数 k 表示,其定义为单位压力变化时液压油体积的相对变化量,即

$$k = -(\Delta V/V_0)/\Delta p \tag{2-2}$$

式中,V_0——增压前液体的体积,m^3;

ΔV——液体体积的变化量,m^3;

Δp——压力的变化量,N/m^2。

k 的倒数 K 称为液压油的容积模量,即 $K = \frac{1}{k}$,表示液压油抵抗压缩的能力,很显然其单位与压力的单位相同。

液压油抵抗压缩的能力是很强的,因而一般情况下可认为液压油是不可压缩的,只有在超高压系统或研究液压系统的动态性能时,才考虑液压油的可压缩性。

3. 黏 性

(1) 黏性的概念　液体在外力作用下流动(或有流动趋势)时,分子间的内聚力要阻止分子相对运动而产生一种内摩擦力,这种性质叫做液体的黏性。液体只在流动(或有流动趋势)时才会出现黏性,静止液体是不呈现黏性的。黏性只能阻碍、延缓液体内部的相对运动,但不能消除这种运动。

(2) 衡量黏性大小的指标　黏性的大小用黏度表示。黏度是表征油液流动时内摩擦力大小的系数。若液压系统中所选用的液压油黏度太大,则液压元件中运动副间的摩擦力就会增加,从而使机械效率降低;反之,又会使其容积效率降低。

(3) 液压油黏度的表达方法和计算　液压油常用的黏度有三种,即动力黏度、运动黏度和相对黏度。

① 动力黏度是用液体流动时所产生的内摩擦力大小表示的黏度,也称为绝对黏度。其物理意义是:面积各为 1 cm^2,相距为 1 cm 的两层液体,以 1 cm/s 的速度相对运动,此时所产生的内摩擦力称为动力黏度,用 μ 表示。在法定计算单位中,动力黏度单位为帕·秒(Pa·s)。

② 运动黏度是液体的动力黏度与其密度的比值,用 ν 表示,即

$$\nu = \frac{\mu}{\rho} \tag{2-3}$$

ν 的法定计量单位是 m^2/s,但工程上常用厘斯(cSt)表示,1 cSt＝1 mm^2/s。两种单位的换算关系是:1 m^2/s＝10^6 cSt。

工程中常用运动黏度来标志液体的黏度。液压油的牌号是按其在 40 ℃时的运动黏度平均值来标定。例如:32 号液压油,指这种油在 40 ℃时的运动黏度平均值为 32 cSt。我国的液压油旧牌号则是采用 50 ℃时的运动黏度平均值来表示的。

③ 相对黏度又称条件黏度,它是采用特定的黏度计在规定的条件下测出来的黏度。由于测量仪器和条件的不同,各国相对黏度的含义也不一样,中国、德国等国家采用的是恩氏黏度。

恩氏黏度测定的方法是:将 200 cm^3 被测油液放在一个特定的容器里(恩氏黏度计),加热至温度 t 后,由容器底部一个直径为 2.8 mm 的孔流出,测量出油液流尽所需时间 $t_{油}$,与流出同体积的 20 ℃的蒸馏水所需时间 $t_{水}$ 相比,其比值就是该油液在温度 t 时的恩氏黏度,用符号 ^0E_t 表示,即

$$^0E_t = \frac{t_{油}}{t_{水}} \tag{2-4}$$

恩氏黏度与运动黏度的换算关系式为

$$\nu_t = \left(7.31\,^0E_t - \frac{6.31}{^0E_t}\right) \times 10^{-6} \tag{2-5}$$

式中,^0E_t——温度为 t 时油液的恩氏黏度;

ν_t——温度为 t 时油液的运动黏度,m^2/s。

(4) 影响黏度的因素　黏度是液压油的重要属性,它与温度和压力有关。在液压传动常用的温度和压力范围内,压力的变化引起的影响很小,因而通常压力对黏度的影响忽略不计。液压油的黏度对温度的变化十分敏感,当温度升高,液体分子间的内聚力减小,其黏度下降,这一特性称为黏温特性。不同种类的液压油有不同的黏温特性,液压油的黏温特性常用黏度指数 VI 来度量。黏度指数越高,说明黏度随温度变化越小,其黏温特性越好。通常在各种液压油的质量标准中都给出黏度指数。一般要求液压油的黏度指数应在 90 以上,优异的在 100 以上。

4. 其他性质

除了以上讲的三种性质外,液压油还有一些其他性质,如稳定性、抗乳化性、抗泡沫性、防锈性、润滑性等,也对它的选择和使用有一定影响。这些性质的含义可参阅其他有关资料,在此不作介绍。

2.1.2 液压油的种类

液压传动及控制系统所用工作介质的种类很多,国际标准化组织于1999年按液压油的组成和主要特性编制和发布了 ISO 6743/4:1999《润滑剂、工业润滑油和有关产品(L类)的分类第4部分:H组(液压系统)》。我国于2003年等效采用上述标准制定了国家标准GB/T 7631.2—2003,因此我国液压油品种符号与世界大多数国家的表示方法相同,即:类别-品种-牌号,如 L-HM-32,其中"L"表示润滑剂类,"HM"表示液压油的品种为抗磨液压油,"32"表示黏度等级(液压油牌号)。国际 GB/T7631.2—2003 与 GB/T7631.2—1987 的主要区别是增加环境可接受液压液 HETG、HEPG、HEES、HEPR,取消对环境和健康有害的难燃液压液 HFDS 和 HFDT。

国标 GB/T 7631.2—2003 中将液压系统用油分为流体静压系统用油和流体动力系统用油,流体静压系统用油包括4部分:矿油型和合成烃型液压油(HH、HL、HM、HR、HV、HS)、环境可接受的液压液(HETG、HEPC、HEES、HEPR)、液压导轨系统用油(HG)、难燃液压液(HFAE、HFAS、HFB、HFC、HFDR、HFDU)共17个品种。流体动力系统用油包括自动传动用油 (HA)及耦合器和变矩器用油(HN)两部分共2个品种。流体静压系统用液压油的特性和用途见表2-1。

表 2-1 流体静压系统用液压油的主要品种、特性和用途

类型	名称	ISO代号	特性和用途
矿油型和合成烃型液压油	基础液压油	L-HH	一种无机的精制矿油,它比全损耗系统用油 L-AN(机械油)质量高。这种油品虽列入分类中,但液压系统不宜使用,我国不设此类油品,也无产品标准
	普通液压油	L-HL	由精制深度较高的中性油作为基础油,加入抗氧、防锈和抗泡添加剂制成,适用于机床等设备的低压润滑系统。目前我国 L-HL 油品种有 15、22、32、46、68、100 共6个黏度等级,产品只设一等品
	抗磨液压油	L-HM	在防锈、抗氧液压油基础上改善了抗磨性能发展而成的抗磨液压油。其采用深度精制和脱蜡的 HVIS 中性油为基础油,加入抗氧剂、抗磨剂、防锈剂、金属钝化剂、抗泡沫剂等配制而成,可满足中、高压液压系统油泵等部件的抗磨要求,适用于使用性能要求高的进口大型液压设备。一等品设有 15、22、32、46、68、100、150 共7个黏度等级,优等品设有 15、22、32、46、68 共5个黏度等级
	低温液压油	L-HV	HV 液压油是具有良好黏温特性的抗磨液压油。该油是以深度精制的矿物油为基础油并添加高性能的黏度指数改进剂和降凝剂,具有低的倾点、高的黏度指数(>130)和良好的低温黏度,同时还具备抗磨液压油的特性,以及良好的低温特性和剪切安定性。该产品适用于寒区(-30℃以上)、作业环境温度变化较大的室外中、高压液压系统的机械设备。HV 的产品质量等级分别为优等品和一等品,优等品设有 10、15、22、32、46、68、100 共七个黏度等级,一等品设有 10、15、22、32、46、68、100、150 共八个黏度等级
	无特定难燃性的合成液	L-HS	HS 液压油是具有更良好低温特性的抗磨液压油。该油是以合成烃油、加氢油或半合成烃油为基础油,同样加有高性能的黏度指数改进剂和降凝剂,具备更低的倾点、更高的黏度指数(>130)和更优良的低温黏度。同时具有抗磨液压油应备的一切性能和良好的低温特性及剪切安定性。该产品适用于严寒区(-40℃以上)、环境温度变化较大的室外作业中、高压液压系统的机械设备。HS 液压油的质量等级分优等品和一等品,均设有 10、15、22、32、46 共5个黏度等级

续表 2-1

类型	名称	ISO 代号	特性和用途
液压导轨系统用油	液压导轨油	L-HG	在 L-HM 液压油基础上添加抗黏滑剂（油性剂或减摩剂）构成的一类液压油，适用于液压及导轨为一个油路系统的精密机床，可使机床在低速下将振动或间断滑动（黏一滑）减为最小。HG 液压油有 32、68 共 2 个黏度等级，只有一等品
环境可接受的液压液	甘油三酸酯	L-HETG	每个品种的基础液的最小含量应不少于 70%（质量分数），一般用于对环保要求较高的液压系统（可移动式），因为液压油可能通过溢出或泄漏（非燃烧）一些国家立法禁止在环境敏感地区，如森林、水源、矿山等使用非生物降解润滑油，尤其在公共土木工程机械的液压设备中要求使用可生物降解液压油，这类液压油是今后的一个发展趋势
	聚乙二醇	L-HEPG	
	合成酯	L-HEES	
	聚α烯烃和相关烃类产品	L-HEPR	
难燃液压液	水包油乳化液	L-HFAE	一种乳化型高水基液，通常含水量大于 80%（质量分数），低温性、黏温性和润滑性差，但难燃性好，价格便宜。适用于煤矿液压支柱液压传动系统和其他不要求回收废液和不要求有良好润滑性，但有良好难燃性要求机械设备的低压液压传动系统
	化学水溶液	L-HFAS	一种含有化学品添加剂的高水基液，通常含水量大于 80%（质量分数），低温性、黏温性和润滑性差，但难燃性好，价格便宜。适用于需要难燃液的低压液压传动系统或金属加工设备
	油包水乳化液	L-HFB	既具有矿油型液压油的抗磨、防锈性能，又具有抗燃性，适用于有抗燃要求的中压系统。通常含油量大于 60%（质量分数），其余为水和添加剂，低温性、难燃性比磷酸酯无水合成液差，适用于冶金、煤矿等行业的高温和易燃场合的中、高压液压传动系统
	含聚合物水溶液	L-HFC	含乙二醇或其他聚合物的水溶液，通常含水量大于 35%（质量分数），低温性、黏温性和对橡胶适应性好，难燃性好，但比磷酸酯无水合成液差，适用于冶金和煤矿等行业的低、中压液压系统
	磷酸酯无水合成液	L-HFDR	以无水的各种磷酸酯为基础加入各种添加剂制成，难燃性好，但黏温性和低温性较差，使用温度范围宽，对大多数金属不会产生腐蚀作用，但能溶解许多非金属材料，因此必须选择合适的密封材料，此外，这种液体有毒，但也能满足规定的生物降解性和毒性要求，适用于冶金、火力发电、燃气轮机等高温高压下操作的液压传动系统
	其他成分的无水合成液	L-HFDU	适用于有抗燃要求的液压系统

2.1.3 液压油的选用

正确合理地选用液压油，对保证液压系统正常工作、延长液压系统和液压元件的使用寿命以及提高液压系统的工作可靠性等都有重要影响。

对液压油的选用，首先应根据液压传动系统的工作环境和工作条件来选择合适的液压油类型，然后再选择液压油的黏度。

1. 选择液压油类型

在选择液压油类型时,最主要的是考虑液压系统的工作环境和工作条件。若系统靠近300 ℃以上高温的表面热源或有明火场所,就要选择难燃型液压油;如果液压油用量大,建议选用乳化型液压油;如果液压油用量小,建议选用合成型液压油。当选用了矿物油型液压油后,首选的是专用液压油;在客观条件受到限制时或对简单的液压系统,也可选用普通液压油或汽轮机油。

2. 选择液压油的黏度

对液压系统所使用的液压油来说,首先要考虑的是黏度。黏度太大,液流的压力损失和发热大,使系统的效率降低;黏度太小,泄漏增大,也会使液压系统的效率降低。因此,应选择能使系统正常、高效和可靠工作的油液黏度。

在液压系统中,液压泵的工作条件最为严峻。它不但压力大,转速和温度高,而且液压油被泵吸入和被泵压出时要受到剪切作用,所以一般根据液压泵的要求来确定液压油的黏度。同时,因油温对油液的黏度影响极大,过高的油温不仅改变了油液的黏度,而且还会使常温下稳定的油液变得带有腐蚀性,分解出不利于使用的成分,或因过量的汽化而使液压泵吸空,无法正常工作。所以,应根据具体情况控制油温,使泵和系统在油液的最佳黏度范围内工作。对各种不同的液压泵,在不同的工作压力、工作温度下,油液的推荐黏度范围及用油见表2-2。

表2-2 液压泵的黏度范围及推荐用油表

名　称	黏度范围/cSt		工作压力/MPa	工作温度/℃	推荐用油
	允　许	最　佳			
叶片泵(1 200 r/min)	16~220	26~54	7	5~40	L-HL32,L-HL46
				40~80	L-HL46,L-HL68
叶片泵(1 800 r/min)	20~220	25~54	14以上	5~40	L-HL32,L-HL46
				40~80	L-HL46,L-HL68
齿轮泵	4~220	25~54	12.5以下	5~40	L-HL32,L-HL46
				40~80	L-HL46,L-HL68
			10~20	5~40	L-HL46,L-HL68
				40~80	L-HM46,L-HM68
			16~32	5~40	L-HM32,L-HM68
				40~80	L-HM46,L-HM68
径向柱塞泵	10~65	16~48	14~35	5~40	L-HM32,L-HM46
				40~80	L-HM46,L-HM68
轴向柱塞泵	4~76	16~47	35以上	5~40	L-HM32,L-HM68
				40~80	L-HM68,L-HM100
螺杆泵	19~49		10.5以上	5~40	L-HL32,L-HL46

2.1.4 液压油的使用与维护

1. 液压油正常的工作温度

不同品种液压油正常的工作温度见表2-3。

表 2-3 液压油工作温度范围

液压油	连续工作状态/℃	最高温度/℃
水包油乳化液	4～50	65
油包水乳化液	4～65	65
水-乙二醇液	−18～65	70
矿物油型液压油	低温～80	120～140
磷酸酯液	−7～82	150

2. 液压油的污染控制

液压油的污染是造成系统故障的主要原因。对液压油造成污染的物质有：固体颗粒物、水、空气及有害化学物质，其中最主要的是固体颗粒物。污染源及污染控制措施见表 2-4。

表 2-4 污染源及污染控制措施

污染源		控制措施
固有污染物	液压元件加工装配残留污染物	元件在装配前要进行彻底清洗，使其达到规定的清洁度，对受污染的元件在装入系统前应进行清洁
	管件、油箱残留污染物及锈蚀物	系统组装前要对管件和油箱进行清洗（包括酸洗和表面处理），使其达到规定的清洁度
	系统组装过程中残留污染物	系统组装后进行循环清洗，使其达到规定的清洁要求
外界侵入污染物	更换和补充油液时	对新油进行过滤净化处理
	经油箱呼吸孔侵入	采用密闭式油箱（或带有挠性隔离器的油箱），安装空气滤清器和干燥器
	经油缸活塞杆侵入	采用可靠的活塞杆防尘密封，加强对密封的维护
	维护和检修时	保持工作环境和工具的清洁；彻底清除与工作油液不相容的清洗液或脱脂剂；维修后循环过滤，清洗整个系统
	水侵入	对油液进行除水处理（干燥过滤）
	空气侵入	排放空气，防止油箱内油液中气泡吸入泵内（如油箱内油量不足时），提高各元件接合处的密封性
内部生成污染物	元件磨损产物（磨粒）	定期检查、清洗或更换油液过滤器，过滤净化，滤除尺寸与元件关键运动副油膜厚度相当的颗粒污染物，防止磨损的链式反应
	油液氧化产物	清除油液中的水、空气和金属微粒；控制油温，抑制油液氧化；定期检查及更换液压油

3. 液压油的更换

常用的换油方法有三种：固定周期换油、现场鉴定换油、综合分析换油。

（1）固定周期换油法　这种方法是根据不同的设备、不同的工况以及不同的油品，规定液压油使用时间为半年、一年，或者采用工作 1 000～2 000 h 后更换液压油的方法。这种方法虽然在实际工作中被广泛应用，但不科学，不能及时发现液压油的异常污染，也不能良好地保护液压系统，更谈不上合理地使用液压油资源。

(2) 现场鉴定换油法　这种方法是把被鉴定的液压油装入透明的玻璃容器中和新油比较做外观检查,通过直觉判断其污染程度,或者在现场用 pH 试纸进行硝酸侵蚀试验,以确定被鉴定的液压油是否需要更换,这种方法需要操作者具有一定的实际工作经验。

(3) 综合分析换油法　这种方法是定期取样化验,测定必要的理化性能,以便连续监视液压油劣化变质的情况,根据实际情况确定何时换油的方法。这种方法有科学依据,因而准确可靠,符合换油原则,但是需要一定的设备和化验仪器,操作技术比较复杂,化验结果有一定的滞后性,且必须交油料公司化验。国际上已普遍采用这种方法。

2.2　流　量

2.2.1　基本概念

1. 理想液体

在研究液体流动时必须考虑黏性和可压缩性的影响。但液体中的黏性和可压缩性问题非常复杂,为了分析和计算问题的方便,分析时可以假设液体没有黏性且不可压缩,然后再考虑黏性和可压缩性的影响,并通过实验验证的办法对已证明的结论进行补充或修正,使之更加符合实际液体流动时的情况。一般把既无黏性又不可压缩的假想液体称为理想液体。

2. 稳定流动

液体流动时,如果液体中任一点处的压力、速度和密度都不随时间的变化而变化,则液体的这种流动称为稳定流动(亦称恒定流动或定常流动);反之,则称为非稳定流动。

3. 通流截面

液体在管道中流动时,垂直于液体流动方向的截面称为通流截面(亦称过流断面)。

4. 流　量

单位时间内流过某一通流截面的液体体积称为体积流量,简称流量。流量用 q 表示,法定单位为 m^3/s,工程上常用的单位为 L/min。二者的换算关系为 $1\ m^3/s = 6\times 10^4$ L/min。由流量定义有 $q=V/t$,其中 V 是液体的体积,t 是时间。

5. 平均流速

由于流动液体黏性的作用,通流截面上液体各点的流速不相等,计算流量比较困难。为了方便起见,引入平均流速的概念,即假设通流截面上各点的流速均匀分布,液体以此流速流过通流截面的流量等于以实际流速流过的流量。若以 v 表示平均流速,以 A 表示通流截面的面积,则流量为 $q=vA$,由此得出通流截面上的平均流速为 $v=q/A$。在工程实际中,人们关心的往往是整个液体在某特定空间或特定区域内的平均运动情况,因此平均流速 v 有实际应用价值。例如,在液压缸工作时,活塞的运动速度就等于缸体内液体的平均流速,由此可以根据上式建立起活塞运动速度 v、液压缸有效面积 A 和流量 q 三者之间的关系。当液压缸的有效面积 A 不变时,活塞运动速度 v 取决于输入液压缸的流量 q。

2.2.2　液流连续性方程

连续性方程是质量守恒定律在流体力学中的一种具体表现形式。如图 2-1 所示的液体在具有不同横截面的任意形状管道中作定常流动时,可任取 1、2 两个不同的通流截面,其面积

分别为 A_1 和 A_2，在这两个截面处的液体密度和平均流速分别为 ρ_1、v_1 和 ρ_2、v_2，根据质量守恒定律，在单位时间内流过这两个截面的液体质量相等，即

$$\rho_1 v_1 A_1 = \rho_2 v_2 A_2$$

当忽略液体的可压缩性时，即 $\rho_1 = \rho_2$，则有

$$v_1 A_1 = v_2 A_2$$

由此得

$$q_1 = q_2 \text{ 或 } q = vA = \text{const}(\text{常数}) \qquad (2-6)$$

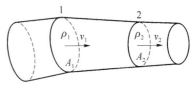

图 2-1 液流连续性原理

这就是液体在管道中作定常流动的连续性方程。它说明液体在管道中作定常流动时，流过各通流截面的体积流量是相等的（即液流是连续的）。因此管道中流动的液体，其流速和通流截面面积成反比。

2.2.3 孔口流量

液压传动中常利用阀的孔口来控制流量和压力，因而了解孔口的流量-压力特性，对于正确使用和改进液压系统，正确分析液压元件的性能都是非常必要的。

孔口可分为三种，当小孔的长径比 $l/d \le 0.5$ 时，称为薄壁孔口；当 $l/d > 4$ 时，称为细长孔口；当 $0.5 < l/d \le 4$ 时，称为厚壁孔口（或短孔）。

经研究发现，通过孔口的流量与孔口的面积、孔口前后的压力差以及由孔口形式决定的特性系数有关。液体流经小孔时的通用流量公式为

$$q = KA\Delta p^m \qquad (2-7)$$

式中，A——孔口截面面积，m^2；

Δp——孔口前后的压力差，Pa；

m——由孔口形状决定的指数，且 $0.5 \le m \le 1$；当孔口为薄壁小孔时，$m=0.5$，当孔口为细长孔时，$m=1$；

K——孔口的形状及油液的性质决定的系数，当孔口为薄壁小孔时，$K = C_q\sqrt{2/\rho}$，其中 C_q 为小孔流量系数，ρ 为液体的密度；当孔口为细长孔时，$K = \dfrac{d^2}{32\mu L}$，其中 d 为小孔直径，μ 为液体的动力黏度，L 为小孔的长度。

从以上对公式 $q = KA\Delta p^m$ 各量的说明可以看出，液体流经细长孔口的流量 q 与孔口前后的压力差 Δp 呈线性关系，且与流体黏度 μ 有关，因此流量受温度、压力差的影响较大。液体流经薄壁小孔的流量 q 与孔口前后的压力差 Δp 的平方根及小孔面积 A 成正比关系，而与黏度无关，因此，流量受温度、压力差的影响较小，而且流程短，不易堵塞。因而在流体传动与控制中，薄壁小孔（或近似薄壁小孔）得到了广泛应用。

2.2.4 缝隙流量

在液压系统中，由于元件连接部分密封不好和配合表面间隙的存在，油液流经这些缝隙时就会产生泄漏现象，造成流量损失。

缝隙的大小相对于它的长度和宽度而言小很多，一般在几微米到几十微米之间，因此缝隙中的流动受固体壁面的影响很大，其流动状态一般均为层流。缝隙的流量公式不再推导，其公式见表 2-5。

表 2-5 液体流经缝隙的流量公式

类型	计算公式	缝隙的示意图
平行平板缝隙流量	$q = \dfrac{bh^3}{12\mu l}\Delta p \pm \dfrac{u_0}{2}bh$	
同心环形缝隙流量	$q = \dfrac{\pi d h^3}{12\mu l}\Delta p \pm \dfrac{\pi d h u_0}{2}$	
偏心环形缝隙流量	$q = \dfrac{\pi d h^3}{12\mu l}\Delta p(1+1.5\varepsilon^2) \pm \dfrac{\pi d h u_0}{2}$	

表 2-5 公式中各符号的意义为：

q——通过缝隙的流量(L/min)；　　b——缝隙宽度(m)；

h——缝隙的高度(m)；　　Δp——缝隙前后压力差(Pa)，$\Delta p = p_1 - p_2$；

μ——油液的动力黏度(Pa·s)；　　l——缝隙的长度(m)；

d——环形缝隙的外圆直径(m)；　　u_0——相对运动速度(m/s)；

ε——缝隙的相对偏心率，即内圆柱中心与外圆中心的偏心距离 e 对缝隙 h 的比值，即 $\varepsilon = e/h$。

对于表 2-5 公式中的"±"号的确定方法如下：当两件相对运动形成的流量方向和压差形成的流量方向相同时取"＋"号，方向相反时取"－"号。

从表 2-5 公式中可以看出：

（1）缝隙流量（泄漏量）对缝隙尺寸 h 最敏感，与其三次方成正比，因此必须在确保能较好地相对运动的前提下严格控制间隙量，以减少泄漏。这就是液压元件配合精度要求高的原因。

（2）当偏心环形缝隙的偏心率达到最大值，即 $\varepsilon = e/h = 1$ 时，偏心环形缝隙的流量增加为同心环形缝隙的 2.5 倍。由此可见保持阀件配合同轴度的重要性。

2.2.5 流量的测量

流量是液压系统中的重要参数，对液压系统的正常运行具有重要影响。如果能测得液压系统中相关部位的流量，对排除液压故障有重要意义。

目前使用的测量流量的流量计有上百种，现在液压领域广泛应用的是容积式椭圆齿轮流量计，其特点是精度高、量程宽，一般用于测量黏度较高的液体介质。当被测介质含有脏污物颗粒时，上游需要装设过滤器以避免卡死或早期磨损；在测量含有气体的液体时，必须装设气体分离器，以保证测量的准确性。椭圆齿轮流量计常用的测量口径为10～150 mm，对仪表前后直管长度没有严格要求。由于测量流量时，需将椭圆齿轮流量计串接在管路中，因而使用该仪器测量流量不是很方便，要停机接入后才能测量。

基于超声波检测原理而开发的非接触流量检测技术现已比较成熟，国内外都有多种此类仪器可供选用，如超声波流量计。超声波流量计在测量流量时不与被测油液接触，而是从管壁外感知流量信号。这种仪器最大的优点是可以实现在线检测，即可以在不停机的情况下进行流量检测。这也正是液压系统检测和现场故障诊断最需要的，也是今后的发展方向。

2.3 压 力

2.3.1 压力的概念及其特性

1. 力及其单位

物体间的相互作用叫做力。力的法定单位是牛顿，简称牛(N)。液体上的作用力可分为质量力和表面力。质量力作用于液体质点上，如重力和惯性力等；表面力作用于液体表面上，如法向力和切向力等。工作机构作用在液压缸上的力又称为负载。

2. 压力的概念

油液中的压力主要是由油液自重和油液表面的外力作用产生的。在液压传动中，前者与后者相比，数值很小，一般不予考虑。因而，本书以后所说油液的压力就是指油液表面受外力作用（大气压力除外）产生的。

密封容器内液体受外力挤压，液体内部便会产生压力。通常把液体在单位面积上所受的垂直于表面的作用力称作压力，在物理学中它被称为压强，但在液压传动中则被称为压力，用符号 p 表示，即

$$p=\frac{F}{A} \qquad (2-8)$$

式中，p——外力作用产生的压力，Pa；

F——外力对液面的作用力，N；

A——承压面积，m^2。

压力的法定计量单位为 Pa(帕，N/m^2)。工程上常用 MPa(兆帕)。它们的换算关系是 1 MPa＝10^6 Pa。以前沿用过的和有些部门惯用的一些压力单位还有 bar(巴)、at(即 kgf/cm^2)、标准大气压(atm)、水柱高(mmH_2O)或汞柱高(mmHg)等。各种压力单位之间的换算关系见表 2-6。

表 2-6 各种压力单位的换算关系

Pa	bar	kgf/cm²	at	atm	mmH$_2$O	mmHg
1×10^5	1	1.019 720	1.019 720	0.986 923	$1.019\ 720\times10^4$	$7.500\ 620\times10^2$

3. 静止油液中压力的特性

（1）油液压力作用的方向总是垂直指向承压表面。

（2）在静止油液中,任一点所受到的压力在各个方向上都相等。因为,根据物体的平衡条件,倘若任一点所受到各个方向的压力不相等,那么油液就不能静止。由此可知,静止液体总是处于受压状态,并且其内部的任何质点都受平衡压力的作用。

2.3.2 压力的表示方法

压力的表示方法有绝对压力和相对压力两种。以绝对真空为基准所表示的压力,称为绝对压力;以大气压力作为基准所表示的压力,称为相对压力。绝大多数压力表因其外部受大气压作用,所以压力表指示的压力是相对压力。在液压技术中所提到的压力,如不特别说明,均为相对压力。

绝对压力与相对压力的关系为

$$相对压力 = 绝对压力 - 大气压力$$

当绝对压力小于大气压时,绝对压力比大气压小的那部分数值叫做真空度,即

$$真空度 = 大气压 - 绝对压力$$

绝对压力、相对压力和真空度的相对关系如图 2-2 所示。由图可知,以大气压为基准计算压力时,基准以上为正值是表压力,基准以下为负值,其绝对值就是真空度。

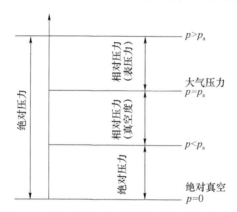

图 2-2 绝对压力、相对压力、真空度间的关系

2.3.3 压力的传递

在密闭容器内的液体,当外加压力发生变化时,只要液体仍保持原来的静止状态不变,则液体内任一点的压力都将发生同样大小的变化。这就是说,在密闭容器内,施加于静止液体上的压力将同时等值传递到液体各点。这就是静压传递原理,也称帕斯卡原理。

例 2-1 如图 2-3 所示的两个相互连通的液压缸,已知大缸内径 $D=100$ mm,小缸内径 $d=20$ mm,大活塞上放置的物体所产生的重力为 $F_2=50\ 000$ N。试求在小活塞上所施加的力 F_1 多大才能使大活塞顶起重物?

解：根据帕斯卡原理,由外力产生的压力在两缸中相等,即

$$\frac{F_1}{\frac{\pi d^2}{4}} = \frac{F_2}{\frac{\pi D^2}{4}}$$

因此顶起重物应在小活塞上施加的力为

$$F_1 = \frac{d^2}{D^2} F_2 = \frac{20^2 \text{ mm}^2}{100^2 \text{ mm}^2} \times 50\,000 \text{ N} = 2\,000 \text{ N}$$

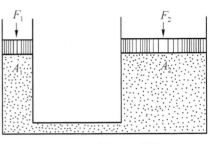

图 2-3 例 2-1 附图

这里也说明了压力决定于负载这一概念。作用在大活塞上的外负载 F_2 越大,施加于小活塞上的力 F_1 也越大,则在密闭容器内的压力 p 也就越高。但压力只增高到能克服负载的程度为止。若负载恒定不变,则压力不再增高,由此说明了液压千斤顶等液压起重机械的工作原理,它体现了液压装置的力放大作用。

2.3.4 压力的测量

液压系统中各工作点的压力通常用压力表测量。液压中最常用的压力表是弹簧弯管式压力表。压力表应通过压力表开关接入压力管道,以防止系统压力突变或压力脉动损坏压力表。弹簧弯管式压力表和压力表开关的结构及工作原理在第 6 章中有详细介绍,这里不再重复。下面介绍如何用弹簧弯管式压力表测量压力。

1. 测压点的选择

所选的测压点应能真实反映被测对象压力的变化。取压口位置在选择时应尽可能地方便引压管和压力表的安装与维护。另外,测量液体介质的压力时,取压口应在管道下部,以免气体进入引压管。现在已有不少设备的液压系统在其一些表征系统状态的关键点上就事先接入压力表,既可监控系统的运行状态,又可在设备发生故障时直接显示所测数值。也有的设备则事先在一些系统状态的关键点上接入测试头,需要时即可方便地接入测试仪表,以便快速诊断故障。

2. 弹簧弯管式压力表量程和精度选择

(1) 量程的选择

目前,国产的压力检测仪表有统一的量程系统,它们是 1.0 kPa、1.6 kPa、2.5 kPa、4.0 kPa、6.0 kPa,以及它们的 10^n 倍(n 为整数,其值可为正,也可为负)。

对于弹簧弯管式压力表,为了保证弹性元件在弹性变形的安全范围内可靠地工作,防止过压造成弹性元件的损坏,影响仪表的使用寿命,压力表的量程选择必须留有足够的余地。

一般在被测压力比较平稳的情况下,最大被测压力应不超过仪表满量程的 3/4;在被测压力波动较大的情况下,最大被测压力值不超过仪表满量程的 2/3;为了保证测量的准确性,被测压力最小值应不低于全量程的 1/3。当被测压力变化范围较大,最大、最小被测压力可能不能同时满足上述要求时,选择仪表应首先满足最大被测压力的条件。

(2) 精度的选择

压力表精度用精度等级来衡量,压力表的精度等级是以允许误差占压力表量程(测量范

围)的百分率来表示的。通常,压力表精度可分为 5.0 级、3.0 级、1.5 级、1.0 级、0.5 级、0.1 级等。最大误差是 5%~0.1%。如 10 MPa 的 1.5 级压力表允许误差是±0.15 MPa。数值越小,其精度越高。

压力表的精度主要由生产允许的最大误差确定。如若选用 0~1.6 MPa 量程的压力表,生产允许的最大误差为±0.03 MPa,则所选用压力表的精度应不大于

$$\pm \frac{0.03 \times 10^6}{(1.6-0) \times 10^6} \times 100\% = \pm 1.875\%$$

即应选用 1.5 级精度的压力表。1.5 级精度、0~1.6 MPa 测量范围的压力表,其测量误差不会大于±0.024 MPa,因此可满足生产对测量精度的要求。选择压力表精度时,与选用其他测量仪表一样,应坚持节约的原则,只要测量精度能满足生产要求,就不必选用高、精、尖的压力表。工业应用多选用精度为 1.5 级的压力表,而且足够准确。普通计量校表一般用精度为 0.5 级的压力表。如果是上一级计量校表,如搞量值传递,则要精度为 0.1 级的压力表。

3. 引压管的选择

引压管指连接取压口和压力表液压油入口的油管,其作用是将被测压力传递到压力表。

引压管的内径一般为 6~10 mm,长度不得超过 50~60 m,若不得不远距离敷设时,则要使用远传式压力表。

引压管的敷设应保证压力传递的精确性和快速响应。当引压管水平敷设时,要保持一定的倾斜度,以避免引压管中积存液体(或气体),并有利于这些积液(或气)的排出。当被测介质为液体时,引压管向仪表方向倾斜,倾斜度一般大于 3%~5%。

2.3.5 静止液体在固体表面上的作用力

静止液体和固体壁面相接触时,固体壁面上各点在某一方向上所受静压作用力的总和,就是液体在该方向上作用于固体壁面上的力。

固体壁面为一平面时,如不计重力作用,平面上各点处的静压力大小相等。作用在固体壁面上的力 F 等于静压力 p 与承压面积 A 的乘积,其作用力方向垂直于壁面,即 $F = pA$。

当固体壁面为一曲面时,曲面上液压作用力在某 x 方向上的总作用力 F_x 等于液体压力 p 和曲面在该方向投影面积 A 的乘积,即 $F_x = pA_x$。

如图 2-4 所示,与锥阀接触的液体压力为 p,锥面与阀口接触处的直径为 d,液体在轴线方向对锥面的作用力 $F_轴$ 就等于液体压力 p 与受压锥面在轴线方向投影面积的乘积,即 $F_轴 = p\pi d^2/4$。

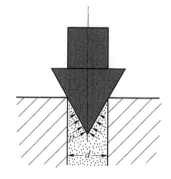

图 2-4 液体对锥面的作用力

2.3.6 伯努利方程

伯努利方程是能量守恒定律在流体力学中的一种具体表现形式。为了研究方便,先讨论理想液体的伯努利方程,然后再对它进行修正,最后给出实际液体的伯努利方程。

1. 理想液体的伯努利方程

设理想液体在如图 2-5 所示的管道中作稳定流动。任取一段通流截面 1—1 和 2—2 之间的液流作为研究对象,设两通流截面的中心到基准面之间的高度分别为 h_1 和 h_2,两通流截面面积分别为 A_1 和 A_2,压力分别为 p_1 和 p_2。由于是理想液体,在通流截面上的液体流速可认为是均匀分布的,因此可设两通流截面的流速分别为 v_1 和 v_2。假设经过很短的时间 Δt 后,1—2 段之间的液体移动到 $1'$—$2'$ 位置。

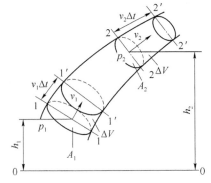

图 2-5 理想液体伯努利方程推导示意图

液体在两通流截面处所具有的能量如表 2-7 所列。

表 2-7 液体在两通流截面处所具有的能量

能量	通流截面 1—1	通流截面 2—2
1. 动能	$\frac{1}{2}mv_1^2$	$\frac{1}{2}mv_2^2$
2. 位能	mgh_1	mgh_2
3. 压力能	$p_1 A_1 \Delta t v_1 = p_1 \Delta V = p_1 m/\rho$	$p_2 A_2 \Delta t v_2 = p_2 \Delta V = p_2 m/\rho$

根据能量守恒定律,得

$$\frac{1}{2}mv_1^2 + mgh_1 + p_1 m/\rho = \frac{1}{2}mv_2^2 + mgh_2 + p_2 m/\rho \tag{2-9}$$

上式简化后得

$$\frac{1}{2}v_1^2 + gh_1 + p_1/\rho = \frac{1}{2}v_2^2 + gh_2 + p_2/\rho \tag{2-10a}$$

$$\frac{1}{2}\rho v_1^2 + \rho gh_1 + p_1 = \frac{1}{2}\rho v_2^2 + \rho gh_2 + p_2 \tag{2-10b}$$

式(2-10)称为理想液体的伯努利方程,也称为理想液体的能量方程。其物理意义是:在密闭管道中作稳定流动的理想液体具有压力能、位能和动能三种形式的能量。在液体流动过程中,这三种能量可以互相转化,但各通流截面上三种能量之和为恒定值。式(2-10a)是以单位质量液体所具有的动能、位能、压力能的形式来表达的理想液体的伯努利方程;式(2-10b)是以单位体积液体所具有的动能、位能、压力能的形式来表达的理想液体的伯努利方程。由于液压系统内各处液体的压力可以用压力表很方便的测出来,所以式(2-10b)也常用。

2. 实际液体的伯努利方程

实际液体在管道中流动时,由于液体存在黏性,会产生内摩擦力,消耗能量;同时,管道局部形状和尺寸的骤然变化,使液体产生扰动,也消耗能量。因此,实际液体流动有能量损失,这里可设单位体积液体在两通流截面间流动的能量损失为 Δp_w。

此外,由于实际液体在管道过流断面上的流速分布是不均匀的,在用平均流速代替实际流速计算动能时,必然会产生误差。为了修正这个误差,需引入动能修正系数 α。

因此,实际液体的伯努利方程为

$$p_1 + \rho g h_1 + \frac{1}{2}\rho \alpha_1 v_1^2 = p_2 + \rho g h_2 + \frac{1}{2}\rho \alpha_2 v_2^2 + \Delta p_w \tag{2-11}$$

式中动能修正系数 α_1、α_2 的值,当液体紊流时取 $\alpha=1$,层流时取 $\alpha=2$。

伯努利方程揭示了液体流动过程中的能量变化规律。它指出,对于流动的液体来说,如果没有能量的输入和输出,液体内的总能量是不变的。它是流体力学中一个重要的基本方程。它不仅是进行液压传动系统分析的基础,而且还可以对多种液压问题进行研究和计算。

在应用伯努利方程时,应注意 h 和 p 是指截面上同一点的两个参数。

2.3.7 压力损失

在液压管路中能量损失表现为液体的压力损失,这样的压力损失可分为两种:一种是沿程压力损失,另一种是局部压力损失。

1. 沿程压力损失

液体在等径直管中流动时因黏性摩擦而产生的压力损失,称为沿程压力损失。经理论推导和实验证明,沿程压力损失 Δp_λ 可用以下公式计算

$$\Delta p_\lambda = \lambda \frac{l \rho v^2}{2d} \tag{2-12}$$

式中,λ——沿程阻力系数;

l——油管长度,m;

d——油管内径,m;

ρ——液体的密度,kg/m^3;

v——液流的平均流速,m/s。

2. 局部压力损失

液体流经管道的弯头、接头、突变截面以及阀口、滤网等局部装置时,液流方向和流速发生变化,在这些地方形成旋涡、气穴,并发生强烈的撞击现象,由此而造成的压力损失被称为局部压力损失。当液体流过上述各种局部装置时,流动状况极为复杂,影响因素较多,局部压力损失值不易从理论上进行分析计算。因此,局部压力损失的阻力系数,一般要依靠实验来确定。局部压力损失 Δp_ξ 的计算公式为

$$\Delta p_\xi = \xi \frac{\rho v^2}{2} \tag{2-13}$$

式中,ξ——局部阻力系数,各种局部装置结构的 ξ 值可查有关手册。

3. 管路系统的总压力损失

整个管路系统的总压力损失应为所有沿程压力损失和所有局部压力损失之和,即

$$\sum \Delta p = \sum \Delta p_\lambda + \sum \Delta p_\xi = \sum \lambda \frac{l}{d} \frac{\rho v^2}{2} + \sum \xi \frac{\rho v^2}{2} \tag{2-14}$$

在液压传动系统中,绝大多数压力损失转变为热能,造成系统温度增高,泄漏增大,影响系统的工作性能。因此,在设计和改造液压系统时,使压力损失越小越好。从计算压力损失的公式可以看出,减小流速,缩短管道长度,减少管道截面突变,提高管道内壁的加工质量等,都可使压力损失减小。其中流速的影响最大,故液体在管路中的流速不应过高。但流速太低,也会使管路和阀类元件的尺寸加大,并使成本增高,因此要综合考虑确定液体在管道中的流速。

通过以上分析,总结出减小管路系统压力损失的主要措施:

（1）尽量缩短管道长度，减小管道弯曲和截面的突变；
（2）提高管道内壁的光滑程度；
（3）管道应有足够大的通流截面面积，并把液流的速度限制在适当的范围内；
（4）液压油的黏度选择要适当。

2.4 液压冲击和气穴现象

在液压传动中，液压冲击与气穴现象都会给液压系统的正常工作带来不利影响，因此需要了解这些现象产生的原因及造成的危害，并采取相应的措施尽量避免或减小其危害性。

2.4.1 液压冲击

在液压系统中，由于某种原因，液体压力在一瞬间会突然升高，形成很高的压力峰值，这种现象叫做液压冲击。

产生液压冲击时，系统的压力峰值往往比正常工作压力高好几倍。这样高的压力，不仅会引起设备振动和噪声，影响工作质量，而且还会损坏液压元件、密封装置和管道，有时还会使系统中的某些液压元件（如顺序阀、压力继电器等）产生误动作，导致设备事故。

1. 液压冲击产生的原因

（1）当液流通道迅速关闭或液流迅速换向使液流速度的大小或方向发生突然变化时，因液流的惯性引起液压冲击。

（2）当高速运动的工作部件突然制动或换向时，因工作部件的惯性引起液压冲击。

（3）某些液压元件动作不灵敏，使系统压力升高引起液压冲击。

2. 减小和避免液压冲击应采取的措施

（1）延长阀门关闭和运动部件制动换向的时间。

（2）限制管中油液的流速及运动部件的速度。

（3）用橡胶软管或在冲击源处设置蓄能器，以吸收液压冲击的能量。

（4）在容易出现液压冲击的地方设置缓冲装置或安装限制压力峰值的安全阀。

2.4.2 气穴现象

1. 气穴现象产生的机理和危害

液压油中总是含有一定量的空气。常温时，矿物型液压油在一个大气压下约含有 6%～12%的溶解空气。当液压油的压力低于液压油在该温度下的空气分离压时，溶于油中的空气就会迅速地从油中分离出来形成气泡；当液压油的压力降至该温度下的饱和蒸气压以下时，油液本身迅速汽化，即油从液态变为气态，产生大量油的蒸气气泡。这些气泡混杂在油液中，使原来充满管道和液压元件中的油液成为不连续状态，这种现象称为气穴现象，又称为空穴现象。

当上述原因产生的大量气泡随着液流流到压力较高的部位时，因气泡承受不了高压而破灭，产生局部的液压冲击，发出噪声并引起振动。附着在金属表面上的气泡破灭时，它所产生的局部高温和高压会使金属剥落，表面粗糙，或出现海绵状小洞穴，这种现象称为气蚀。

2. 减少和防止气穴现象应采取的措施

减少和防止空穴现象,就要防止液压系统中的压力过度降低,一般应采取如下措施:

(1) 减小阀孔前后的压力差,一般应使液压油在阀前与阀后的压力比小于 3.5;

(2) 正确选择和使用液压泵,如降低泵的吸油高度;采用较大的吸油管直径并少用弯头;过滤器容量要大并及时清洗;对自吸能力较差的泵采用辅助泵供油;

(3) 各元件的连接处要密封可靠,防止空气进入;

(4) 提高零件的抗气蚀能力,即增加零件的强度,采用抗腐蚀能力强的金属材料,减小零件的表面粗糙度。

2.5 技能训练 液压油的更换

1. 训练目的

(1) 能够用感官合理判断液压油的品质。

(2) 能够规范地更换液压油。

(3) 能够正确处理废油。

2. 训练设备和工具

(1) 设备:有液压传动系统的机器、手摇式加油机(或滤油车)。

(2) 工具:常用钳工工具。

(3) 其他:油桶、新液压油、去脂擦布(医用纱布)、棉纱等。

3. 训练内容与注意事项

(1) 看机器铭牌,查机器的名称与型号。

(2) 看机器使用说明书,查液压油牌号及液压油用量,准备好所需液压油。

(3) 更换液压油,具体操作如下:

① 准备好废油桶、扳手、棉纱等用品及用具。

② 机器停放在平整的场地上,启动机器,运转 15 分钟左右,观察液压油温度,当处于正常工作温度范围时停机。

③ 用棉纱等清除液压油箱放油螺塞上的油污。

④ 将废油桶置于放油螺塞的正下方,用扳手拧开放油螺塞,将油箱中的液压油放出,并取出滤芯。把液压泵和油箱之间的管路从泵的接口处拆开,放出管路里的油液。

⑤ 用冲洗液清洗液压油箱和管路;清除放油螺塞磁铁上所附的铁屑等污物;用去脂擦布把油箱内部擦净,如用去脂擦布很难把油箱擦净,可将面粉和到能拉伸的程度时将其分成三份,用面团分三次粘干净液压油箱,尤其是油箱的边角处和滤芯筒。

⑥ 重新放入新的滤芯;将液压油箱与泵的管路连接好,必要时更换管接头处的 O 型圈;更换放油螺塞的密封圈,重新拧紧放油螺塞。

⑦ 用擦布将液压油箱加油口擦拭干净,用手摇式加油机(或滤油机)将干净的液压油加入油箱。当油箱液面高度处于油尺或油量表的最大刻度至最小刻度之间时,说明油量合适。

⑧ 拧紧油箱盖,排除液压系统的空气。

⑨ 清点工具,清扫场地。按环保要求处理废油。

4. 讨 论

(1) 为什么要将机器停放在平整的场地上换油?

(2) 加油前,为什么要擦拭加油口?

(3) 放油前,为什么让机器运转一段时间?

(4) 加油完毕后,为什么要排除液压系统的空气?

(5) 按照上述换油方法,能否将液压系统中的油液全部放净?这样做会有什么后果?如何解决?

2.6 思考练习题

2-1 填空题

2-1-1 在液压系统中,液压油液用来传递_____和信号,并且起到_____、冷却和防锈等作用。

2-1-2 常用的液体黏度有三种,即_____、_____和_____。

2-1-3 液压油的牌号就是用它在温度为_____℃时的_____黏度平均值来表示的。

2-1-4 液压油的黏度对温度的变化十分敏感。温度升高,黏度显著_____,这种变化将直接影响液压油的正常使用。液压油的这种性质被称为液压油的_____。

2-1-5 对液压油液的选用,首先应根据液压传动系统的_____和_____来选择合适的液压油液类型,然后再选择液压油液的_____。

2-1-6 在液压传动中,我们把液体在单位面积上所受的内法向力简称为_____,在物理学中它被称为_____,其法定计量单位是_____。

2-1-7 液体压力有两种表示方法,即_____和_____。在液压技术中,如不特别说明,所提到的压力均是指_____。

2-1-8 在密闭容器内,施加于静止液体上的压力可以_____传递到液体内各点。这就是静压传递原理,或称为帕斯卡原理。

2-1-9 当固体壁面为一曲面时,曲面上液压作用力在某 x 方向上的总作用力 F 等于液体压力 p 和曲面在该方向_____的乘积。

2-1-10 液体在管道中作定常流动时,流过各断面的_____是相等的(液流是连续的)。因此在管道中流动的液体,其流速和_____成反比。

2-1-11 从压力损失的公式可以看出,减小_____,缩短管道_____,减少管道截面_____,提高管道内壁的_____等,都可使压力损失减小。

2-1-12 缝隙流量(泄漏量)对_____最敏感,与其三次方成正比,因此必须在确保能较好地相对运动的前提下严格控制间隙量,以减少泄漏。这也就说明为什么液压元件的_____要求精度高。

2-1-13 当偏心环形缝隙的偏心率达到最大值,即 $\varepsilon=e/h=1$ 时,偏心环形缝隙的流量增加为同心环形缝隙的_____倍。由此可见保持阀件配合_____的重要性。

2-1-14 在液压传动中,_____与_____现象都会给液压系统的正常工作带来不利影响,因此需要了解这些现象产生的原因及造成的危害,并采取相应的措施尽量避免或减小其危害性。

2-2 问答题

2-2-1 液压油的选用应从哪几个方面给予考虑?

2-2-2 试说明小孔流量公式 $q=KA\Delta p^m$ 中各项的含义?

2-2-3 液体在水平放置的变径管内流动时,为什么管道直径超细的部位其压力越小?

2-2-4 当液压系统中液压缸的有效面积一定时,其内工作压力的大小由什么参数决定?活塞的运动速度由什么参数决定?

2-3 计算题

2-3-1 如题 2-3-1 图所示的液压千斤顶,小柱塞直径 $d=10$ mm,行程 $S=25$ mm,大柱塞直径 $D=50$ mm,重物产生的力 $F_2=50\,000$ N,手压杠杆比 $L:l=500:25$,试求:

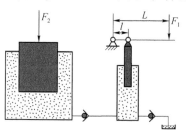

题 2-3-1 图

(1) 此时密封容积中的液体压力是多少?
(2) 杠杆端施加力 F_1 为多少时,才能举起重物?
(3) 杠杆上下动作一次,重物的上升高度是多少?

2-3-2 20 ℃时 200 mL 蒸馏水从恩氏黏度计中流尽的时间为 51 s,如果 200 mL 的某液压油在 40 ℃时从恩氏黏度计中流尽的时间为 232 s,已知该液压油的密度为 900 kg/m³,求该液压油的恩氏黏度、运动黏度和动力黏度各是多少,并判断该液压油的牌号?

2-3-3 如题 2-3-3 图所示,液压缸直径 $D=150$ mm,活塞直径 $d=100$ mm,负载 $F=5\times10$ N。若不计液压油自重及活塞或缸体质量,试求图示两种情况下液压缸内的液体压力是多少?

2-3-4 如题 2-3-4 图所示,液压泵的流量 $q=25$ L/min,吸油管直径 $d=25$ mm,泵口比油箱液面高出 400 mm。设液压油的运动黏度为 $\gamma=20$ mm²/s,密度为 $\rho=900$ kg/m。如果只考虑吸油管中的沿程压力损失,试求液压泵进油口处的真空度是多少?

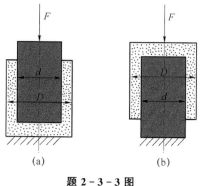

题 2-3-3 图

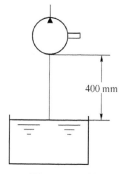

题 2-3-4 图

第 3 章　液压动力元件

3.1　液压泵概述

液压泵由原动机驱动,把输入的机械能转换为油液的压力能,向液压系统输送足够量的压力油,从而推动执行元件对外做功。液压泵是液压系统的动力元件,是液压系统的心脏。

3.1.1　液压泵的工作原理

图 3-1 所示为单柱塞液压泵的工作原理。柱塞 2 安装在泵体 3 内,并在弹簧的作用下始终与偏心轮 1 接触。当偏心轮 1 由原动机带动旋转时,柱塞 2 在泵体 3 内往复运动,使密封腔 6 的容积发生变化。柱塞向右运动时,密封容积增大,形成局部真空,油箱中的油在大气压力作用下通过单向阀 4 流入泵体内,单向阀 5 关闭,防止系统油液回流,这时液压泵吸油。柱塞向左运动时,密封容积减小,油液受挤压,经单向阀 5 压入系统,单向阀 4 关闭,避免油液流回油箱,这时液压泵压油。若偏心轮不停地旋转,泵就不断地吸油和压油。

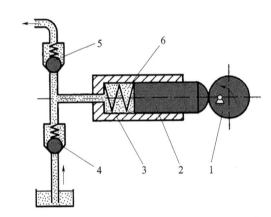

1—偏心轮；2—柱塞；3—泵体；4、5—单向阀；6—密封腔

图 3-1　单柱塞液压泵的工作原理

由此可见,液压泵是通过密封容积的变化来实现吸油和压油的,其排油量的大小取决于密封腔的容积变化量,故称其为容积式泵。液压传动系统中使用的液压泵都是容积式泵。为了使液压泵能不断地吸油和压油,需满足下列三个条件:

(1) 必须具有由运动件和非运动件所围成的密封容积。

(2) 密封容积的大小能随运动件的运动做周期性的变化,容积由小变大形成真空——吸入油,容积由大变小压力增加——压出油,这样周而复始。

(3) 必须有与密封容积变化相协调的配流机构。配流机构保证密封容积由小变大时,只

与吸油腔(管)相通;密封容积由大变小时只与压油腔(管)相通。常见的配流机构有盘配流机构、轴配流机构和阀配流机构三类,上述单柱塞泵中的两个单向阀 4 和 5 就是起配流作用的,为阀配流。

液压系统中所使用的液压泵(齿轮泵、叶片泵、柱塞泵等)要正常工作必须满足以上三个条件。

3.1.2 液压泵的分类

液压泵的分类方式有多种。按不同的分类标准,液压传动中常用的液压泵类型如下:

(1) 按液压泵的不同结构分类

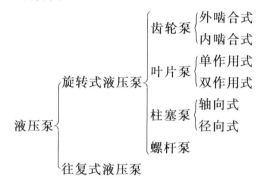

(2) 按液压泵输出的排量能否调节分类

液压泵 { 定量液压泵——液压泵的排量不能调节
变量液压泵——液压泵的排量可调节

(3) 按液压泵的压力分类(见表 3-1)

表 3-1 液压泵的压力分类

液压泵类型	低压泵	中压泵	中高压泵	高压泵	超高压泵
压力/MPa	0~2.5	2.5~8	8~16	16~32	大于 32

3.1.3 液压泵的性能参数

1. 液压泵的压力 p

(1) 工作压力 液压泵的工作压力是指泵工作时输出油液的实际压力,即液压泵出油口处的压力值,也称为系统压力。其大小由外界负载决定,而与泵的流量无关。当负载增加时,液压泵的压力升高;当负载减少时,液压泵压力降低。

(2) 额定压力 液压泵的额定压力是指在保证泵的容积效率、使用寿命和额定转速的前提下,液压泵连续运转时允许使用的压力限定值。它也就是在正常工作的条件下,按试验标准规定能连续运转的最高压力。它是根据泵的强度、寿命、效率等使用条件而规定的正常工作的压力上限,超过此压力值就是过载。泵的铭牌上标出的压力值即为额定压力。

2. 液压泵的排量 V

由液压泵的密封容腔几何尺寸变化计算而得到的液压泵每转排出液体的体积,称为液压泵的排量。在工程上,它可以用在无泄漏的情况下,液压泵轴每转所排出的液体体积来表示。

3. 液压泵的流量

(1) 理论流量 q_t　液压泵的理论流量，是在不考虑泄漏的情况下，泵在单位时间内由其密封容积的几何尺寸变化计算而得的排出液体的体积。理论流量与工作压力无关，等于排量与其转速的乘积，即

$$q_t = Vn \tag{3-1}$$

(2) 实际流量 q　液压泵的实际流量是泵工作时实际排出的流量，等于理论流量减去泄漏、压缩等损失的流量 Δq，即

$$q = q_t - \Delta q \tag{3-2}$$

(3) 额定流量 q_n　液压泵的额定流量是泵在额定压力和额定转速下输出的实际流量。

由于液压泵存在泄漏，所以液压泵的实际流量和额定流量都小于理论流量。

4. 液压泵的功率

(1) 输入功率 P_i　驱动泵的机械功率叫做泵的输入功率。

$$P_i = 2\pi n T_i \tag{3-3}$$

式中，T_i——泵轴上的实际输入转矩；

n——泵轴的转速。

(2) 输出功率 P_o　泵输出的液压功率叫做泵的输出功率。

$$P_o = pq \tag{3-4}$$

5. 液压泵的效率

(1) 机械效率 η_m　由于泵内有各种摩擦损失（机械摩擦、液体摩擦），所以泵的实际输入转矩 T_i 总是大于其理论转矩 T_t。理论转矩与实际转矩的比值称为机械效率，用 η_m 表示：

$$\eta_m = \frac{T_t}{T_i} \tag{3-5}$$

由于泵的理论机械功率应无损耗地全部变换为泵的理论液压功率，则得

$$2\pi n T_t = pVn$$

$$T_t = \frac{pV}{2\pi} \tag{3-6}$$

将式(3-6)代入式(3-5)得

$$\eta_m = \frac{pV}{2\pi T_i} \tag{3-7}$$

(2) 容积效率 η_V　由于泵存在泄漏，所以泵的实际输出流量 q 总是小于其理论流量 q_t。其容积效率 η_V 为

$$\eta_V = \frac{q}{q_t} \tag{3-8}$$

(3) 总效率 η　由于泵在能量转换时有能量损失（机械摩擦损失、泄漏流量损失），所以泵的输出功率 P_o 总是小于泵的输入功率 P_i。其总效率 η 为

$$\eta = \frac{P_o}{P_i} \tag{3-9}$$

将式(3-3)和式(3-4)代入得

$$\eta=\frac{pq}{2\pi n T_i}=\frac{pV}{2\pi T_i}\frac{q}{Vn}=\eta_m \eta_V \tag{3-10}$$

泵的总效率等于机械效率和容积效率的乘积。常见液压泵的容积效率和总效率见表3-2。

表3-2 泵的容积效率和总效率

效率类型\泵的类型	齿轮泵	叶片泵	柱塞泵
容积效率	0.7~0.9	0.8~0.95	0.85~0.98
总效率	0.6~0.8	0.75~0.85	0.75~0.9

例3-1 液压泵的输出油压$p=10$ MPa,转速$n=1\,450$ r/min,排量$V=46.2$ mL/r,容积效率$\eta_V=0.95$,总效率$\eta=0.9$。求液压泵的输出功率和驱动泵的电动机功率各为多大?

解 (1)求液压泵的输出功率

液压泵输出的实际流量:

$$q=q_t\eta_V=\left(46.2\times10^{-6}\times\frac{1\,450}{60}\times0.95\right)\text{m}^3/\text{s}=1.06\times10^{-3}\text{ m}^3/\text{s}$$

液压泵的输出功率:

$$P_o=pq=(10\times10^6\times1.06\times10^{-3})\text{W}=1.06\times10^4\text{ W}$$

(2)求电动机功率

电动机功率即泵的输入功率:

$$P_i=\frac{P_o}{\eta}=\left(\frac{1.06\times10^4}{0.9}\right)\text{W}=1.18\times10^4\text{ W}$$

3.2 齿轮泵

齿轮泵在现代液压技术中是产量和使用量最大的泵类元件,齿轮泵是以成对齿轮啮合传动的方式进行工作的一种定量液压泵。齿轮泵的流量脉动大,多用于精度要求不高的传动系统。按结构形式不同,齿轮泵分为外啮合式和内啮合式,以外啮合齿轮泵应用较为广泛。低压齿轮泵广泛用于机床(磨床、珩磨机等)的传动系统、各种补油润滑及冷却装置。中、高压齿轮泵主要应用于工程机械、轧钢设备、农业机械和航天技术中。

3.2.1 齿轮泵的特点

齿轮泵的主要优点是结构简单,制造方便,体积小,质量轻,转速高,自吸性能好,对油的污染不敏感,工作可靠,寿命长,便于维护修理以及价格低廉等。主要缺点是流量和压力脉动较大,噪声较大(只有内啮合齿轮泵噪声较小),排量不可调。

3.2.2 外啮合齿轮泵

1. 外啮合齿轮泵的工作原理

外啮合齿轮泵一般由泵体、齿轮和泵盖等构成,如图3-2所示。一对齿数相同的外啮合齿轮装在泵体内,齿轮的两侧由泵盖(图中未画出)盖住,泵体、泵盖和齿轮之间形成了密封容

积 P、T、A 等。当齿轮由原动机通过轴或皮带带动按图示方向转动时,在进油口处的密封容积 T 由于相互啮合的轮齿逐渐脱开而增大,形成局部真空,大气压将油箱中的油液经吸油管压入密封容积 T——吸油腔,将齿槽充满,进行"吸油";随着齿轮旋转,齿槽中的油液被封闭在轮齿和泵体之间一个个密封容积 A 内,并被带到密封容积 P——压油腔中,在压油腔中由于轮齿逐渐进入啮合,密封容积不断减小,迫使油液流出泵外进入系统,进行"压油"。齿轮不断地旋转,泵就连续完成吸、压油过程。齿轮泵的吸油腔和压油腔由啮合点处的齿面接触线分隔开,因此在齿轮泵中不需要设置专门的配流机构。

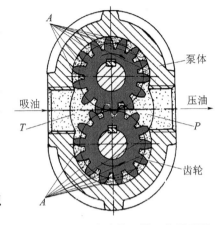

图 3-2 外啮合齿轮泵的工作原理图

2. 外啮合齿轮泵的排量和流量脉动

外啮合齿轮泵的排量 V 相当于两个齿轮齿槽容积之和,其大小不可调节,因而外啮合齿轮泵是定量泵。

外啮合齿轮泵的齿轮在旋转过程中,对应于轮齿的不同位置,齿槽空间的变化率不同,这就造成齿轮泵的流量脉动,流量脉动引起压力脉动,随之产生振动与噪声(内啮合齿轮泵的流量脉动率要小得多),所以高精度机械不宜采用外啮合齿轮泵。

3. 外啮合齿轮泵的结构特点

CB-B 型齿轮泵是外啮合齿轮泵,其结构如图 3-3 所示,是三片式结构。主动轴 7 上装有主动齿轮,从动轴 9 上装有从动齿轮。用定位销 8 和螺钉 2 把泵体 4 与后泵盖 5 和前泵盖 1 装在一起,形成齿轮泵的密封容腔。泵体两端面开有封油卸荷槽口 d,可防止油外泄和减轻螺钉拉力。油孔 a、b、c 可使泄漏到油封和润滑轴承处的油液流回吸油口。

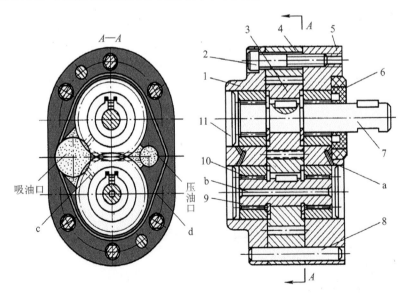

1—前泵盖;2—螺钉;3—齿轮;4—泵体;5—后泵盖;6—油封;7—主动轴;
8—定位销;9—从动轴;10—滚针轴承;11—堵头

图 3-3 CB-B 型外啮合齿轮泵结构

外啮合齿轮泵结构上要解决的几个问题：

(1) 困油现象

为了使外啮合齿轮泵能连续供油，吸油腔和压油腔必须分隔开，因而在一对轮齿即将脱开前，后面一对轮齿就要进入啮合，以保证吸、压油腔不通，即要求两齿轮的重叠系数大于 1。这样同时有两对轮齿(图 3-4 中 A、B 处各有一对轮齿)处于啮合状态，此时留在齿槽中的油液就被困在这两对轮齿啮合线所围成(齿轮两端面有泵盖封住)的由 V_a 和 V_b 组成的一个封闭空间 V 内，如图 3-4(a)所示，$V=V_a+V_b$，这处封闭空间 V 被称为困油区；随着齿轮继续旋转，困油区逐渐变小，直到两个啮合点 A 与 B 处于节点两侧的对称位置时，困油区最小，如图 3-4(b)所示；齿轮再继续旋转，困油区又变大，如图 3-4(c)所示；困油区 V 全部变化过程，如图 3-4(d)所示。困油区减小时，被困油液受到挤压，压力急剧上升，并从缝隙中挤出，导致油液发热，轴承等机件也受到附加的不平衡负载作用；困油区变小后又增大会造成局部真空，使溶于油中的气体分离出来，产生气穴，引起噪声、振动和气蚀，这就是齿轮泵的困油现象。

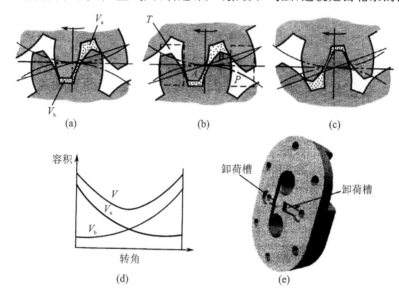

图 3-4 齿轮泵的困油现象及消除措施

由于困油现象的存在，齿轮泵工作时产生噪声，容积效率降低，这种现象影响流量的均匀性和工作平衡性，并且会降低泵的使用寿命。为减小困油现象的危害，常在与轮齿啮合部位两侧面接触的零件上开卸荷槽，如图 3-4(b)中的虚线所示。

对于低压齿轮泵一般是在泵盖上开卸荷槽，如图 3-4(e)所示，使困油区在其容积由大变小时，通过卸荷槽与压油腔相连通，避免了压力急剧上升；困油区在其容积由小变大时，通过卸荷槽与吸油腔相连通，避免形成真空。两个卸荷槽间需保持合适的距离，以便吸、压油腔在任何时候都不连通，避免增大泵的泄漏量。实测证明，齿轮泵盖上两个卸荷槽的位置向吸油腔偏移一小段距离，偏移后的效果比对称分布更好一些。

对于中高压齿轮泵，与轮齿啮合部位两侧面接触的零件有的是侧板，如图 3-5(a)所示；有的是分体式轴套，如图 3-5(b)所示；有的是整体式轴套，如图 3-5(c)所示；为了解决困油问题，需要在这些零件上开卸荷槽。矩形卸荷槽形状简单，加工容易，基本上能满足使困油卸荷的使用要求，但是封闭油腔与泵的吸、压油腔通道仍不够通畅，困油现象造成的压力脉动还部分地存在，而采用图3-5所示的几种异形困油卸荷槽，则能使困油及时顺利地导出，对改善齿轮泵的工作，对较彻底地解除困油现象更有利一些。除图3-5所示的几种异形困油卸荷槽外，还有其他形式的困油卸荷槽，这里不一一列举。

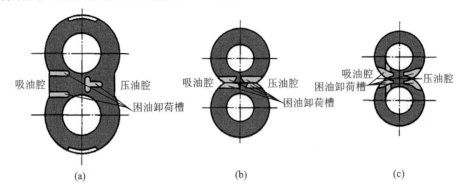

图3-5 几种异形困油卸荷槽

(2) 径向作用力不平衡

齿轮泵工作时，液压油作用在齿轮外缘上的压力是不均匀的，如图3-6所示，从吸油腔到压油腔，压力沿齿轮旋转方向逐齿递增，齿轮受到径向合力不为零，即径向作用力不平衡。工作压力越高，径向不平衡力也越大，严重时能使泵轴弯曲，导致齿顶接触泵体，产生磨损，同时也降低轴承使用寿命。

为了减少径向不平衡力的影响，在有些齿轮泵上，采用开压力平衡槽的办法（如图3-7所示）来达到径向力相互抵消的目的，但这将使得泵的高低压区更加靠近，泄漏增大，容积效率降低。CB-B型齿轮泵则采用缩小压油口的办法，如图3-3所示，以减少液压力对齿顶部分的作用面积来减小径向不平衡力，所以泵的压油口孔径比吸油口孔径要小。

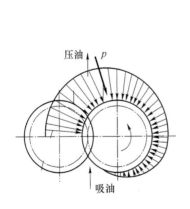

图3-6 齿轮泵的径向不平衡力图

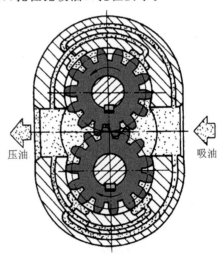

图3-7 齿轮泵径向力平衡槽

(3) 泄 漏

外啮合齿轮泵的泄漏包括内泄漏和外泄漏。齿轮泵压油腔的一部分高压油没有从压油口流出，而是从缝隙流回到吸油腔，这种泄漏是在齿轮泵内部发生的，称为内泄漏；齿轮泵内另有一部分油从缝隙流到齿轮泵外部，称为外泄漏。内泄漏是看不见的，外泄漏用肉眼能观察到。

外啮合齿轮泵的内泄漏有三种途径：一是通过齿轮啮合线处的间隙（齿侧间隙）泄漏；二是通过泵体内孔和齿顶间的径向间隙（齿顶间隙）泄漏；三是通过齿轮两端面和与其接触件（泵盖、轴套或侧板）间的间隙（端面间隙）泄漏。在这三类间隙中，端面间隙的泄漏量最大，约占75%～80%。要减少内泄漏，首先要减少端面间隙的泄漏量，要减少端面间隙的泄漏量，就要减小端面间隙，但随着齿轮端面与泵盖的磨损，端面间隙不断变大，因此，为了提高齿轮泵的压力和容积效率，需要从结构上采取措施，对端面间隙进行补偿。一般采用齿轮端面间隙自动补偿的办法来解决这个问题。通常采用的自动补偿端面间隙的装置有浮动轴套、浮动侧板、挠性侧板三种，分别如图3-8(a)、(b)、(c)所示，其原理都是利用特制的通道，把泵内压油腔的压力油引到轴套或侧板外侧，并作用在一定形状和大小的面（用密封圈分隔构成）上，产生液压作用力，使轴套或侧板始终紧贴在齿轮端面上，自动补偿因端面磨损而产生的间隙，压力越高，间隙越小，达到提高工作压力的目的。由于低压齿轮泵没有自动补偿端面间隙的装置，因而其容积效率较低，输出压力也不高。

外啮合齿轮泵的外泄漏一般有两种途径：一是通过泵盖与泵体的间隙泄漏；二是通过泵盖与泵输入轴之间的间隙泄漏。泵盖与泵体的间隙泄漏主要是通过在泵盖与泵体间装密封垫或密封圈解决，有的为了密封效果更好，还抹密封胶，也有在泵体端面上开封油槽的（见图3-3中的d）。泵盖与泵输入轴之间的间隙泄漏一般是在泵盖内装入油封（见图3-3中的6）来解决，注意油封不能承受高压，油封封住的泄漏油一定要引回吸油腔。

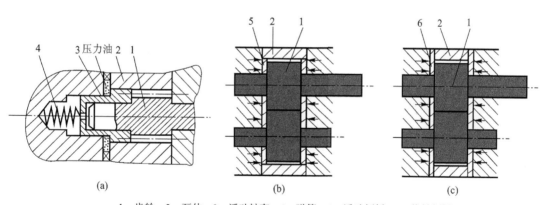

1—齿轮；2—泵体；3—浮动轴套；4—弹簧；5—浮动侧板；6—挠性侧板

图 3-8 端面间隙补偿装置示意图

3.2.3 内啮合齿轮泵

内啮合齿轮泵有渐开线齿形和摆线齿形两种，其结构示意图如图3-9所示。

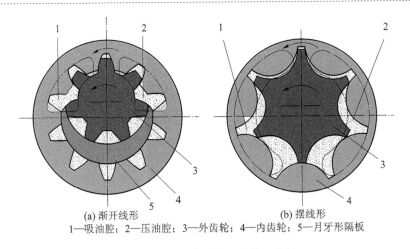

(a) 渐开线形　　　　　　　　(b) 摆线形
1—吸油腔；2—压油腔；3—外齿轮；4—内齿轮；5—月牙形隔板

图 3－9　内啮合齿轮泵结构示意图

1. 渐开线齿形内啮合齿轮泵

该泵由外齿轮 3、内齿轮 4、月牙形隔板 5 等组成。当外齿轮 3 为主动轮时，带动内齿轮 4 绕各自的中心同方向旋转，左半部轮齿退出啮合，容积增大，形成真空，进行吸油。进入齿槽的油被带到压油腔，右半部轮齿进入啮合，容积减小，从压油口压油。在外齿轮 3 和内齿轮 4 之间要装一块月牙形隔板 5，以便将吸、压油腔隔开。

2. 摆线齿形内啮合齿轮泵

该泵又称摆线转子泵，主要零件是一对内啮合的外齿轮 3(也叫内转子)和内齿轮 4(也叫外转子)组成。外齿轮 3 齿数比内齿轮 4 齿数少一个，两齿轮之间有一偏心距。工作时外齿轮 3 带动内齿轮 4 同向旋转，所有外齿轮 3 的齿都进入啮合，形成几个独立的密封腔。随着内外齿轮的啮合旋转，各密封腔的容积将发生变化，从而进行吸油和压油。

内啮合齿轮泵具有结构紧凑、尺寸小、重量轻、运转平稳、噪声小、流量脉动小等优点。其缺点是齿形复杂，加工困难，价格较贵。

3.2.4　双联齿轮泵

双联齿轮泵是由两个单级齿轮泵组成，可以组合获得多种流量。双联齿轮泵是由一个大排量低压力齿轮泵和一个小排量高压力齿轮泵组成，包括前盖、壳体和泵体，在壳体上装有单向阀，前盖上装有溢流阀。当双联泵工作压力小于溢流阀开启压力时，两个齿轮泵同时输出液压油，当工作压力高于溢流阀开启压力时，只有小排量齿轮泵输出高压液压油，从而减少功率损耗。双联齿轮泵能达到给液压系统分别供油的目的，以节约能源，还可根据需要组成多联泵。双联齿轮泵结构简单，组合随意、工作可靠、维护方便，对冲击负荷的适应性好，适用于工程、建筑、起重、矿山等机械行业。

3.2.5　齿轮泵的使用与维修

1. 齿轮泵的使用

(1) 齿轮泵的吸油高度一般不得大于 500 mm。

(2) 齿轮泵应通过挠性联轴器直接与电机连接，一般不可刚性连接或通过齿轮副及皮带轮机构连接，以免单边传力受力，造成齿轮泵泵轴弯曲、单边磨损和泵轴油封失效。

(3) 应限制齿轮泵的极限转速。转速不能过高或过低。转速过高,油液来不及填满整个齿间空隙,会造成空穴现象,产生振动和噪声;速度过低,不能使泵形成必要的真空度,造成吸油不畅。目前国产齿轮泵的驱动转速为 300~1 450 r/min,详见齿轮泵使用说明书。

(4) CB-B 型齿轮泵和其他一些齿轮泵,多为单方向泵,只能往一个固定方向旋转使用,反向使用时则不能吸油,并往往使泵轴油封翻转冲破,为此,使用中要特别注意。

2. 齿轮泵的维修

(1) 齿 轮

齿轮泵使用较长时间后,齿轮各相对滑动面会产生磨损和刮伤。端面的磨损导致轴向间隙增大,齿顶圆的磨损导致径向间隙增大,齿形的磨损导致噪声增大。磨损拉伤不严重时可稍加研磨抛光再用,若磨损拉伤严重时,则需根据情况予以修理或更换。

① 齿形修理:用细纱布或油石去除拉伤或已磨成多棱形部位的毛刺,再将齿轮啮合面调换方位适当对研(装在后盖上,卸掉前盖泵体),清洗后可继续再用。但对用肉眼观察能见到的严重磨损件,应予以更换。

② 端面修理:轻微磨损者,可将两齿轮同时放在 0# 砂布上,然后再放在金相砂纸上擦磨抛光。磨损拉伤严重时可将两齿轮同时放在平面磨床上磨去少许,再用金相砂纸抛光。此时泵体也应磨去同样尺寸。两齿轮厚度差应在 0.005 mm 以内,齿轮端面与孔的垂直度、两齿轮轴线的平行度都应控制在 0.005 mm 以内。

③ 齿顶圆:齿轮泵的齿轮在径向不平衡力 F 作用下,一般会出现磨损。齿顶圆磨损后,对低压齿轮泵的容积效率(齿顶泄漏)影响不大,但对高中压齿轮泵,则应考虑电镀外圆或更换齿轮。

(2) 泵 体

泵体的磨损主要出现在内腔与齿轮齿顶圆相接触面,且多发生在吸油侧。如果泵体属于对称型,可将泵体翻转 180°安装再用。如果泵体属于非对称型,则需采用电镀青铜合金工艺或刷镀的方法修整泵体内腔孔磨损部位。

(3) 前后盖

前后盖主要是装配后,与齿轮相滑动的接触端面的磨损与拉伤,如磨损和拉伤不严重,可研磨端面修复。磨损拉伤严重,可在平面磨床上磨去端面上之沟痕。

(4) 泵轴(长、短轴)

齿轮泵泵轴的失效形式主要是与滚针轴承相接触处容易磨损,少量的产生折断。如果磨损轻微,可抛光修复(并更换新的滚针轴承)。如果磨损严重或折断,则需用镀铬工艺修复或重新加工。

外啮合齿轮泵常见故障及解决措施见表 3-3。

表 3-3 外啮合齿轮泵常见故障的产生原因和排除方法

故障现象	产生原因	排除方法
不吸油或输油量不足及压力不能提高	1. 电动机转向错误	1. 纠正电动机转向
	2. 吸入管道或过滤器堵塞	2. 疏通管道,清洗过滤器,更换新油
	3. 端面间隙或径向间隙过大	3. 修复更换有关零件
	4. 各连接处泄漏而引起空气混入	4. 紧固各连接处螺钉,避免泄漏,严防空气混入
	5. 油液黏度太大或油液温升太高	5. 油液应根据温升变化选用

续表 3-3

故障现象	产生原因	排除方法
噪声严重及压力波动	1. 吸油管及过滤器部分堵塞或入口过滤器容量小	1. 除去脏物，使吸油管畅通，或改用容量合适的过滤器
	2. 从吸入管或轴密封处吸入空气，或者油中有气泡	2. 在连接部位或密封处加点油，如果噪声减小，可拧紧接头处或更换密封圈，油管口应在液面以下，与吸油管要有一定的距离
	3. 泵和联轴器不同轴或擦伤	3. 调整同轴度，排除擦伤
	4. 齿轮本身精度不高	4. 更换齿轮或对研修整
	5. 齿轮泵骨架或油封损坏或装轴承时骨架油封内弹簧脱落	5. 检查骨架油封，损坏时更换，以免吸入空气
液压泵旋转不灵活或咬死	1. 端面间隙及径向间隙过小	1. 修配有关零件
	2. 装配不良，盖板与轴的同轴度超差，长轴的弹簧固紧脚太长，滚针套质量太差	2. 根据要求重新进行装配
	3. 泵与电动机轴的联轴器同轴度不符合要求	3. 调整，使同轴度误差不超过 0.2 mm
	4. 油液中杂质被吸入泵体内	4. 严防周围灰尘、铁屑及冷却水等物进入油池，保持油液洁净

3.3 柱塞泵

柱塞泵是依靠柱塞在缸体内往复运动，使密封工作腔容积产生变化来实现吸油、压油的。由于其主要构件柱塞与缸体的工作部分均为圆柱表面，因此加工方便，配合精度高，密封性能好。同时，柱塞泵主要零件处于受压状态，使材料强度性能得到充分利用，故柱塞泵常做成高压泵。而且，只要改变柱塞的工作行程就能改变泵的排量，易于实现单向或双向变量。所以，柱塞泵具有压力高、结构紧凑、效率高及流量调节方便等优点。其缺点是结构较为复杂，有些零件对材料及加工工艺的要求较高，因而在各类容积式泵中，柱塞泵的价格最高。柱塞泵常用于需要高压大流量和流量需要调节的液压传动系统中，如龙门刨床、拉床、液压机、起重机械等设备的液压系统。

柱塞泵按柱塞排列方向的不同，分为轴向柱塞泵和径向柱塞泵。轴向柱塞泵按其结构特点又分为斜盘式和斜轴式两类。

3.3.1 斜盘式轴向柱塞泵

1. 斜盘式轴向柱塞泵的工作原理

斜盘式轴向柱塞泵的工作原理如图 3-10 所示。泵的传动轴中心线与缸体中心线重合，故又称为直轴式轴向柱塞泵。它主要由斜盘 1、柱塞 2、缸体 3、配油盘 4 等件组成。缸体 3 上均匀分布了若干个轴向柱塞孔，孔内装有柱塞，柱塞与缸体轴线平行。斜盘与缸体间倾斜了一个 γ 角。缸体由轴带动旋转，斜盘和配油盘固定不动。在底部弹簧的作用下，柱塞头部始终紧贴斜盘。当缸体按图示方向旋转时，由于斜盘和弹簧的共同作用，使柱塞产生往复运动，各柱塞与缸体间的密封腔容积便发生增大或缩小的变化，通过配油盘上的窗口吸油和压油。当缸孔自最低位置向上方转动时,柱塞向左运动,柱塞端部和缸体间的密封容积增大,通过配油盘吸油窗口 a 吸油;当缸孔自最高位置向下方转动时,柱塞被斜盘逐步压入缸体,柱塞端部和缸体间的密封容积减小,通过配油盘压油窗口 b 压油。缸体每转一转,每个柱塞各完成一次吸油和压油,缸体连续旋转,柱塞则不断地吸油和压油。

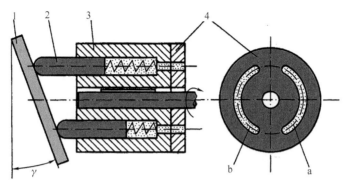

1—斜盘;2—柱塞;3—缸体;4—配油盘;a—吸油窗口;b—压油窗口

图 3-10 斜盘式轴向柱塞泵的工作原理

2. 斜盘式轴向柱塞泵的排量和流量脉动

如果改变斜盘 1 倾角 γ 的大小,就能改变柱塞 2 的行程,这也就改变了轴向柱塞泵的排量。如果改变斜盘 1 倾角的方向,就能改变吸、压油方向,这时就成为双向轴向柱塞泵。

实际上,由于柱塞在缸体孔中运动速度不是恒速的,因而输出流量是有脉动。当柱塞数较多且为奇数时,脉动较小,因而一般常用柱塞泵的柱塞个数为 7、9 或者 11。

3. 斜盘式轴向柱塞泵的结构特点

图 3-11 所示为常见的 SCY14-1B 型轴向柱塞泵结构图,它由两部分组成:右边的主体部分(可再分为前泵体部分、中间泵体部分)和左边的变量部分。缸体 5 安装在中间泵体 1 和前泵体 7 内,由传动轴 8 通过花键带动旋转。在缸体内的缸孔中分别装有柱塞 9。柱塞的球形头部装在滑履 12 的孔内,并可做相对滑动。弹簧 3 通过内套、钢珠 13 和回程盘 14 将滑履 12 紧紧地压在斜盘 15 上,同时弹簧 3 又通过外套 10 将缸体 5 压向配油盘 6。当缸体由传动轴带动旋转时,柱塞相对缸体做往复运动,于是容积发生变化,这时油液可通过缸孔底部月牙形的通油孔、配油盘 6 上的配油窗口和前泵体 7 的进、出油孔等,完成吸、压油工作。

轴向柱塞泵的结构特点如下:

(1) 滑履结构

在图 3-10 中,各柱塞以球形头部直接接触斜盘而滑动,柱塞头部与斜盘之间为点接触,因此被称为点接触式轴向柱塞泵。泵工作时,柱塞头部接触应力大,极易磨损,故一般轴向柱塞泵都在柱塞头部装有滑履,如图 3-12 所示,改点接触为面接触,并且各相对运动表面之间通过滑履上小孔(如图 3-11 所示)引入压力油,实现可靠的润滑,大大降低了相对运动零件表面的磨损。这样,就有利于泵在高压下工作。

(2) 弹簧机构

柱塞泵要想正常工作,柱塞头部的滑履必须始终紧贴斜盘。图 3-10 中采用在每个柱塞底部加一个弹簧的方法。但这种结构中,随着柱塞的往复运动,弹簧易于疲劳损坏。图 3-12

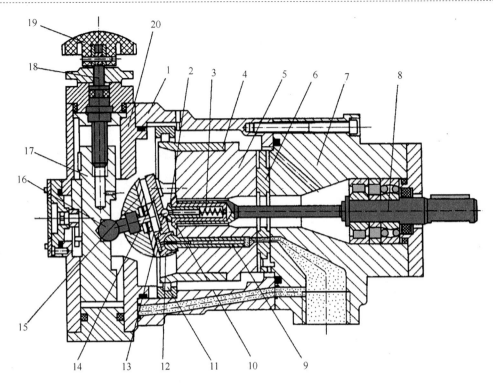

1—中间泵体；2—内套；3—弹簧；4—钢套；5—缸体；6—配油盘；7—前泵体；
8—传动轴；9—柱塞；10—外套；11—轴承；12—滑履；13—钢珠；14—回程盘；
15—斜盘；16—轴销；17—变量活塞；18—丝杆；19—手轮；20—变量机构壳体

图 3-11 斜盘式轴向柱塞泵的结构图

中改用一个中心弹簧 6，通过回程盘将滑履压向斜盘，从而使泵具有较好的自吸能力。这种结构中的弹簧只受静载荷，不易疲劳损坏。

(3) 缸体端面间隙的自动补偿

由图 3-12 可见，使缸体紧压配油盘端面的作用力，除中心弹簧 6 的推力外，还有柱塞孔底部台阶面上所受的液压力，此液压力比弹簧力大得多，而且随泵工作压力增大而增大。由于缸体始终受力紧贴着配油盘，就使端面间隙得到了自动补偿，提高了泵的容积效率。

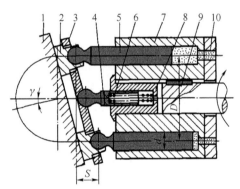

1—斜盘；2—滑履；3—回程盘；4，8—套筒；5—柱塞；
6—中心弹簧；7—回转缸体；9—传动轴；10—配油盘

图 3-12 改进后的轴向柱塞泵局部结构原理图

(4) 变量机构

在变量轴向柱塞泵中有专门的变量机构，用来改变斜盘倾角 γ 的大小以调节泵的排量。轴向柱塞泵的变量方式有多种，其变量机构的结构形式亦多种多样。

图 3-11 中的变量机构的变量方式为手动，该变量机构设置在泵的左侧。转动手轮，丝杆随之转动，在导键的作用下，变量活塞 17 便上下移动，通过轴销 16 使支承在变量壳体上的斜

盘 15 绕其中心转动，从而改变了斜盘倾角 γ。手动变量机构结构简单，但手操作力较大，通常只能在停机或泵压较低的情况下实现变量。

图 3-13 为轴向柱塞泵的伺服变量机构，其工作原理为：泵输出的压力油由通道经单向阀 a 进入变量机构壳体 5 的下腔 d，液压力作用在变量活塞 4 的下端。当与伺服阀阀芯 1 相连接的拉杆不动时（图示状态），变量活塞 4 的上腔 g 处于封闭状态，变量活塞不动，斜盘 3 在某一相应的位置上。当使拉杆向下移动时，推动阀芯 1 一起向下移动，d 腔的压力油经通道 e 进入上腔 g。由于变量活塞上端的有效面积大于下端的有效面积，向下的液压力大于向上的液压力，故变量活塞 4 也随之向下移动，直到将通道 e 的油口封闭为止。

变量活塞的移动量等于拉杆的位移量。当变量活塞向下移动时，通过轴销带动斜盘 3 摆动，斜盘倾斜角增加，泵的输出流量随之增加；当拉杆带动伺服阀阀芯向上运动时，阀芯将通道 f 打开，上腔 g 通过卸压通道 f 接通油箱而卸压，变量活塞向上移动，直到阀芯将卸

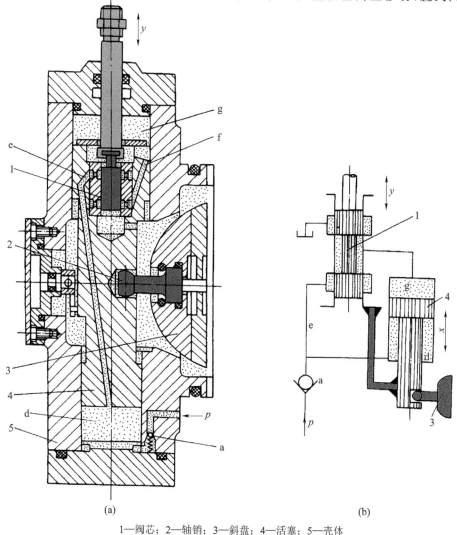

1—阀芯；2—轴销；3—斜盘；4—活塞；5—壳体

图 3-13 伺服变量机构

压通道关闭为止,它的移动量也等于拉杆的移动量。这时斜盘也被带动做相应的摆动,使倾斜角减小,泵的流量也随之相应地减小。由上述可知,伺服变量机构是通过操纵液压伺服阀动作,利用泵输出的压力油推动变量活塞来实现变量的。故加在拉杆上的力很小,控制灵敏。拉杆可用手动方式或机械方式操作,斜盘可以倾斜±18°,在工作过程中泵的吸压油方向可以变换,因而这种泵就成为双向变量液压泵。

3.3.2 斜轴式轴向柱塞泵

图 3-14 为斜轴式轴向柱塞泵的工作原理图。传动轴 5 相对于缸体 3 有一倾角 γ,柱塞 2 与传动轴圆盘之间用相互铰接的连杆 4 相连。当传动轴 5 沿图示方向旋转时,连杆 4 就带动柱塞 2 和缸体 3 一起转动,柱塞 2 同时也在孔内作往复运动,使柱塞孔底部的密封腔容积不断发生增大和缩小的变化,通过配流盘 1 上的窗口 a 和 b 实现吸油和压油。

与斜盘式泵相比较,斜轴式泵由于缸体所受的不平衡径向力较小,故结构强度较高,变量范围较大(倾角较大);但外形尺寸较大,结构也较复杂。目前,斜轴式轴向柱塞泵使用相当广泛。

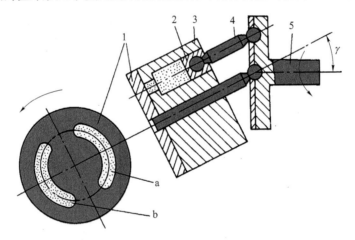

1—配流盘;2—柱塞;3—缸体;4—连杆;5—传动轴;
a—吸油窗口;b—压油窗口
图 3-14 斜轴式轴向柱塞泵工作原理

3.3.3 径向柱塞泵

1. 径向柱塞泵的工作原理

图 3-15 所示为径向柱塞泵的工作原理图,径向柱塞泵由柱塞 1、转子 2、配油铜套 3、定子 4 和配油轴 5 等主要零件组成。柱塞沿径向分布,均匀地安装在转子上。配油铜套和转子紧密配合,并套装在配油轴上。配油轴是固定不动的,其对应转子部位上部和下部各有一个窗口,即图 3-15 所示的 b 腔和 c 腔,这两个油腔又通过轴向孔 a 和 d 分别与泵的吸、压油口相通。转子连同柱塞由原动机带动一起旋转,柱塞靠离心力(有些结构是靠弹簧或低压补油作用)紧压在定子的内壁面上。由于定子和转子之间有一偏心距 e,当转子按图示方向旋转时,柱塞在上半周时向外伸出,其底部的密封容积逐渐增大,产生局部真空,通过配流轴上的 b 腔和轴向孔 a 从吸油口吸油;当柱塞处于下半周时,柱塞底部的密封容积逐渐减小,通过配流轴

上的 c 腔和轴向孔 d 从压油口把油液压出。转子转一周,每个柱塞各吸、压油一次。

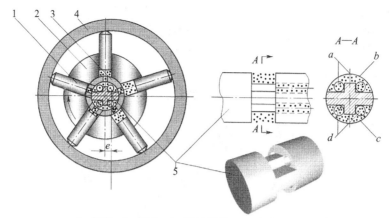

1—柱塞;2—转子;3—配油铜套;4—定子;5—配油轴

图 3 - 15　径向柱塞泵工作原理图

2. 径向柱塞泵的排量和流量脉动

若改变定子和转子的偏心距 e,则泵的输出排量也改变,所以,径向柱塞泵是变量泵。当移动定子使偏心量从正值变为负值时,泵的吸、压油腔就互换,因此,径向柱塞泵可以做成单向或双向变量泵。由于径向柱塞泵中的柱塞在转子中移动速度是变化的,故此径向柱塞泵的输出流量是有脉动的,当柱塞较多且为奇数时,流量脉动率也较小。

3.3.4　柱塞泵的使用与维修

1. 柱塞泵的使用

(1) 在安装试车之前,必须将油箱、管道、执行元件(如油缸)和阀门等清洗干净,灌入油箱的新油必须用滤油机滤清,防止由于油桶不清洁而引起的油液污染。

(2) 新泵在使用一星期之后,应将油箱内全部油液滤清一次,并清洗油箱和过滤器,然后根据系统工作环境和工作负载等情况,3～6 个月更换一次油液,清洗一次油箱。

(3) 使用过程中严禁因系统发热而掀掉油箱盖,而必须采取其他散热措施(如设置冷却器)。

(4) 油泵的中心高至油面的距离不大于 500 mm,否则发生气蚀,造成零件破损、产生噪声、振动等故障。

(5) 泵的转速不可大于额定转速。

(6) 吸入管道通径不小于推荐的数值(见安装外形尺寸产品目录),吸入管道尽可能少用弯管接头。

(7) 检查泵电动机的旋向是否与规定的旋向相符。对于可换向工作的泵(例如伺服变量泵)还应检查其刻度盘的指示方向是否与进出油口方向相符合(当进出油按泵上标牌所示时,则指针应在刻度盘的正向,反之为反向)。

(8) 负载运转

① 低负载运转:在准备工作完成后,先使泵在 1.0～2.0 MPa 压力下运转 10～20 min。

② 满负载运转：低负载运转后，逐渐调整溢流阀、安全阀的压力至液压系统的最高压力运转15分钟，检查系统是否正常，如是否漏油、泵和液压系统声音是否正常、泵壳上的最高温度一般比油箱内油泵入口处的油温高10~20℃等。例如当油箱内油温达65℃时，泵壳上的最高温度不超过70~80℃。

③ 上述负载运转完毕后，泵方可进入正常工作。

2. 柱塞泵的维修

轴向柱塞泵的修理较麻烦，该泵大多易损零件均有较高的技术要求和加工难度，往往需要专门设备和专用夹具才能修理。在修理中经常遇到的是各运动副接合面的磨损与拉伤。例如，配油盘与缸体接合面，缸体柱塞孔内圆柱面等。

柱塞泵常见故障及解决措施见表3-4。

表3-4 柱塞泵的常见故障产生原因和排除方法

故障现象	产生原因	排除方法
流量不够	1. 油箱油面过低，油管及过滤器堵塞或阻力太大，以及漏气等	1. 检查贮油量，把油加至油标规定线，排除油管堵塞，清洗过滤器，紧固各连接处，排除漏气
	2. 泵壳内预先没有充好油，留有空气	2. 排除泵内空气
	3. 泵的中心弹簧折断，使柱塞回程不够，或不能回程，引起缸体和配油盘之间失去密封性能	3. 更换中心弹簧
	4. 配油盘与缸体或柱塞与缸体之间磨损	4. 磨平配油盘与缸体的接触面，单缸配研，更换柱塞
	5. 油温太高或太低	5. 根据温升，选用合适的油液
压力脉动	1. 配油盘与缸体或柱塞与缸体之间磨损，内泄或外漏过大	1. 磨平接触面，单缸配研，更换柱塞，紧固连接处，排除漏损
	2. 对于变量泵可能由于变量机构的偏角太小，内泄相对增大，因此不能连续对外供油	2. 适当加大变量机构的偏角，排除内部漏损
	3. 伺服活塞与变量活塞运动不协调，出现偶尔和经常性脉动	3. 偶尔脉动，多因油脏，可更换新油；经常脉动，可能是配合件研伤或别劲，应拆下研修
	4. 进油管堵塞，阻力大或漏气	4. 疏通进油管及清洗过滤器，紧固进油管
噪声	1. 泵体内留有空气	1. 排除泵内的空气
	2. 油箱油面过低，吸油管堵塞及阻力大、漏气等	2. 按规定加足油，疏通油管，清洗过滤器，紧固进油管路
	3. 泵和电动机同轴度超差，使泵和传动轴受径向力	3. 重新调整同轴度
发热	1. 内部漏损太大	1. 修研各密封配合面
	2. 运动件磨损	2. 修复或更换磨损件

续表 3-4

故障现象	产生原因	排除方法
漏损	1. 轴承回转密封圈损坏	1. 检查密封圈及各密封环节,排除内漏
	2. 各连接处 O 型密封圈损坏	2. 更换 O 型密封圈
	3. 配油盘与缸体或柱塞与缸体之间磨损	3. 修磨接触面,配研缸体,单配柱塞
变量机构失灵	1. 控制油道上的单向阀弹簧折断	1. 更换弹簧
	2. 变量头与变量壳体磨损	2. 配研两者的圆弧配合面
	3. 伺服活塞、变量活塞以及弹簧心轴卡死	3. 机械卡死时,用研磨的方法使各运动件灵活;油脏时,更换新油
	4. 个别油道堵塞	4. 疏通油道
泵不能转动（卡死）	1. 柱塞与缸体卡死(可能是油脏或油温变化引起的)	1. 油脏时更换新油,油温太低时更换黏度较小的机械油
	2. 滑履脱落(可能是柱塞卡死或有负载引起的)	2. 更换或重新装配滑履

3.4 叶片泵

叶片泵在机床液压泵中应用最广泛,叶片泵具有流量均匀、运转平稳、噪声低、体积小、质量轻等优点。其缺点是结构复杂、吸油特性差、对油液的污染敏感。叶片泵按每转吸、压油次数分为单作用叶片泵和双作用叶片泵两大类。单作用叶片泵转子每转一周,只有一次吸压油过程;双作用叶片泵转子每转一周,有两次吸压油过程。叶片泵按其排量是否可调又分为定量叶片泵和变量叶片泵。

3.4.1 单作用叶片泵

1. 单作用叶片泵的工作原理

单作用叶片泵的工作原理见图 3-16。单作用叶片泵的转子外表面和定子内表面都是圆柱面,转子的中心与定子的中心之间有一偏心距 e,两端的配油盘上开有一个吸油窗口和一个压油窗口,如图中虚线所示。当转子旋转一周时,每一叶片在转子槽内往复滑动一次,每相邻两叶片间的密封腔容积发生一次增大和缩小的变化,容积增大时通过吸油窗口吸油,容积缩小时则通过压油窗口压油。由于这种泵在转子每转一周过程中,吸油、压油各一次,故称单作用叶片泵;又因这种泵的转子受不平衡的径向液压力,故又称非卸荷式叶片泵,因此使泵工作压力的提高受到了限制。

2. 单作用叶片泵的排量和流量脉动

如果改变定子和转子间的偏心距 e,就可以改变泵的排量,故单作用叶片泵常做成变量泵。

单作用叶片泵的定子内表面和转子外表面都为圆柱面,由于偏心安置,其容积变化不均匀,故流量是脉动的。泵内叶片数越多,流量脉动率越小,而且叶片为奇数时脉动率较小,故单作用叶片泵的叶片数一般为 13 或 15。

3. 单作用叶片泵的结构特点

(1) 定子和转子偏心安置

移动定子位置以改变偏心距,就可以调节泵的输出流量。偏心反向时,吸油、压油方向也相反。

(2) 叶片后倾

为了减小叶片与定子间磨损,叶片底部油槽采取在压油区通压力油、在吸油区与吸油腔相通的结构形式,因而,叶片的底部和顶部所受的液压力是平衡的。叶片仅靠旋转时所受的离心力作用向外运动顶在定子内表面上。根据力学分析,叶片后倾一个角度更有利于叶片向外伸出,通常后倾角为 24°。

(3) 径向液压力不平衡

由于转子及轴承上承受的径向力不平衡,所以该泵不宜用于高压,其额定压力不超过 7 MPa。

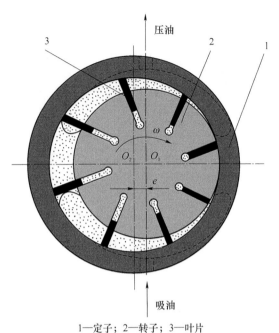

1—定子; 2—转子; 3—叶片

图 3-16 单作用叶片泵工作原理图

(4) 定子和转子的形状

单作用叶片泵的转子外表面和定子内表面都是圆柱面。

4. 限压式变量叶片泵

单作用叶片泵的变量方法有手调和自调两种。自调变量泵又根据其工作特性的不同分为限压式、恒压式和恒流量式三类,其中限压式应用较多。限压式变量叶片泵是利用泵排油压力的反馈作用实现变量的,它有外反馈和内反馈两种形式。

(1) 外反馈限压式变量叶片泵

图 3-17 为外反馈限压式变量叶片泵的工作原理。该泵除了转子、定子、叶片及配油盘外,在定子的右边有限压弹簧 3 及调节螺钉 4;定子的左边有反馈缸,缸内有柱塞 6,缸的左端有调节螺钉 7。反馈缸通过控制油路(图中虚线所示)与泵的压油口相连通。转子 1 的中心 O_1 是固定的,O_2 是定子 2 的中心,定子 2 可以在右边弹簧力和左边反馈缸液压力的作用下,左右移动,从而改变定子相对于转子的偏心量 e,即根据负载的变化自动调节泵的流量。

调节螺钉 4 用以调节弹簧 3 的预紧力 F($F=kx_0$,k 为弹簧刚度,x_0 为弹簧的预压缩量),也就是调节泵的限定压力 p_B $\left(p_B=\dfrac{kx_0}{A},A\text{ 为柱塞有效面积}\right)$。调节螺钉 7 用以调节反馈缸柱塞 6 左移的终点位置,即调节定子与转子的最大偏心距 $e_{\max}$,调节最大偏心距也就是调节泵的最大流量。

(2) 内反馈限压式变量叶片泵

图 3-18 所示为内反馈限压式变量叶片泵的工作原理。这种泵的工作原理与外反馈式相似。它没有反馈缸,但在配油盘上的腰形槽位置与 y 轴不对称。在图中上方压油腔处,定子所受到的液压力 F 在水平方向的分力 F_x 与右侧弹簧的预紧力方向相反。当这个力 F_x 超过限压弹簧 5 的限定压力 p_B 时,定子 3 即向右移动,使定子与转子的偏心量 e 减

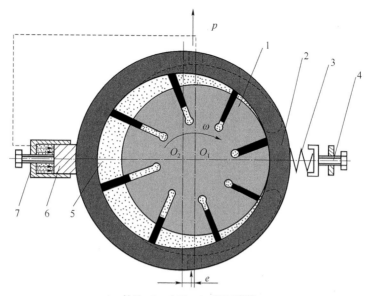

1—转子；2—定子；3—限压弹簧；
4、7—调节螺钉；5—配油盘；6—反馈缸柱塞

图 3-17 外反馈限压式变量叶片泵工作原理

小,从而使泵的流量得以改变。泵的最大流量由调节螺钉 1 调节,泵的限定压力 p_B 由调节螺钉 4 调节。

限压式变量叶片泵的特点是:

① 流量可以最佳地和自动地适应于负载的实际需要,有利于系统节省能量;

② 可降低系统的工作温度,延长液压油液和密封圈的使用寿命;

③ 系统中可以使用较小的油箱,可不用溢流阀或单向阀,简化液压传动系统。

限压式变量叶片泵常用于执行机构需要有快慢速要求的液压传动系统中。

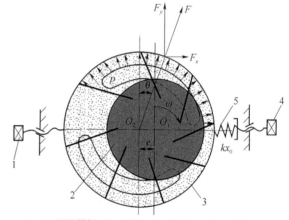

1、4—调节螺钉；2—转子；3—定子；5—限压弹簧

图 3-18 内反馈限压式变量叶片泵工作原理

3.4.2 双作用叶片泵

1. 双作用叶片泵的工作原理

图 3-19 所示为双作用叶片泵的工作原理。定子的两端装有配流盘,定子 1 的内表面曲线由两段大半径圆弧、两段小半径圆弧以及四段过渡曲线组成。定子 1 和转子 2 的中心重合。在转子 2 上沿圆周均布开有若干条(一般为 12 或 16 条)与径向成一定角度(一般为 13°)的叶片槽,槽内装有可自由滑动的叶片 3。在配流盘上(见图 3-20),对应于定子四段过渡曲线的位置开有四个腰形配流窗口,其中两个与泵吸油口连通的是吸油窗口;另外两个与泵压油口连通的是压油窗口。当转子 2 在传动轴带动下转动时,叶片在离心力和底部液压力(叶片槽底部

与压油腔相通)的作用下压向定子 1 的内表面,在叶片、转子、定子与配流盘之间构成互相隔离的密封空间。当叶片从小半径曲线段向大半径曲线段滑动时,叶片外伸,这些叶片构成的密封空间由小变大,形成部分真空,油液便经吸油窗口吸入;与此同时,从大半径曲线段向小半径曲线段滑动的叶片缩回,所构成的密封空间由大变小,其中的油液受到挤压,经压油窗口压出。这种叶片泵每转一周,每个密封空间完成两次吸、压油过程,故这种泵称为双作用叶片泵。同时,泵中两吸油区和两压油区各自对称,使作用在转子上的径向液压力互相平衡,所以这种泵又被称为平衡式叶片泵或双作用卸荷式叶片泵。

2. 双作用叶片泵的排量和流量脉动

由叶片泵工作原理可知,当叶片泵每转一周,每两叶片间油液的排出量等于大半径 R 圆弧段的容积与小半径 r 圆弧段的容积之差的 2 倍。这种泵的排量不可调,因此它是定量泵。

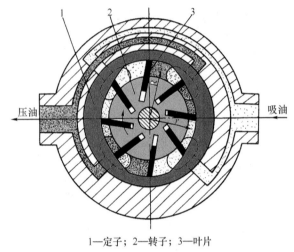

1—定子;2—转子;3—叶片
图 3-19 双作用叶片泵的工作原理

如不考虑叶片厚度,则理论上双作用叶片泵无流量脉动。这是因为在压油区位于压油窗口的叶片不会造成它前后两个工作空间之间的隔绝不通(见图 3-19),此时,这两个相邻的空间已经连成一体,形成了一个组合的密封空间。随着转子的匀速转动,位于大、小半径圆弧处的叶片均在圆弧上滑动,因此组合密封空间的容积变化率是均匀的。实际上,由于存在制造工艺误差,两圆弧有不圆度,也不可能完全同心;其次,叶片有一定的厚度,根部又连通压油腔,在吸油区的叶片不断伸出时,根部空出的空间要由压力油来补充,减少了输出流量,造成了少量流量脉动。脉动率在叶片数为 4 的整数倍且大于 8 时最小,故双作用叶片泵的叶片数通常取 12 或 16。

3. 双作用叶片泵的结构特点

(1) 定子过渡曲线

定子内表面的曲线由四段圆弧和四段过渡曲线组成(见图 3-19)。理想的过渡曲线不仅应使叶片在槽中滑动时的径向速度和加速度变化均匀,而且应使叶片转到过渡曲线和圆弧交接点处的加速度突变不大,以减小冲击和噪声。目前双作用叶片泵一般都使用综合性能较好的等加速、等减速曲线或高次曲线作为过渡曲线。

(2) 配油盘

双作用叶片泵的配油盘如图 3-20 所示,在配油盘上有两个吸油窗口 2、4 和两个压油窗口 1、3,窗口之间为封油区,通常应使封油区对应的中心角 α 稍大于或等于两个叶片之间的夹角 β,否则会使吸油腔和压油腔连通,造成泄漏,当两个叶片间的密封油液从吸油区过渡到封油区(长半径圆弧处)时,其压力基本上与吸油压力相同,但当转子继续旋转一个微小角度时,该密封腔突然与压油腔相通,使其中油液压力突然升高,油液的体积突然收缩,压油腔中的油液倒流进该腔,使液压泵的瞬时流量突然减小,引起液压泵的流量脉动、压力脉动和噪声,为此在配油盘的压油窗口靠叶片从封油区进入压油区的一边开有一个截面形状为三角形的槽,使两叶片之间的封闭油液逐渐与压力油相通,使其压力逐渐上升,因而减小了流量和压力脉动并降低了噪声,还能消除困油现象。槽 c 与压油腔相通并与转子叶片槽底部相通,使叶片的底部作用有压力油。在维修中要特别注意不得改变三角槽的尺寸,如不能磕碰,不能用砂纸、油石磨,以免泵的性能受到损害。

(3) 叶片倾角

如图 3-21 所示,叶片在压油区工作时,它们均受定子内表面推力的作用不断缩回槽内。当叶片在转子槽内径向安放时,定子表面对叶片作用力的方向与叶片沿槽滑动的方向所成的压力角 β 较大,因而叶片在槽内所受到的摩擦力也较大,使叶片滑动困难,甚至被卡住或折断。为了解决这一矛盾,可以将叶片不作径向安放,而是顺转向前倾一个角度 θ,这时的压力角就是 $\beta'=\beta-\theta$。压力角减小有利于叶片在槽内的滑动,所以双作用叶片泵转子的叶片槽常做成向前倾斜一个角度 θ。在叶片前倾安放时,叶片泵的转子就不允许反转。

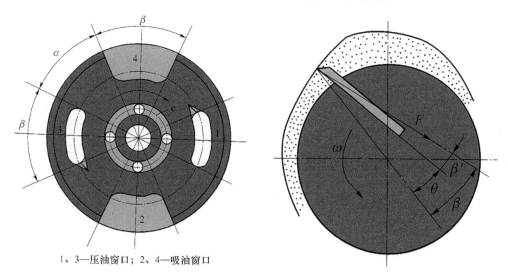

1、3—压油窗口;2、4—吸油窗口

图 3-20 双作用叶片泵的配油盘　　图 3-21 双作用叶片泵叶片倾角图

上述的叶片安放形式不是绝对的,实践表明,通过配流孔道以后的压力油引入到叶片根部后,其压力值小于叶片顶部所受的压油腔压力,因此在压油区推压叶片缩回的力除了定子内表面的推力之外,还有液压力(由顶部压力与根部压力之差引起),所以上述压力角过大使叶片难以缩回的推理就不确切。目前,有些叶片泵的叶片作径向安放仍能正常工作就是一个证明。

(4) 端面间隙的自动补偿

叶片泵同样存在着泄漏问题,特别是端面的泄漏。为了减少端面泄漏,采取的间隙自动补偿措施是浮动配油盘。即将配流盘的外侧与压油腔连通,使配流盘在液压推力作用下压向定子。泵的工作压力愈高,配流盘就会愈加贴紧定子。同时,配流盘在液压力作用下发生变形,亦对转子端面间隙进行自动补偿。

(5) 提高工作压力的主要措施

双作用叶片泵转子所承受的径向力是平衡的,因此工作压力的提高不会受到这方面的限制。同时泵采用浮动配流盘对端面间隙进行补偿后,泵在高压下工作也能保持较高的容积效率。双作用叶片泵工作压力的提高,主要受叶片与定子内表面之间磨损的限制。

前面已经提到,为了保证叶片顶部与定子内表面紧密接触,所有叶片的根部都是与压油腔相通的。当叶片处于吸油区时,其根部受压油腔油液的压力作用,叶片顶部却作用了吸油腔油液的压力,这一压力差使叶片以很大的力压向定子内表面,加速了定子内表面和叶片的磨损。当泵的工作压力提高时,这个问题就更突出,所以必须在结构上采取措施,使吸油区叶片压向定子的作用力减小。可以采取的措施有多种,下面介绍在高压叶片泵中常用的双叶片结构和子母叶片结构。

① 双叶片结构 如图 3-22 所示,在转子 2 的每一槽内装有两片叶片 1,叶片的顶端和两侧面的倒角构成 V 形通道,使根部压力油经过通道进入顶部,这样,叶片顶部和根部压力相等,但承压面积并不相等,从而使叶片 1 压向定子 3 的作用力不致过大。

② 子母叶片结构 子母叶片又称复合叶片,如图 3-23 所示。母叶片 1 的根部 L 腔经转子 2 上的油孔始终和顶部油腔相通,而子叶片 4 和母叶片 1 之间的小腔 C 通过配流盘经 K 槽总是接通压力油。当叶片在吸油区工作时,推动母叶片 1 压向定子 3 的力仅为小腔 C 的油压力,此力不大,但能使叶片与定子接触良好,保证密封。

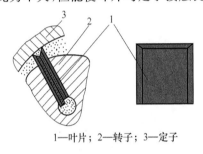

1—叶片;2—转子;3—定子

图 3-22 双叶片结构

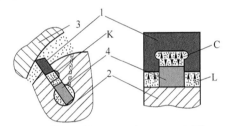

1—母叶片;2—转子;3—定子;4—子叶片

图 3-23 子母叶片结构

3.4.3 叶片泵的常见故障及排除方法

叶片泵出现的故障和造成故障的原因是多种多样的。叶片泵常见故障及排除方法见表 3-5。

表 3-5 叶片泵常见故障的产生原因和排除方法

故障现象	产生原因	排除方法
油泵不出油	1. 油泵旋转方向不对 2. 转速太低,吸力不足 3. 油液黏度过大,使叶片滑动不灵活 4. 油箱内油面过低 5. 吸油管道堵塞或漏气	1. 纠正旋转转向 2. 提高转速至泵最低转速以上 3. 按规定选用液压油 4. 加油至油标高度 5. 排除油管堵塞,排除漏气
输出流量不足	1. 吸油不充分 2. 转速未达到额定转速 3. 变量泵流量调节不当	1. 检查并清理吸油管道 2. 提高转速至额定转速 3. 重新调整至所需流量

续表 3-5

故障现象	产生原因	排除方法
压力上不去	1. 定子曲面拉毛,与叶片接触不良	1. 修理或更换
	2. 油泵轴向间隙过大	2. 修理或更换有关零件
	3. 吸油不充分	3. 检查并清理吸油管道
	4. 变量泵压力调节不当	4. 重新调整至所需压力
噪声过大	1. 吸油管密封不严,混入空气	1. 拧紧吸油管接头
	2. 油泵转速过高	2. 选用推荐转速范围
	3. 定子曲面拉毛	3. 修理或更换
	4. 叶片表面拉毛或卡死在槽内	4. 轻微研磨,去掉毛刺
过度发热	1. 工作压力太高	1. 降至额定值以下
	2. 油黏度太低,内部泄漏过大	2. 选用推荐的液压油

3.5 各类液压泵的性能比较及选用

3.5.1 各类液压泵的性能比较

液压泵是向液压系统提供一定流量和压力油液的动力元件,它是每个液压系统不可缺少的核心元件,合理地选择液压泵对于降低液压系统的能耗、提高系统的效率、降低噪声、改善工作性能和保证系统可靠地工作都十分重要。选择液压泵的原则是:根据主机工况、功率大小和系统对工作性能的要求,首先确定液压泵的类型,然后按系统所要求的压力、流量大小确定其规格型号。表 3-6 列出了液压系统中常用液压泵的主要性能和应用范围,供选用时参考。

表 3-6 各类液压泵的性能比较及应用

项 目	齿轮泵	双作用叶片泵	单作用叶片泵	轴向柱塞泵	径向柱塞泵
压力/MPa	<20	6.3~20	≤7	20~35	10~20
容积效率	0.70~0.95	0.80~0.95	0.80~0.90	0.90~0.98	0.85~0.95
总效率	0.60~0.85	0.75~0.85	0.70~0.85	0.85~0.95	0.75~0.92
流量调节	不能	不能	能	能	能
流量脉动率	大	小	中等	中等	中等
自吸特性	好	较差	较差	较差	差
对油的污染敏感性	不敏感	敏感	敏感	敏感	敏感
噪声	大	小	较大	大	大
单位功率造价	低	中等	较高	高	高
应用范围	机床、工程机械、农业机械、航空、船舶、一般机械	机床、注塑机、液压机、工程机械、飞机	机床、注塑机	工程机械、锻压机械、起重运输机械、矿山机械、冶金机械	机床、液压机、船舶机械

3.5.2 液压泵的选用

1. 确定泵的输出流量

泵的流量应满足执行元件最高速度要求,所以泵的输出流量 q 应根据系统所需的最大流量和泄漏量来确定,即

$$q \geqslant K q_{\max} \tag{3-11}$$

式中,K——系统的泄漏系数,一般取 1.1～1.3;

$q_{\max}$——执行元件实际需要的最大流量。

求出泵的输出流量后,按产品样本选取额定流量等于或稍大于计算出的泵流量 q。值得注意的是:选用的泵额定流量不要比实际工作流量大得太多,避免泵的溢流过多,造成较大的功率损失。

2. 确定泵的工作压力 p

泵的工作压力应根据液压缸的最高工作压力来确定,即

$$p \geqslant K p_{\max} \tag{3-12}$$

式中,K——系数,考虑液压泵至执行元件管路中的压力损失,取 1.3～1.5;

$p_{\max}$——执行元件的最高工作压力。

液压泵产品样本中,标明的是泵的额定压力和最高压力值。算出 p 后,应按额定压力来选择泵,应使被选用泵的额定压力等于或高于计算值。在使用中,只有短暂超载场合,或产品说明书中特别说明的范围,才允许按最高压力选取液压泵。

3. 选择液压泵的具体结构

当液压泵的输出流量 q 和工作压力 p 确定后,就可以选择泵的具体结构了。将已确定的 q 和 p 值,与要选择的液压泵铭牌上的额定压力和额定流量进行比较,使铭牌上的数值等于或稍大于 q 和 p 值即可(注意不要大得太多)。一般情况下,额定压力为 2.5 MPa 时,应选用齿轮泵;额定压力为 6.3 MPa 时,应选用叶片泵;若工作压力更高时,就选择柱塞泵;如果机床的负载较大,并有快速和慢速工作行程时,可选用限压式变量叶片泵或双联叶片泵;应用于机床辅助装置,如送料和夹紧等不重要的场合,可选用价格低廉的齿轮泵。

4. 确定液压泵的转速

当液压泵的类型和规格确定后,液压泵的转速应按产品样本中所规定的转速选用。

3.6 技能训练 液压泵的拆装

1. 训练目的

(1) 熟悉常用液压泵的结构,进一步掌握其工作原理。

(2) 学会使用各种工具正确拆装常用液压泵,培养实际动手能力。

(3) 初步掌握液压泵的安装技术要求和使用条件。

(4) 在拆装的同时,分析和了解常用液压泵易出现的故障及其排除方法。

2. 训练设备和工具

(1) 实物:CB-B 型或中高压齿轮泵、叶片泵、手动变量轴向柱塞泵。

(2) 工具:内六角扳手、耐油橡胶板、油盆及钳工常用工具。

3. 训练内容与注意事项

(1) CB-B型齿轮泵拆装(结构见图3-3)。

1) 拆卸顺序

拆掉前泵盖1上的螺钉2和定位销8,使泵体4与后泵盖5和前泵盖1分离。拆下主动轴7及主动齿轮3、从动轴9及从动齿轮等。在拆卸过程中,注意观察主要零件结构和相互配合关系,分析工作原理。

2) 主要零件的结构及作用

观察泵体两端面上的泄油槽的形状和位置,并分析其作用。观察前后泵盖上的两个矩形卸荷槽的形状和位置,并分析其作用。观察进、出油口的位置和尺寸。

3) 装配要领

装配前清洗各零件,将轴与泵盖之间、齿轮与泵体之间的配合表面涂润滑油,然后按拆卸时的反向顺序装配。

装泵盖与泵壳的紧固螺钉。注意按对角线顺序均匀拧紧螺钉。边拧螺钉,边用手旋转主动齿轮,应无卡滞和过紧感觉。所有螺钉上紧后,用手转动应均匀无过紧感觉。

(2) 叶片泵的拆装

进行叶片泵的拆装时,应对照叶片泵的装配图或使用说明书。

1) 拆　卸

① 松开前、后盖连接螺钉,取下各螺钉及泵盖。

② 从泵体内取出泵的传动轴及轴承,卸下传动键。

③ 取出用点螺钉(或销钉)连接的泵芯(由左、右配油盘,定子和转子等组成的部件),将此部件解体后,妥善放置好各零件。有的左、右配油盘,定子和转子没有组装在一起,可直接取出。

2) 检　查

① 把拆下的零件用煤油或轻柴油清洗干净。

② 检查各密封圈和轴端骨架油封,已损坏或变形严重者必须更换。

③ 检查定子。叶片泵的定子在吸油腔这一段内表面易磨损。内表面磨损或拉伤不严重时,可用细砂布或磨石打磨后继续使用。

④ 检查转子。转子的损坏形式主要是两端面磨损拉毛、叶片槽磨损变宽等。若只是两端面轻度磨损,抛光后可继续使用。

⑤ 检查叶片。叶片的损坏形式主要是叶片顶部一定子内表面接触处以及端面与配油盘平面相对滑动处的磨损或拉伤,拉伤不严重时可稍加抛光后继续使用。

⑥ 检查配油盘。如配油盘磨损或拉伤深度不大(小于0.5 mm),可用平面磨床磨去伤痕,经抛光后再使用。但修磨后卸荷三角槽会变短,可用三角锉适当修长,否则对消除困油不利。

3) 装　配

① 清除零件毛刺,用煤油或轻柴油清洗干净全部零件。

② 将叶片涂液压油装入转子叶片槽中。应注意叶片方向,有倒角的尖端指向转子上叶片槽倾斜方向。叶片装配在转子槽内应移动灵活,手松开后由于油的张力,叶片一般掉不下来,否则,说明配合过松。定量泵配合间隙为0.02～0.025 mm,变量泵配合间隙为

0.025～0.04 mm。

③ 把带叶片的转子与定子和左、右配油盘用销钉或螺钉组装成泵芯部件。注意：定子和转子与配油盘之间的轴向间隙应保证在 0.045～0.055 mm，以防止内泄漏过大。叶片的宽度应比转子的宽度小 0.01～0.05 mm。同时，叶片与转子在定子中应保持正确的装配方向，不得装反。

④ 把泵轴及轴承装入泵体。

⑤ 把各 O 型密封圈装入相应的密封沟槽中。

⑥ 把泵芯组件穿入泵轴与泵体合装。此时，要特别注意泵轴转动方向和叶片倾角方向之间的关系（双作用叶片泵叶片倾角指向转动方向，单作用叶片泵叶片倾角背向转动方向）。

（3）柱塞泵的拆装

进行柱塞泵的拆装时，应对照柱塞泵装配图或使用说明书进行（结构见图 3-11）。

1) 拆　卸

① 松开柱塞泵中间泵体与变量机构壳体的连接螺钉，卸下变量机构并妥善放置和防尘。

② 取下柱塞与滑履组件。如发现柱塞卡死在缸体中，已研伤缸体，则应报废此泵，更换新泵。

③ 从传动轴取出钢珠、内套、外套、弹簧等零件。

④ 取出缸体及其外镶缸套，两者为过盈配合不分解。

⑤ 取出配油盘，卸下传动键（有的是花键，不用卸）。

⑥ 卸掉法兰盘螺钉及法兰盘和密封件。

⑦ 卸下传动轴及滚珠轴承组件。

⑧ 松开中间泵体和前泵体的连接螺钉，将中间泵体和前泵体分解（但泵体上配油盘的定位销不能取下），卸下滚柱轴承。

⑨ 变量机构的拆卸。卸下斜盘和轴销。松开锁紧螺母，拆下上法兰，取出丝杠和变量活塞。

2) 检　查

检查前先清洗拆下的零件。

① 柱塞滑履组件。检查柱塞与滑履球面是否脱落或滑履球窝是否被拉长而"松履"。检查滑履端面是否磨损，若轻微磨损，只抛光一下即可。检查柱塞表面是否有拉伤或划痕，轻度拉伤或摩擦划痕，用极细的磨石磨去伤痕即可，但重度拉伤一般难于修复，且修复价格昂贵，不如更换新泵。

② 配油盘。检查配油盘是否磨损、拉毛、烧盘。对于轻度磨损、拉毛的配油盘，可将配油盘放在零级精度的平板上，用手工研磨加以修理。

③ 缸体。缸体易磨损部位是与柱塞配合的柱塞孔内圆柱面和一配油盘接触的端面。对于轻度磨损，研磨便可。

④ 变量机构。斜盘若有磨损，其修理方法与配油盘相同。变量活塞一般不磨损，如有磨痕，修磨即可。

3) 装　配

装配前清洗干净全部零件。

① 将中间泵体和前泵体间密封圈装入相应沟槽中,用连接螺钉合装中间泵体和前泵体,将滚柱轴承装入中间泵体。

② 将传动轴及滚珠轴承组件装入前泵体中,将轴封装入法兰盘沟槽中,将法兰盘与前泵体合装并用螺钉坚固。

③ 将配油盘装入泵体,端面贴紧,用定位销定位(注意:定位销不要装错),将缸体装入泵体中(注意:与配油盘端面贴紧)。

④ 将中心弹簧、内套、外套等组合后装入传动轴内孔;将滑履柱塞组件装入回程盘中,将滑履、柱塞和回程盘组件装入缸体孔中,装上传动键。

⑤ 变量机构装配。将变量活塞装入变量机构壳体,将轴销装入变量活塞,将斜盘装入轴销。

⑦ 总装。将变量机构壳体与中间泵体间密封圈装入密封沟槽中,合装变量机构与泵主体部分(斜盘要与各滑履平面贴合),均匀拧紧各连接螺钉。但在装配中要特别注意:谨防中心弹簧的钢珠脱落入泵内。装配时,可先将钢珠涂上清洁黄油,使钢球粘在弹簧内套或回程盘上,再进行装配。否则,落入泵内的钢珠会在泵运转时打坏泵内零件,使泵无法再修复。

(4) 技能训练要求

了解铭牌上主要参数的含义。熟悉各主要零件的名称和作用。找出密封工作腔,并分析吸油和压油过程。观察泵的安装定位方式及泵与原动机的连接形式。

(5) 注意事项

1) 在拆装齿轮泵时,注意随时随地保持清洁,防止灰尘污物落入泵中。

2) 拆装清洗时,禁用破布、棉纱擦洗零件,以免脱落棉纱头混入液压系统。应当使用毛刷或绸布。

3) 不允许用汽油清洗浸泡橡胶密封件。

4) 液压泵为精密机件,拆装过程中所有零件应轻拿轻放,切勿敲打撞击。

4. 讨 论

(1) 分析为什么缩小压油口可减少齿轮泵的径向不平衡力?

(2) 齿轮泵进、出油口孔径为何不等?

(3) 若进、出油口反接会发生什么变化?

3.7 思考练习题

3-1 填空题

3-1-1 液压泵将机械能转变为液压油的_____。

3-1-2 液压传动系统中的功率等于_____。

3-1-3 拖动液压泵工作的电机功率应比液压泵输出的功率_____。

3-1-4 液压泵是液压系统的_____元件,它是能量转换装置。

3-1-5 单作用叶片泵可做成变量泵,双作用叶片泵只能做成_____。

3-1-6 单作用叶片泵的叶片安装是顺着转动方向向_____倾斜一定角度。

3-1-7 双作用叶片泵定子的内表面形状是_____。

3-1-8 齿轮泵的齿数愈少,流量脉动率就_____。

3-1-9 削弱齿轮泵困油现象的措施是_____。

3-1-10 轴向柱塞泵变量机构的作用是_____。

3-2 判断题

3-2-1 齿轮泵的流量脉动比叶片泵的小,所以一般机械中多用齿轮泵。(　　)

3-2-2 改变叶片泵偏心距的方向,就可以改变进、出油口的方向。(　　)

3-2-3 齿轮泵多用于高压系统,柱塞泵多用于低压系统。(　　)

3-2-4 液压泵的输出压力愈大,泄漏量愈大,则其容积效率也愈大。(　　)

3-2-5 由于存在摩擦损失,所以液压泵的理论转矩小于实际转矩。(　　)

3-2-6 液压泵的实际流量等于泵的排量与其转速的乘积。(　　)

3-2-7 液压泵的工作压力取决于液压泵的输出流量。(　　)

3-2-8 双作用叶片泵的叶片安装是沿着转动方向向后倾斜一角度。(　　)

3-2-9 单作用叶片泵的转子与定子的偏心距为零时,泵输出的流量为零。(　　)

3-2-10 为了减少脉动,径向柱塞泵的柱塞数为偶数。(　　)

3-3 问答题

3-3-1 液压泵的工作压力取决于什么?液压泵的工作压力和额定压力有什么区别?

3-3-2 如何计算液压泵的输出功率和输入功率?液压泵在工作过程中会产生哪两方面的能量损失?产生这些损失的原因是什么?

3-3-3 试说明齿轮泵的困油现象及解决办法?

3-3-4 试说明叶片泵的工作原理。并比较说明双作用叶片泵和单作用叶片泵各有何异同点?

3-3-5 齿轮泵压力的提高主要受哪些因素的影响?可以采取哪些措施来提高齿轮泵的工作压力?

3-3-6 液压泵完成吸油和压油必须具备什么条件?

3-3-7 各类液压泵中,哪些能实现单向变量或双向变量?画出定量泵和变量泵的图形符号?

3-3-8 齿轮泵的径向力不平衡会带来什么后果?消除径向力不平衡的措施有哪些?

3-4 计算题

3-4-1 液压泵的额定流量为 100 L/min,液压泵的额定压力为 2.5 MPa,当转速为 1 450 r/min 时,机械效率为 $\eta_m=0.9$。由实验测得,当液压泵的出口压力为零时,流量为 107 L/min,试求:

(1) 液压泵的容积效率 η_V 是多少?

(2) 如果液压泵的转速下降到 500 r/min,在额定压力下工作时,估算液压泵的流量是多少?

(3) 计算在上述两种转速下液压泵的驱动功率是多少?

3-4-2 某液压泵的输出油压 $p=10$ MPa,转速 $n=1\,450$ r/min,排量 $V=200$ mL/r,容积效率 $\eta_V=0.95$,总效率 $\eta=0.9$,求泵的输出功率和电动机的驱动功率?

第 4 章 液压执行元件

液压缸和液压马达总称液压系统的执行元件,其功用是将液压泵供给的液压能转变为机械能输出,驱动工作机构做功。二者的不同在于:液压缸是实现往复直线运动或往复摆动,输出机械能的形式是力和速度;液压马达是实现旋转运动,输出机械能的形式是扭矩和转速。

4.1 液压缸的类型和特点

液压缸的种类繁多,按不同的分类方法,主要有以下类型:
① 按结构特点可分为活塞式、柱塞式和摆动式三大类。
② 按作用方式又可分为单作用式和双作用式两种。单作用式液压缸的压力油只能使活塞(或柱塞)作单方向运动,即压力油只通向液压缸的一腔,而反方向运动则必须依靠外力(如弹簧力或自重等)来实现;双作用式液压缸,在两个方向上的运动都由压力油推动来实现。

4.1.1 活塞式液压缸

活塞式液压缸可分为双杆式和单杆式两种结构形式。

1. 双杆活塞缸

双杆活塞缸按固定方式分有缸筒固定和活塞杆固定两种,如图 4-1 所示。液压缸的两端都有活塞杆伸出,而且两端的活塞杆直径通常相同,因此它的左右两腔活塞有效面积也相同。如果供油压力和流量不变,那么活塞(或缸体)往返运动时两个方向的运动速度 v 和推力 F 都相等,即

$$v = \frac{q}{A} = \frac{4q}{\pi(D^2 - d^2)} \tag{4-1}$$

$$F = A(p_1 - p_2) = \frac{\pi}{4}(D^2 - d^2)(p_1 - p_2) \tag{4-2}$$

式中,v——活塞运动速度;
  q——进入液压缸的流量;
  F——活塞(或缸体)上的推力;
  p_1、p_2——液压缸进油、回油压力;
  D、d——活塞、活塞杆直径;
  A——活塞有效作用面积。

图 4-1(a)所示为缸体固定式结构。如在机床的液压系统中,缸筒固定在机床床身上,其两端设有进出油口,活塞杆则与机床工作台相连,动力由活塞杆传出。这种安装形式中,工作台移动范围约等于活塞有效行程的三倍,占地面积较大,一般用于中小型设备。

图 4-1(b)所示为活塞杆固定式结构。如在机床的液压系统中,缸筒与机床工作台相连,活塞杆固定在机床床身的两个支架上,进出油口可以做在活塞杆的两端(油液从空心的活塞杆中进出),也可以做在缸筒两端(使用软管连接),这时液压缸的动力由缸筒传出。这种安装形式中,工

作台移动范围约等于缸体有效行程的两倍,占地面积小,常用于行程长的大中型设备中。

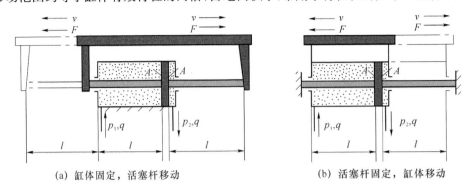

(a) 缸体固定,活塞杆移动　　　　(b) 活塞杆固定,缸体移动

图 4-1　双杆活塞缸工作原理图

2. 单杆活塞缸

如图 4-2 所示,单杆活塞缸只在活塞的一端带活塞杆,左右两腔的有效工作面积不相等,因此这种活塞缸左右两个方向的推力和速度亦不相等。

当无杆腔进油时,如图 4-2(a)所示,活塞的运动速度 v_1 和推力 F_1 分别为

$$v_1 = \frac{q}{A_1} = \frac{4q}{\pi D^2} \tag{4-3}$$

$$F_1 = (p_1 A_1 - p_2 A_2) = \frac{\pi}{4} D^2 p_1 - \frac{\pi}{4}(D^2 - d^2) p_2 = \frac{\pi}{4} D^2 (p_1 - p_2) + \frac{\pi}{4} d^2 p_2 \tag{4-4}$$

当有杆腔进油时,如图 4-2(b)所示,活塞的运动速度 v_2 和推力 F_2 分别为

$$v_2 = \frac{q}{A_2} = \frac{4q}{\pi(D^2 - d^2)} \tag{4-5}$$

$$F_2 = p_1 A_2 - p_2 A_1 = \frac{\pi}{4}(D^2 - d^2) p_1 - \frac{\pi}{4} D^2 p_2 = \frac{\pi}{4} D^2 (p_1 - p_2) - \frac{\pi}{4} d^2 p_1 \tag{4-6}$$

式中,A_1——无杆腔活塞有效工作面积;

A_2——有杆腔活塞有效工作面积;

其他符号意义同前。

比较上述各式有:$v_1 < v_2, F_1 > F_2$。

当单杆活塞缸两腔同时通入压力油时,如图 4-2(c)所示,由于无杆腔工作面积大于有杆腔的工作面积,使得活塞向右的推力大于向左的推力,因此活塞杆作伸出运动,并将有杆腔的油液挤出,流进无杆腔,加快了活塞杆的伸出速度,液压缸的这种连接方式被称为差动连接。

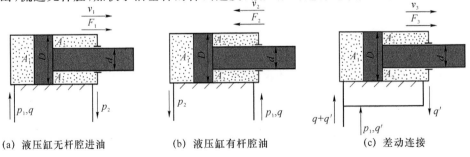

(a) 液压缸无杆腔进油　　　(b) 液压缸有杆腔油　　　(c) 差动连接

图 4-2　单杆活塞式液压缸

差动连接时,有杆腔排出流量 $q'=v_3 A_2$ 进入无杆腔,则有 $v_3 A_1 = q + v_3 A_2$,故活塞杆的伸出速度 v_3 为

$$v_3 = \frac{q}{A_1 - A_2} = \frac{4q}{\pi d^2} \quad (4-7)$$

欲使差动连接液压缸的往复运动速度相等,即 $v_3 = v_2$,则由式(4-5)和式(4-7)得 $D=\sqrt{2}d$。

差动连接在忽略两腔连通油路压力损失的情况下,$p_2 \approx p_1$,活塞的推力 F_3 为

$$F_3 = p_1 A_1 - p_2 A_2 = \frac{\pi}{4} D^2 p_1 - \frac{\pi}{4}(D^2 - d^2) p_1 = \frac{\pi}{4} d^2 p_1 \quad (4-8)$$

比较式(4-3)和式(4-7)可知,$v_3 > v_1$;比较式(4-4)和式(4-8)可知,$F_3 < F_1$。这说明在输入流量和油液压力不变的条件下,与非差动连接无杆腔进油工况相比,活塞杆伸出速度较大而推力较小。实际应用中,液压传动系统常通过控制阀来改变单杆活塞缸的油路连接,使它有不同的工作方式,从而获得快进(差动连接)→工进(无杆腔进油)→快退(有杆腔进油)的工作循环。差动连接是在不增加液压泵容量和功率的条件下,实现快速运动的有效办法。

单杆活塞缸也有缸筒固定式和活塞杆固定式两种形式,其移动范围是相同的,都为活塞杆最大行程的两倍。

图4-3所示为双作用单活塞杆液压缸结构图,它主要由缸底1、缸筒6、活塞4、活塞杆7、缸盖10和导向套8等组成。缸筒一端与缸底焊接,另一端与缸盖用螺纹连接,活塞与活塞杆用卡键2连接。为了保证液压缸的可靠密封,在相应部位设置了密封圈3、5、9、11和防尘圈12。

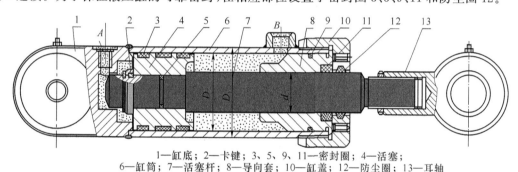

1—缸底;2—卡键;3、5、9、11—密封圈;4—活塞;
6—缸筒;7—活塞杆;8—导向套;10—缸盖;12—防尘圈;13—耳轴

图4-3 双作用单活塞杆液压缸结构图

4.1.2 柱塞式液压缸

图4-4(a)所示为柱塞缸结构简图,当压力油进入缸筒时,推动柱塞并带动运动部件向右运动。柱塞缸的缸筒与柱塞没有配合要求,缸筒内孔不需要精加工,仅柱塞与缸盖导向孔间有配合要求,这就大大简化了缸筒的加工工艺,因此柱塞缸特别适用于行程很长的场合,如导轨磨床、龙门刨床和液压机等设备的液压系统。

柱塞缸是单作用缸,只能做单向运动,其回程必须靠其他外力如弹簧力或自重驱动。在大行程设备中,为了得到双向运动,柱塞缸常如图4-4(b)所示成对使用。柱塞端面是受压面,其面积大小决定了柱塞缸的输出速度和推力。为保证柱塞缸有足够的推力和稳定性,一般柱塞较粗,质量较大,水平安装时易产生单边磨损,故柱塞缸适宜于垂直安装使用。水平安装使用时,为减轻质量,有时制成空心柱塞。为防止柱塞自重下垂,通常要设置柱塞支承套和托架。

柱塞缸的推力和运动速度的计算式为

$$F = pA = \frac{\pi}{4}d^2 p \qquad (4-9)$$

$$v = \frac{q}{A} = \frac{4q}{\pi d^2} \qquad (4-10)$$

式中，d——柱塞的直径；

A——柱塞的有效工作面积；

p——缸筒内油液的工作压力。

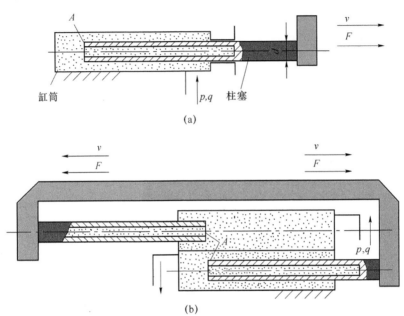

图 4-4 柱塞式液压缸

4.1.3 摆动式液压缸

摆动式液压缸输出转矩并实现往复摆动，有单叶片和双叶片两种形式。图 4-5(a)所示是单叶片式摆动缸，定子块固定在缸体上，叶片和摆动轴连接在一起。当压力油从左下方油口进入缸筒时，叶片和叶片轴在压力油作用下，作逆时针方向转动，摆动角度小于 280°，回油从缸筒左上方的油口流出。

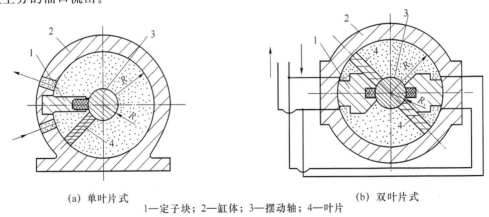

(a) 单叶片式　　　　　　　　(b) 双叶片式

1—定子块；2—缸体；3—摆动轴；4—叶片

图 4-5 摆动式液压缸

图 4-5(b)所示是双叶片式摆动缸。图中缸筒的左上方和右下方两个油口同时通入压力油,两个叶片在压力油作用下使叶片轴作顺时针方向转动,其摆动角度小于150°,回油从缸筒右上方和左下方两个油口流出。与单叶片式摆动缸相比,摆动角度小,但在同样大小的结构尺寸下转矩增大一倍,且具有径向压力平衡的优点。

摆动缸结构紧凑,输出转矩大,但由于其密封性较差,一般只用于低中压系统中做往复摆动、转位或间歇运动的地方,如送料、夹紧和工作台回转等辅助装置。

4.1.4 其他液压缸

上述为液压缸的三种基本形式。为了满足特定的需要,这三种液压缸和机械传动机构还可以分别组合成特种缸。

1. 增压液压缸

图 4-6 所示是一种由活塞缸(即原动缸)和柱塞缸(即输出缸)组合而成的增压缸,用以使液压系统中的局部区域获得高压。活塞缸中活塞的有效工作面积大于柱塞的有效工作面积,所以向活塞缸无杆腔送入低压油时可以在柱塞缸得到高压油。

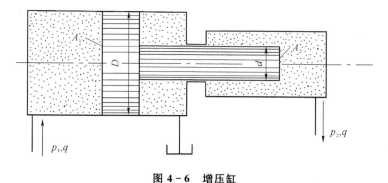

图 4-6 增压缸

设输入活塞缸的压力为 p_1,柱塞缸的出油压力为 p_2,若不计摩擦力,根据力平衡关系,可有如下等式

$$A_1 p_1 = A_2 p_2$$

整理得

$$p_2 = \frac{D^2}{d^2} p_1 \tag{4-11}$$

式中,D——活塞的直径;

d——柱塞的直径;

D^2/d^2——增压比。

2. 多级液压缸

多级液压缸又称伸缩液压缸,它由两级或多级活塞缸套装而成,如图 4-7 所示。前一级缸的活塞就是后一级缸的缸筒,活塞伸出的顺序是从大到小,相应的推力也是从大到小,而伸出的速度则是由慢变快。空载缩回的顺序一般是从小活塞到大活塞,收缩后液压缸总长度较短,占用空间较小,结构紧凑。多级缸适用于工程机械和其他行走机械,如起重机伸缩臂液压缸、自卸汽车举升液压缸等都是多级缸。

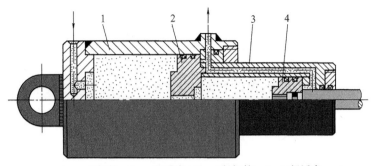

1——级缸筒；2——级活塞；3—二级缸筒；4—二级活塞

图 4-7 多级液压缸

3. 齿条液压缸

图 4-8 所示为齿条液压缸，它由带有齿条杆的双活塞缸和一套齿轮齿条传动装置组成。活塞的往复运动通过传动机构变成齿轮轴的往复转动，可用来实现机床上工作部件的往复摆动。它多用于自动线、组合机床等转位或分度机构中。

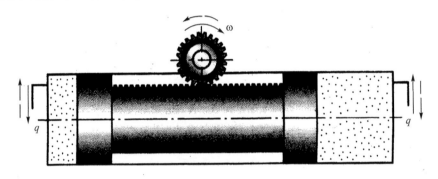

图 4-8 齿条液压缸

4.2 液压缸的结构

因用途和要求不同，液压缸的结构也多种多样。图 4-3 所示的液压缸反映了液压缸的结构特点。其结构基本上可以分为缸筒组件（缸筒、端盖等）、活塞组件（活塞、活塞杆等）、密封装置、缓冲装置和排气装置等几个部分。

4.2.1 缸筒组件

缸筒组件与活塞组件构成密封的容腔，承受油压。因此缸筒组件要有足够的强度、较高的表面精度和可靠的密封性。

1. 缸筒、端盖和导向套

缸筒是液压缸的主体，其内孔一般采用镗削、铰孔、滚压或珩磨等精密加工工艺制造，要求表面粗糙度 Ra 值为 $0.1 \sim 0.4\ \mu m$，以使活塞杆及其密封件、支承件能顺利滑动和保证密封效果，减少磨损。缸筒要承受很大的液压力，因此应具有足够的强度和刚度。

端盖装在缸筒两端，与缸筒形成封闭油腔，同样承受很大的液压力，因此它们及其连接部件都应有足够的强度。设计时既要考虑强度,又要选择工艺性较好的结构形式。

导向套对活塞杆或柱塞起导向和支承作用,有些液压缸不设导向套,直接用端盖孔导向,这种结构简单,但磨损后必须更换端盖。

缸筒、端盖和导向套的材料选择和技术要求可参考相关手册。

2. 缸筒与端盖的连接形式

常见的缸筒与端盖连接形式主要有法兰连接、半环连接和螺纹连接等,如图 4-9 所示。

(1) 图 4-9(a)所示为法兰式连接,这种结构易于加工和装拆,连接可靠,但要求缸筒端部有足够的壁厚,用以安装螺栓或旋入螺钉。缸筒端部一般用铸造、镦粗或焊接方式制成粗大的外径,所以外形尺寸大。它是一种常用的连接形式。

(2) 图 4-9(b)所示为半环式连接,这种连接工艺性好,连接可靠,结构紧凑,但缸筒壁部因开了环形槽而削弱了缸筒强度,为此有时要加厚缸壁。半环连接是应用十分普遍的一种连接形式,常用于无缝钢管缸筒与端盖的连接中。

(3) 图 4-9(c)所示为外螺纹式连接,这种连接特点是体积小、质量轻、结构紧凑,但缸筒端部结构较复杂,外径加工时要求保证内外径同心,装卸时要使用专用工具。这种连接形式一般用于要求外形尺寸小、质量轻的场合。

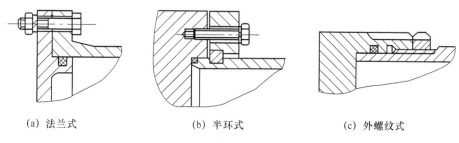

(a) 法兰式　　　(b) 半环式　　　(c) 外螺纹式

图 4-9　缸筒与端盖连接形式

4.2.2　活塞组件

活塞组件由活塞、活塞杆和连接件等组成。随液压缸的工作压力、安装方式和工作条件的不同,活塞组件有多种结构形式。

1. 活塞和活塞杆

活塞受油压的作用在缸筒内做往复运动,因此,活塞必须具有一定的强度和良好的耐磨性。活塞一般用铸铁制造。活塞的结构通常分为整体式和组合式两类。

活塞杆是连接活塞和工作部件的传力零件,因此它必须有足够的强度和刚度。无论活塞杆是实心的还是空心的,通常都用钢料制造。活塞杆在导向套内往复运动,其外圆表面应当耐磨并具有防锈能力,故活塞杆外圆表面有时需镀铬。活塞和活塞杆的技术要求可参考相关手册。

2. 活塞与活塞杆的连接形式

随着工作压力、安装形式(缸筒固定或活塞杆固定)、工作条件的不同,活塞组件也有多种结构形式。最简单的形式是把活塞和活塞杆做成一体,这种结构虽然简单、可靠,但加工比较复杂,活塞直径较大、活塞杆较长时尤其如此。

图 4-10(a)中活塞和活塞杆采用螺纹连接形式,这在机床上是较为常见的,但这种结构

在高压、大负载的情况下活塞杆因车制了螺纹而被削弱,又必须添置能承受冲击载荷而不使螺帽松脱的保护装置。因此为了改进这种缺点,尤其在振动比较大的场合,常常采用"非螺纹式"连接,如图4-10(b)中的卡环连接,卡环6由两个半环组成,安装于活塞杆槽内,再外装套环7防止卡环脱落,弹簧挡圈8可防止套环轴向移动,卡环承受轴向力并使活塞定位。这种连接方法的优点是拆装方便,因有少许径向间隙,使活塞在径向上有浮动,故活塞在缸筒中不易卡住。但卡环、套环、挡圈均有轴向间隙,活塞在轴向有微小浮动。

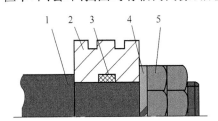 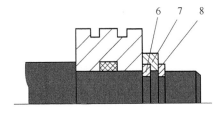

(a) 螺纹连接结构　　　　　　　　　(b) 卡环连接结构

1—活塞杆；2—活塞；3—密封圈；4—弹簧圈；5—螺母；6—卡环；7—套环；8—弹簧挡圈

图 4-10　活塞与活塞杆连接形式

4.2.3　密封装置

液压缸中的密封是指活塞、活塞杆和端盖等处的密封,它主要用来防止液压缸内部和外部的泄漏。良好的密封是液压缸能够传递动力、正常动作的保证。根据两个需要密封的耦合面间有无相对运动,可把密封分为动密封和静密封两大类。设计或选用密封装置的基本要求是具有良好的密封性能,并随压力的增加能自动提高密封性,摩擦阻力要小,耐油抗腐蚀,耐磨寿命长,制造简单,拆装方便。常见的密封方法有以下几种。

1. 间隙密封

间隙密封属于非接触式的动密封,它依靠相对运动零件配合面间的微小间隙来防止泄漏,实现密封,一般间隙为 0.01~0.05 mm。例如柱塞泵的柱塞和缸体、换向阀的阀芯和阀体之间的密封即采用此种形式的密封。在活塞的外圆表面一般开几道宽 0.3~0.5 mm、深 0.5~1.0 mm、槽间距 2~5 mm 的环形沟槽,称平衡槽。其作用是:

(1) 由于活塞的几何形状和同轴度误差,工作中压力油在密封间隙中的不对称分布将形成一个径向不平衡力,称液压卡紧力,它使摩擦力增大。开平衡槽后,各向油压趋于平衡,使活塞能够自动对中,间隙的差别减小,减小了摩擦力。

(2) 增大油液泄漏的阻力,减小偏心量,提高了密封性能。

(3) 储存油液,使活塞能自动润滑。

间隙密封的摩擦阻力小,结构简单,但在大尺寸的液压缸中没有得到广泛的应用,因为大直径的配合表面要达到间隙密封所要求的加工精度比较困难,磨损后也无法补偿,所以这种形式的密封只适用于直径较小、压力较低的液压缸中。

2. 活塞环密封

活塞环密封是通过在活塞的环形槽中放置切了口的金属环来防止泄漏的措施,金属环依靠其弹性变形所产生的张力紧贴在缸筒内壁上,从而实现密封,如图4-11所示。这种密封装置的密封效果较间隙密封好,能适应较大的压力变化和温度变化,能自动补偿磨损和温度变化的影响,能在高速中工作,摩擦力小,工作可靠,寿命长,但不能完全密封。活塞环的加工复杂,缸筒内表面加工精度要求高，一般用于高压、高速或密封性能要求较高的场合。

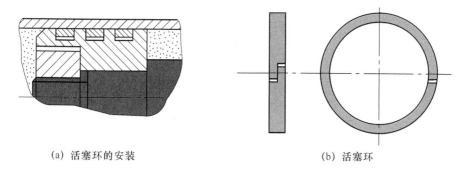

(a) 活塞环的安装　　　　　　　　　(b) 活塞环

图 4-11　活塞环密封

3. 密封圈密封

密封圈密封是一种使用耐油橡胶、尼龙等制成的密封圈，套装在活塞上来防止泄漏。这种密封装置结构简单，制造方便，磨损后能自动补偿，并且密封性能还会随着压力的加大而提高（因为压力越高，橡胶圈在密封面上也贴得越紧），因此密封可靠，密封机件表面的加工要求还可以降低，所以得到了极为广泛的应用。密封圈的截面形状有 O 形、V 形、Y 形等多种。

(1) O 形密封圈

O 形密封圈的截面为圆形，主要用于静密封和滑动密封（转动密封用得较少）。其结构简单紧凑，摩擦力较其他密封圈小，安装方便，价格便宜，可在 -40～120 ℃温度范围内工作。但与唇形密封圈（如 Y 形圈）相比，其寿命较短，密封装置机械部分的精度要求高，启动阻力较大。O 形圈的使用速度范围为 0.005～0.3 m/s。

图 4-12 所示为 O 形圈密封原理。O 形圈装入密封槽后，其截面受到压缩后变形。在无液压力时，靠 O 形圈的弹性对接触面产生预接触压力，实现初始密封，见图 4-12(a)；当密封腔充入压力油后，在液压力的作用下，O 形圈挤向沟槽一侧，密封面上的接触压力上升，提高了密封效果，如图 4-12(b)所示。任何形状的密封圈在安装时，必须保证适当的预压缩量，过小不能密封，过大则摩擦力增大，且易于损坏，因此，安装密封圈的沟槽尺寸和表面精度必须按有关手册给出的数据严格保证。在动密封中，当压力大于 10 MPa 时，O 形圈就会被挤入间隙中而损坏，为了避免这种情况出现，可在 O 形圈一侧或两侧设置聚四氟乙烯或尼龙制成的厚度为 1.25～2.5 mm 挡圈，如图 4-12(c)所示。

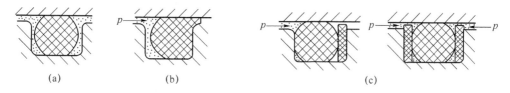

(a)　　　　(b)　　　　　　　(c)

图 4-12　O 形圈密封的安装和密封原理

(2) V 形密封圈

V 形圈的截面为 V 形。如图 4-13 所示 V 形密封装置是由压环、V 形圈和支承环组成。当工作压力高于 10 MPa 时，可增加 V 形圈的数量，提高密封效果。安装时，V 形圈的开口应面向压力高的一侧。

V形圈密封性能良好,耐高压,寿命长,通过调节压紧力,可获得最佳的密封效果,但V形密封装置的摩擦阻力及结构尺寸较大,主要用于活塞及活塞杆的往复运动密封。它适宜在工作压力为 $p \leqslant 50 \text{ MPa}$、温度为 $-40 \sim +80 \text{ ℃}$ 的条件下工作。

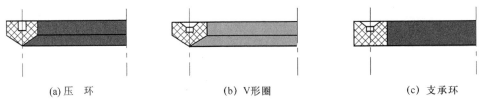

图 4-13 V形密封圈

(3) Y形密封圈

Y形密封圈的截面为Y形,属唇形密封圈。它是一种密封性、稳定性和耐压性较好、摩擦阻力小、寿命较长的密封圈,故应用也很普遍。Y形圈主要用于往复运动的密封,如液压缸的活塞上和缸口处。

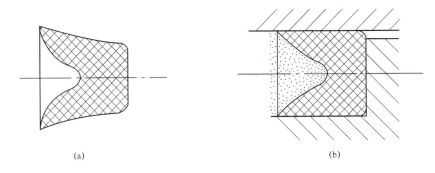

图 4-14 Y形密封圈的密封原理

Y形密封圈的密封原理如图 4-14 所示,图 4-14(a)为自由状态时的截面形状,图 4-14(b)为安装后和工作时的截面形状。Y形圈的密封作用依赖于它的唇边对耦合面的紧密接触,并在压力油作用下产生较大的接触压力,达到密封目的。当液压力升高时,唇边与耦合面贴得更紧,接触压力更高,密封性能更好。Y形圈安装时,唇口端应对着液压力高的一侧。当压力变化较大、滑动速度较高时,要使用支承环,以固定密封圈。

(4) 密封圈安装与更换

安装和拆卸密封圈时,应防止密封圈被螺纹、退刀槽等尖角划伤或由于其他损坏而影响其密封性。

① 密封圈经过的零件应去毛刺、倒角。

② 密封圈经过的螺纹应防护,以防损伤密封圈的唇边。密封圈在通过外螺纹或退刀槽时,应在相应位置套上万用套筒。密封圈经过内螺纹或径向孔洞时,应使内螺纹的内径或有径向孔洞处的直径大于密封圈的外径。

③ 为了减少密封圈的安装及拆卸阻力,应在密封圈经过的相应位置上涂润滑脂或液压油,并尽量避免密封圈产生过大拉伸变形而影响其密封性。

④ 不允许使用带尖角的工具安装或拆卸密封圈。

⑤ 更换密封圈时,应清除干净密封槽内的锈迹、脏物和碎片等。装配前,应在缸筒、活塞杆和密封圈上抹润滑油(脂),但润滑脂中不能含有 MoS、ZnS 等固体添加剂。

4.2.4 缓冲装置

当液压缸拖动负载的质量较大、速度较高时,一般应在液压缸中设缓冲装置,必要时还需在液压传动系统中设缓冲回路,以免在行程终端发生过大的机械碰撞,致使液压缸损坏。缓冲的原理是使活塞或缸筒在其走向行程终端时,在排油腔内产生足够的缓冲压力,即增大回油阻力,从而降低缸的运动速度,避免活塞与缸盖相撞。液压缸中常用的缓冲装置主要有以下几种。

1. 圆柱形环隙式缓冲装置

如图 4-15(a)所示,当缓冲柱塞 A 进入缸盖上的内孔时,缸盖和活塞间形成缓冲油腔 B,被封闭油液只能从环形间隙 δ 排出,产生缓冲压力,从而实现减速缓冲。这种缓冲装置在缓冲过程中,由于其节流面积不变,故缓冲开始时,产生的缓冲制动力很大,但很快就降低了,其缓冲效果较差,但这种装置结构简单,便于设计和降低制造成本,所以在一般系列化的成品液压缸中多采用这种缓冲装置。

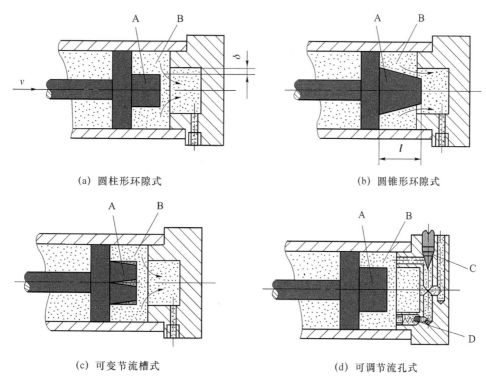

(a) 圆柱形环隙式　　　　　　　　(b) 圆锥形环隙式

(c) 可变节流槽式　　　　　　　　(d) 可调节流孔式

图 4-15　液压缸的缓冲装置

2. 圆锥形环隙式缓冲装置

如图 4-15(b)所示,由于缓冲柱塞 A 为圆锥形,所以缓冲环形间隙 δ 随位移量 l 而改变,即节流面积随缓冲行程的增大而缩小,使机械能的吸收较均匀,其缓冲效果较好,但仍有液压冲击。

3. 可变节流槽式缓冲装置

如图 4-15(c)所示,在缓冲柱塞 A 上开有由浅入深的三角节流沟槽,节流面积随着缓冲行程的增大而逐渐减小,缓冲压力变化平缓。

4. 可调节流孔式缓冲装置

如图 4-15(d)所示,当缓冲柱塞 A 进入到缸盖内孔时,回油口被柱塞堵住,只能通过节流阀 C 回油,调节节流阀的开度,控制回油量,从而控制活塞的缓冲速度。当活塞反向运动时,压力油通过单向阀 D 很快进入到液压缸内,并作用在活塞的整个有效面积上,故活塞不会因推力不足而产生启动缓慢现象。这种缓冲装置可以根据负载情况调整节流阀开度的大小,从而改变缓冲压力的大小,因此适用范围较广。

4.2.5 排气装置

液压缸内的最高部位处常常会聚积空气,这是由于工作油液中混有空气,或液压缸长期停止使用、空气侵入缸筒所致。空气的积聚会使系统工作不稳定,产生振动、爬行或前冲等现象,严重时会使系统不能正常工作,因此设计液压缸时必须设置排气装置。

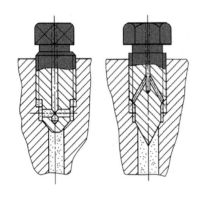

图 4-16 排气塞结构

对于要求不高的液压缸,往往不设计专门的排气装置,而是将油口布置在缸筒两端的最高处,这样也能使空气随油液排往油箱,再从油箱逸出。对于速度稳定性要求较高的液压缸和大型液压缸,常在液压缸的最高处设置专门的排气装置,如排气塞、排气阀等。图 4-16 所示为排气塞,当松开排气塞螺钉后,低压往复运动几次,带有气泡的油液就会排出,空气排完后拧紧螺钉,液压缸便可正常工作。

4.3 液压缸使用与维修

4.3.1 活塞式液压缸的使用

(1) 液压油的品种应符合液压缸使用说明书的要求。一般常温工作的液压缸多采用石油型液压油,在高温下工作的液压缸须采用难燃液压油。液压油的黏度应首先满足液压泵的使用要求。

(2) 安装时要保证活塞杆连接头的方向与缸头、耳环的方向一致,保证整个活塞杆在进退过程中的直线度,防止出现刚性干涉现象。如法兰安装时,作用力与支承中心应处在同一轴线上。耳轴和耳环连接时作用力应处在同一平面内。

(3) 应定期对耳环等有相对转动的部位加油润滑。

4.3.2 液压缸的常见故障及排除方法

液压缸在试运行时除泄漏现象能发现外,其余故障多在液压系统工作时才能暴露出来。现将液压缸的常见故障和排除方法列于表4-1。

表4-1 液压缸的常见故障及排除方法

故障现象	产生原因	排除方法
爬行	空气混入	打开排气塞,使运动部件空载全行程快速往复运动20～30 min
	运动密封件装配过紧	调整密封圈,使之松紧适当
	活塞与活塞杆同轴度过低	校正活塞、活塞杆组件,保证其同轴度小于ϕ0.04 mm
	活塞杆弯曲变形	校正或更换活塞杆,保证直线度小于ϕ0.1/1 000
	安装精度破坏	检查和调整液压缸轴线对导轨面的平行度及与负载作用线的同轴性
	缸体内孔圆柱度超差	镗磨缸体内孔,然后配制活塞(或增装O形密封圈)
	活塞杆两端螺母拧紧,使活塞与缸体内孔同轴度降低	活塞杆两端螺母不宜太紧,一般应保证在液压缸未工作时活塞杆处于自然状态
	活塞杆刚性差	加大活塞杆直径
	导轨润滑不良	适当增加导轨的润滑油量
缓冲效果不佳	缓冲作用过度	调大节流口
	缓冲作用失效	如是缓冲柱塞偏离缓冲孔引起缓冲失效,则需调整缓冲柱塞与缓冲孔的配合间隙;如是调节阀故障,则需修理调节阀
推力不足或工作速度下降	缸体和活塞的配合间隙太小,密封过紧,运动阻力大	增加配合间隙,调整密封件的压紧程度
	缸体和活塞的配合间隙过大,或密封件损坏,造成内泄漏	修理或更换不合精度要求的零件,重新装配、调整或更换密封件
	运动零件制造存在误差和装配不良,引起不同心或单面剧烈摩擦	修理误差较大的零件,重新装配
	活塞杆弯曲,引起剧烈摩擦	校直或更换活塞杆
	缸体内孔拉伤与活塞咬死,或缸体内孔加工不良	镗磨、修复缸体或更换缸体
	液压油中杂质过多,使活塞或活塞杆卡死	清洗液压系统,更换液压油
	油温过高,加剧泄漏	分析温升原因,消除温升太高的根源
外泄漏	密封件咬边、拉伤或破坏	更换密封件
	密封件方向装反	改正密封件方向
	缸盖螺钉未拧紧	拧紧螺钉
	运动零件之间有纵向拉伤和沟痕	修理或更换零件

4.4 液压马达

液压马达是执行元件,能将液体的压力能转换为机械能,输出转矩和转速。液压马达和液压泵在结构上基本相同,在工作原理上是互逆的,但由于二者的任务和要求有所不同,故在实际结构上只有少数泵能做马达使用。液压马达的分类方法与液压泵相同,除此以外,还可按转速的大小将马达分为高速和低速两大类。一般认为,额定转速高于 500 r/min 的马达属于高速马达,额定转速低于 500 r/min 的马达属于低速马达。

4.4.1 高速液压马达

高速液压马达常用的结构形式有齿轮式、叶片式和轴向柱塞式等,它们的主要特点是转速高,转动惯量小,便于启动和制动,调速和换向灵敏度高。通常高速马达的输出转矩不大。

1. 齿轮式液压马达

如图 4-17 所示,齿轮式液压马达的基本结构与齿轮泵相同。两齿轮的啮合点为 P,齿轮 O_1 与输出轴相连。设齿轮的齿全高为 h,齿宽为 B,啮合点到两齿轮齿根的距离分别为 a 和 b,显然 a 和 b 都小于 h。当输入压力油后,凡轮齿两侧对称部分都受高压油作用的齿,则液压作用力互相抵消,对马达的旋转不起作用,而其余的齿将对马达的旋转起作用。从图中可看出,对齿轮 O_1 而言,促使其逆时针旋转的液压作用面积大于促使其顺时针旋转的液压作用面积;对齿轮 O_2 而言,促使其顺时针旋转的液压作用面积大于促使其逆时针旋转的液压作用面积。因此,马达各齿轮产生图示方向的转动,最终经输出轴输出转矩。进入齿轮马达的液压油在两齿轮的带动下,沿圆周方向进入出油口而排回油箱。

目前齿轮式液压马达可以分为两类:一类是以齿轮泵为基础的齿轮式液压马达,如 CB-E 型齿轮泵可不经改装便作为齿轮马达使用;一类是专门设计的齿轮式液压马达。专门设计的齿轮式液压马达由于考虑了液压马达的一些特殊要求,如需要带载荷起动、要经受外载荷的冲击、要能正反转等,因此在实际结构上与齿轮泵相比有些差别。

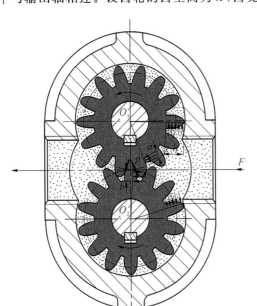

图 4-17 齿轮式液压马达工作原理

齿轮式液压马达与其他类型马达相比具有结构简单、体积小、质量轻,对油液污染不敏感,耐冲击等优点。但是它的容积效率低,起动力矩小,低速稳定性差。适用于作汽车、工程机械、港口机械等液压系统中的回转运动机构。

2. 叶片式液压马达

图 4-18 所示为叶片式液压马达工作原理图,当压力油通入压油腔后,在叶片 1、3 和 5、7 上,一面作用有高压油,另一面为低压油,且作用于叶片 1、3 和 5、7 两侧面的液压油的压力差是相同的。由于叶片 3、7 的受力面积大于叶片 1、5 的受力面积,因此作用于叶片 3、7 上的总液压力大于作用于叶片 1、5 上的总液压力,于是使叶片带动转子作逆时针方向旋转。叶片 2、6 和 4、8 两面同时受相同压力油的作用,受力平衡对转子不产生转矩。叶片式马达的输出转矩与液压马达的排量和液压马达的进出口之间的压力差有关,其转速由输入液压马达的流量大小来决定。

由于液压马达一般都要求正反转,所以叶片式液压马达的叶片要径向放置。为了使叶片根部始终通有压力油,在回、压油腔通入叶片根部的通路上应设置单向阀,为了确保叶片式液压马达在压力油通入后能正常启动,必须使叶片顶部和定子内表面紧密接触,以保证良好的密封,因此在叶片根部应设置预紧弹簧。

叶片式液压马达体积小,转动惯量小,动作灵敏,可适用于换向频率较高的场合,但泄漏量较大,低速工作时不稳定。因此叶片式液压马达一般用于转速高、转矩小和动作要求灵敏的场合。

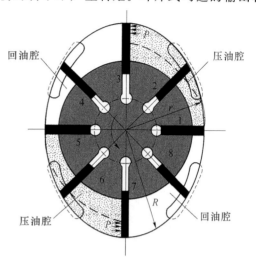

图 4-18 叶片式液压马达的工作原理

3. 轴向柱塞式液压马达

图 4-19 所示为轴向柱塞式液压马达工作原理图。图中斜盘 1 和配油盘 4 固定不动,柱塞 3 轴向地放置在缸筒 2 中,缸筒 2 和马达轴 5 相连,并一起旋转。斜盘的中心线和缸筒的中心线相交一个倾角 δ。当将压力油通过配油盘的配油窗口输入到缸体上的柱塞孔中去时,压力油把孔中的柱塞顶出,使之压在斜盘上。由于斜盘对每个柱塞的反作用力 F 垂直于斜盘表面(作用在柱塞球头表面的法线方向上),这个力的水平分量 F_x 与柱塞上的液压力平衡,而垂直分量 F_y 则使每个柱塞都对转子中心产生一个转矩,使缸体和马达轴做顺时针方向旋转。

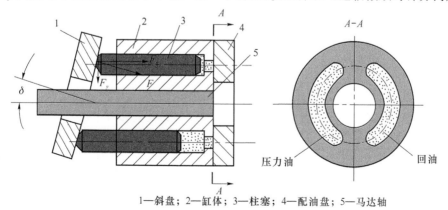

1—斜盘;2—缸体;3—柱塞;4—配油盘;5—马达轴

图 4-19 轴向柱塞式液压马达工作原理

当液压马达的进、出油口互换时,马达将反向转动。当改变马达斜盘倾角时,马达的排量便随之改变,从而可以调节输出转速或转矩。

4.4.2 低速大转矩液压马达

低速液压马达的输出转矩通常都较大(可达数千至数万 N·m),所以又称为低速大转矩液压马达。低速大转矩液压马达的主要特点是转矩大,低速稳定性好(一般可在 10 r/min 以下平稳运转,有的可低到 0.5 r/min 以下),因此可以直接与工作机构连接(如直接驱动车轮或绞车轴),不需要减速装置,使传动结构大为简化。低速大转矩液压马达广泛用于工程、运输、建筑、矿山和船舶(如行走机械、卷扬机、搅拌机)等机械上。

低速大转矩液压马达的基本结构形式是径向柱塞式,通常分为单作用曲轴型和多作用内曲线型两种。

多作用内曲线柱塞式液压马达,简称内曲线马达,它具有尺寸较小、径向受力平衡、转矩脉动小、启动效率高,并能在很低转速下稳定工作等优点,因此获得了广泛应用。下面说明内曲线马达的工作原理。

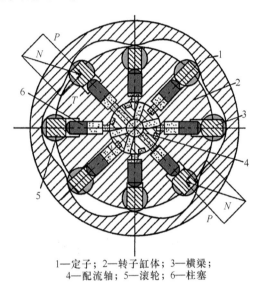

1—定子;2—转子缸体;3—横梁;
4—配流轴;5—滚轮;6—柱塞

图 4-20 内曲线马达工作原理图

图 4-20 为内曲线马达的工作原理图。定子 1 的内表面由 x 段形状相同且均匀分布的曲面组成,曲面的数目 x 就是马达的作用次数(本例中 $x=6$)。每一曲面在凹部的顶点处分为对称的两半,一半为进油区段(即工作区段),另一区段为回油区段。缸体 2 有 z 个(本例为 8 个)沿圆周均布的径向柱塞孔,柱塞孔中装有柱塞 6。柱塞头部与横梁 3 接触,横梁 3 可在缸体 2 的径向槽中滑动,连接在横梁端部的滚轮 5 可沿定子 1 的内表面滚动。在缸体 2 内每个柱塞孔底部都有一配流孔与配流轴 4 相通。配流轴 4 是固定不动的,其上有 $2x$ 个沿圆周均匀分布的配流窗孔,其中有 x 个窗孔 A 与轴中心的进油孔相通,另外 x 个窗孔 B 与回油孔道相通,这 $2x$ 个配流窗孔位置又分别和定子内表面的进、回油区段位置一一相对应。

当压力油输入马达后,通过配流轴 4 上的进油窗孔分配到处于进油区段的柱塞油腔。油压使滚轮 5 顶紧在定子 1 内表面上,滚轮所受到的法向反力 N 可以分解为两个方向的分力,其中径向分力 P 和作用在柱塞后端的液压力相平衡,切向分力 T 通过柱塞 6 对缸体 2 产生转矩。同时,处于回油区段的柱塞受压后缩,把低压油从回油窗孔排出。缸体每转一转,每个柱塞往复移动 x 次。由于 x 和 z 不等,所以任一瞬时总有一部分柱塞处于进油区段,使缸体转动。

由于马达作用的次数多,并可设置较多的柱塞(还可制成双排、三排柱塞结构),所以排量大、尺寸小。当马达的进、回油口互换时,马达将反转。

内曲线马达多为定量马达,但也可通过改变作用次数、改变柱塞数或改变柱塞行程等方法做成变量马达。

4.5 技能训练 液压缸的拆装

1. 训练目的

(1) 了解各类液压缸的结构形式、连接方式、性能特点及应用等。

(2) 巩固液压缸的工作原理。

(3) 熟悉液压缸的常见故障及其排除方法,培养学生实际动手能力和分析问题、解决问题的能力。

2. 训练设备和工具

(1) 实物:液压缸的种类较多,本实训可选择拆装单杆活塞式液压缸或双杆活塞式液压缸。

(2) 工具:内六角扳手、耐油橡胶板、油盆及钳工常用工具。

3. 训练内容与注意事项

以单杆活塞缸为例。

(1) 拆装步骤

① 将缸体夹紧在工作台上,利用专用扳手拧开缸盖,取出导向套,拉出活塞连杆部件。

② 将活塞杆包上铜皮并夹紧在工作台上,取下弹簧挡圈,卸下卡环帽,取出卡环,用木锤或铁锤木柄轻击活塞右端,使活塞从活塞杆左端取出。

③ 清洗、检查和修理。特别应注意密封圈有无损坏、活塞杆是否弯曲、缸内壁划伤情况等。将配合表面涂润滑油,然后按与拆卸相反的顺序进行装配。

(2) 主要零件的结构及作用

① 观察所拆装液压缸的类型及安装形式。

② 观察活塞与活塞杆的结构及其连接形式。

③ 缸筒与缸盖的连接形式。

④ 观察缓冲装置的类型,分析其原理及调节方法。

⑤ 活塞上小孔及作用

(3) 注意事项

① 在拆卸之前,应切断油源,使液压回路内的压力降为零,松开油口配管后,将油口堵住。

② 拆缸时应防止损伤活塞杆顶端螺纹、油口螺纹和活塞杆表面。

③ 在拆除活塞时,不应硬性从缸筒打出,以免损伤缸筒内壁。

④ 在各零件拆卸后组装时,必须用煤油清洗干净,涂以润滑油。严防损坏各密封件,切忌用棉纱擦干零件,不得漏装和装反零件。

⑤ 装配后应进行液压缸的试验。

4.6 思考练习题

4-1 活塞式、柱塞式和摆动液压缸各有什么特点?适用于什么场合?

4-2 双杆活塞缸在缸固定和杆固定时,工作台运动范围有何不同?绘图说明。

4-3 两个结构相同的单杆活塞式液压缸,如题4-3图所示。图(a)为活塞杆固定,左腔进油压力为 p_1,右腔回油压力为 p_2;图(b)为缸体固定,油路为差动连接,进油压力为 p_1。问:

(1) 在输入流量 q 相同条件下,两液压缸的运动速度是否相同,为什么?并指出各自的运动方向。

(2) 两液压缸所能克服的最大负载 F_a 和 F_b 各是多少?哪个大?

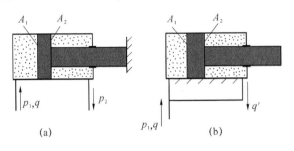

题4-3图

4-4 已知单杆液压缸缸筒直径 $D=50$ mm,活塞杆直径 $d=35$ mm,泵供油流量为 $q=10$ L/min,试求:(1)液压缸差动连接时的运动速度;(2)若缸在差动阶段所能克服的外负载 $F=1\,000$ N,缸内油液压力有多大(不计管内压力损失)?

4-5 如题4-5图所示,两个结构相同的油缸串联。已知液压缸无杆腔面积 A_1 为 100 cm^2,有杆腔面积 A_2 为 80 cm^2,缸1的输入压力为 $p_1=1.8$ MPa,输入流量 $q_1=12$ L/min,若不计泄漏和损失,那么

(1) 当两缸承受相同的负载($F_1=F_2$)时,该负载为多少?两缸的运动速度各是多少?

(2) 缸2的输入压力为缸1的一半($p_2=p_1/2$)时,两缸各承受多大负载?

(3) 当缸1无负载($F_1=0$)时,缸2能承受多大负载?

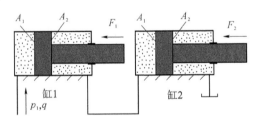

题4-5图

4-6 某差动连接液压缸。已知进油量 $q=30$ L/min,进油压力 $p=4$ MPa,要求活塞往复运动速度均为 6 m/min,试计算此液压缸筒内径 D 和活塞杆直径 d,并求出输出推力 F。

第5章 液压控制元件

液压控制阀是液压系统中控制油液流动方向、压力及流量的元件,简称液压阀。

液压阀可按下述特征进行分类。

1. 按用途分类

液压阀按用途不同,可分为方向控制阀(如单向阀和换向阀)、压力控制阀(如溢流阀、减压阀和顺序阀等)和流量控制阀(如节流阀和调速阀等)。这三类阀还可根据需要互相组合成为组合阀,如单向节流阀、单向顺序阀、电磁溢流阀等,这样可使几个阀同体,结构紧凑,使用方便,并提高了效率。

2. 按工作原理分类

液压阀按工作原理可分为开关阀、伺服阀、比例阀和逻辑阀等。开关阀是指被控制量为定值或阀口开闭来控制液流通路的阀类,包括普通控制阀、插装阀、叠加阀等。本章将重点介绍这类使用最为普遍的阀。伺服阀和比例阀能根据输入信号连续地或按比例地控制系统的参数。逻辑阀则能按预先编制的逻辑程序控制执行元件的动作。

3. 按阀芯形式分类

液压阀按阀芯形式分主要有滑阀、锥阀、球阀和转阀等。滑阀的阀芯为圆柱形,阀芯上有台肩;与进出油口对应的阀体上开有沉割槽,一般为全圆周;阀芯在阀体孔内作相对运动,开启或关闭阀口。锥阀阀芯的半锥角一般为 $12°\sim20°$。阀口关闭时为线密封,不仅密封性好,而且开启阀口时无死区,阀芯稍有位移即开启,动作很灵敏。

4. 按安装连接方式分类

液压阀按安装连接方式不同可分为如下几种。

(1) 管式连接:阀体进出油口由螺纹或法兰直接与油管及其他元件连接。这种连接方式简单,但刚性差,拆卸与维修不方便,适用于简单液压系统。

(2) 板式连接:阀体进出油口通过连接板与油管连接或安装在集成块的侧面并通过集成块上加工出的孔道连接各阀组成回路。这种连接方式的元件布置得较为集中,操纵、调整、维修都比较方便;由于拆卸阀时不必拆卸与阀相连的其他元件,故这种连接方式应用最广泛。

(3) 叠加式连接:阀的上下面为连接结合面,各油口分别在这两个面上,并且同规格阀的油口连接尺寸相同。每个阀除其自身功能外,还起油路通道的作用,阀相互叠装构成回路,不用管道连接。这种连接结构紧凑,沿程损失很小。

(4) 插装式连接:这类阀无单独的阀体,由阀芯、阀套等组成的单元体插装在插装块体的预制孔中,用连接螺纹或盖板固定,并通过插装块内通道把各插装式阀连通组成回路,插装块起到阀体和管路的作用。这是适应液压系统集成化而发展起来的一种能灵活组装的新型安装连接方式。

5.1 方向控制阀

方向控制阀用来控制液压传动系统中油液流动方向或油液的通断,它分为单向阀和换向阀两类。

5.1.1 单向阀

1. 普通单向阀

普通单向阀控制油液只能按一个方向流动而反向截止,简称为单向阀。按安装连接形式的不同,可分为管式连接和板式连接两种结构,如图 5-1 所示。它由阀体 1、阀芯 2 和弹簧 3 等零件组成。当油液从进油口 P_1 流入时,油液压力克服弹簧 3 的弹力和阀芯 2 与阀体 1 间的摩擦力,使阀芯向右移动,打开阀口,并通过阀芯上的四个径向孔 a、轴向孔 b,从出油口 P_2 流出。当液流反向流入时,由于油液压力和弹簧力使阀芯紧压在阀体的阀座上,因此油液不能反向流动。

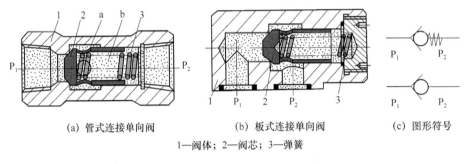

(a) 管式连接单向阀　　(b) 板式连接单向阀　　(c) 图形符号

1—阀体;2—阀芯;3—弹簧

图 5-1　单向阀

单向阀要求液流正向通过时压力损失小,反向截止时密封性能好。因此,单向阀中的弹簧仅用于使阀芯在阀座上就位,刚度较小,开启压力仅有 0.04～0.1 MPa。若更换硬弹簧,使其开启压力达到 0.2～0.6 MPa,则可当背压阀使用。单向阀也可用来分隔油路,防止油路间的干扰。

2. 液控单向阀

液控单向阀是一种通入控制压力油后即允许油液双向流动的单向阀,由单向阀和液控装置两部分组成,如图 5-2 所示。当控制口 K 未通入压力油时,其作用和普通单向阀一样,压力油只能由 P_1(正向)流向 P_2,反向截止。当控制口 K 通入控制压力油(简称控制油)后,因控制活塞 1 右侧 a 腔通泄油口(图中未画出),活塞 1 右移,推动顶杆 2 顶开阀芯 3 离开阀座,使油口 P_1 和 P_2 连通,这时的油液正反向均可自由流动。

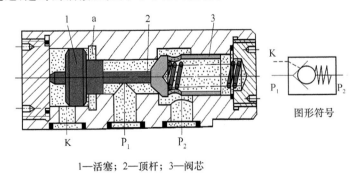

1—活塞;2—顶杆;3—阀芯

图 5-2　液控单向阀

根据液控单向阀泄油方式不同,其可分为内泄式和外泄式两种。在高压系统中,液控单向阀反向开启前,P_2 口的压力很高,导致顶开锥阀所需要的控制压力也很高。为了减小控制油口 K 的控制压力,可以采用带卸荷阀芯的液控单向阀,如图 5-3 所示。图中锥阀 3 内部增加了直径较小的卸荷阀芯 6。由于 P_2 腔压力油作用于卸荷阀芯 6 的力较小,当 K 腔的控制压力较低,控制活塞 1 不能顶起锥阀 3 时,即可顶起卸荷阀芯 6,使 P_2 腔的油液通过卸荷阀芯上铣出的缺口与 P_1 腔沟通。P_2 腔的压力将下降到接近 P_1 腔的压力。这样 P_2 腔的压力即使比 K 腔高得多,控制活塞也可以较小的力将锥阀芯顶起。这种液控单向阀反向开启时的控制压力仅为工作压力的 4.5%;对于没有卸荷小阀芯的液控单向阀,其控制压力为工作压力的 40%～50%。控制液压油油口不工作时,应使其通回油箱,否则控制活塞难以复位,单向阀反向不能截止液流。液控单向阀具有良好的反向密封性能,常用于保压、锁紧和平衡回路。

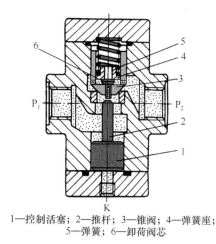

1—控制活塞;2—推杆;3—锥阀;4—弹簧座;
5—弹簧;6—卸荷阀芯

图 5-3 带卸荷阀芯的液控单向阀

5.1.2 换向阀

换向阀的作用是利用阀芯位置的改变,改变阀体上各油口的连通或断开状态,从而控制油路连通、断开或改变方向。

换向阀按阀的结构可分为转阀式和滑阀式。转阀式换向阀密封性比较差,但其结构简单、紧凑。一般在中、低压系统中用做先导阀或小流量换向阀。滑阀式换向阀在液压系统中应用非常广泛。

1. 滑阀式换向阀的工作原理和分类

(1) 滑阀式换向阀的工作原理:滑阀式换向阀由阀芯和阀体两个基本零件组成。阀芯上有台肩,与其对应的阀体上开有沉割槽。如图 5-4(a)所示位置,液压缸两腔不通压力油,处于停止状态。若使换向阀的阀芯 1 右移,如图 5-4(b)所示位置,阀体 2 上的油口 P 和 B 连通,A 和 O 连通。压力油经 P、B 进入液压缸下腔,活塞上移;上腔油液经 A、O 流回油箱。反之,若使阀芯 1 左移,如图 5-4(c)所示位置,则 P 和 A 连通,B 和 O 连通,活塞便下移。

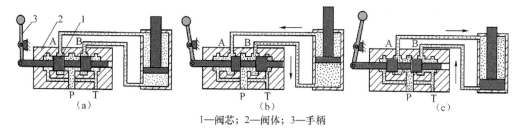

1—阀芯;2—阀体;3—手柄

图 5-4 滑阀式换向阀的工作原理

(2) 滑阀式换向阀的分类:按阀芯在阀体内的工作位置数和换向阀所控制的油口通路数分类,换向阀有二位二通、二位三通、二位四通、二位五通、三位四通、三位五通等类型(见表 5-1)。不同的位数和通数是由阀体上的沉割槽和阀芯上台肩的不同组合形成的。将五通阀的两个回

油口 O_1 和 O_2 沟通成一个油口 O,即成四通阀。

表 5-1　换向阀的结构原理和图形符号

名　称	结构原理图	图形符号	名　称	结构原理图	图形符号
二位二通		A P	二位五通		A B O_1 P O_2
二位三通		B A P	三位四通		A B P O
二位四通		A B P O	三位五通		A B O_1 P O_2

按阀芯换位的控制方式分类,换向阀有手动、机动、电动、液动和电液动等类型。

换向阀的结构原理和图形符号也表示在表 5-1 中。

从表 5-1 中可以看出:

① "位"数用方格数表示,二格即二位,三格即三位;

② 在一个方格内,箭头↑、↓或堵塞符号"⊥"与方格的相交点数为油口通路数,即"通"数。箭头表示两油口连通,但不表示流向;"⊥"表示该油口不通流;

③ P 表示进油口,O 表示通油箱的回油口,A 和 B 表示连接其他两个工作油路的油口。

2. 三位换向阀的中位机能

三位换向阀常态位(即中位)各油口的连通方式称为换向阀的中位机能。中位机能不同,中位时阀对系统的控制性能也不相同。中位机能不同的同规格阀,其阀体通用,但阀芯台肩的结构尺寸不同,内部通油情况不同。表 5-2 中列出了三位四通换向阀的中位机能形式、符号及其特点。在分析和选择换向阀中位机能时,通常应从执行元件的换向平稳性要求、换向位置精度要求、重新启动时能否允许冲击、是否需要卸荷和保压等方面加以考虑。

表 5-2　三位四通换向阀的中位机能

中位机能形式	符　号	中位通路状况、特点及应用
O 型	A B P O	P、A、B、O 四口全封闭,液压泵不卸荷,液压缸闭锁,可用于多个换向阀的并联工作。液压缸充满油,从静止到启动平稳,制动时运动惯性引起液压冲击较大,换向位置精度高
H 型	A B P O	四口全接通,泵卸荷,液压缸处于浮动状态,在外力作用下可移动。液压缸从静止到启动有冲击,制动比 O 型平稳,换向位置变动大

续表 5-2

中位机能形式	符号	中位通路状况、特点及应用
Y 型		P口封闭，A、B、O三口相通，泵不卸荷，液压缸浮动，在外力作用下可移动。液压缸从静止到启动有冲击，制动性能介于O型和H型之间
P 型		P、A、B相通，O封闭，泵与液压缸两腔相通，可组成差动连接。从静止到启动平稳，换向位置变动比H型的小，应用广泛
M 型		P、O相通，A、B口封闭，泵卸荷，液压缸闭锁，从静止到启动较平稳，制动性能与O型相同，可用于泵卸荷、液压缸锁紧的系统中

3. 几种常用的换向阀

（1）手动换向阀：手动换向阀是用手动杠杆操纵阀芯换位的方向阀。按换向定位方式的不同，手动换向阀有钢球定位式和弹簧复位式两种。当操纵手柄的外力取消后，前者因钢球卡在定位沟槽中，可保持阀芯处于换向位置；后者则在弹簧力作用下使阀芯自动回复到初始位置。图 5-5 所示为三位四通弹簧复位式手动换向阀的结构图和图形符号。

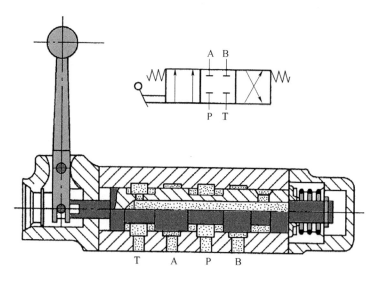

图 5-5 三位四通手动换向阀

手动换向阀的结构简单，动作可靠，有的还可人为地控制阀口的大小，从而控制执行元件的速度。但由于需要人力操纵，故只适用于间歇动作且要求人工控制的小流量场合。使用中应注意：定位装置或弹簧腔的泄漏油需单独用油管接入油箱，否则漏油积聚会产生阻力，以至于不能换向，甚至造成事故。

（2）机动换向阀：机动换向阀又称行程阀。图 5-6 所示为二位二通机动换向阀的结构图和图形符号。

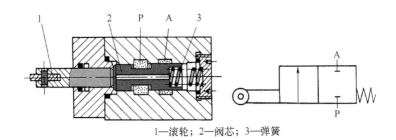

1—滚轮；2—阀芯；3—弹簧

图 5-6 二位二通机动换向阀

这种阀必须安装在液压缸附近,在液压缸驱动工作部件的行程中,装在工作部件一侧的挡块或凸轮移动到预定位置时就压下阀芯 2,使阀换位。

机动换向阀通常是弹簧复位式的二位阀。它的结构简单,动作可靠,换向位置精度高,改变挡块的迎角或凸轮外形,可使阀芯获得合适的换向速度,减小换向冲击。但这种阀不能安装在液压站上,因而连接管路较长,使整个液压装置不紧凑。

(3) 电磁换向阀:电磁换向阀是利用电磁铁吸力操纵阀芯换位的方向控制阀。在二位电磁换向阀的一端有一个电磁铁,在另一端有一个复位弹簧;在三位电磁换向阀的两端各有一个电磁铁和一个对中弹簧,阀芯在常态时处于中位。对三位电磁换向阀来说,当右端电磁铁通电吸合时,衔铁通过推杆将阀芯推至左端,换向阀就在右位工作;反之,左端电磁铁通电吸合时,换向阀就在左位工作。

图 5-7 所示为二位三通电磁换向阀,它是单电磁铁弹簧复位式,阀体左端安装的电磁铁可以通入直流电或交流电。在电磁铁不通电时,阀芯在右端弹簧力的作用下处于左端位置(常位),油口 P 与 A 连通,不与 B 相通。若电磁铁得电产生一个向右的电磁力,该力通过推杆推动阀芯右移,则油口 P 与 B 连通,与 A 不相通。二位电磁阀一般都由单电磁铁控制。但也有无复位弹簧而设有定位机构的双电磁铁二位阀,由于电磁铁断电后仍能保留通电时的状态,从而减少了电磁铁的通电时间,延长了电磁铁的寿命,节约了能源;此外,当电源因故中断时,电磁阀的工作状态仍能保留下来,可以避免系统失灵或出现事故,这种"记忆"功能对于一些连续作业的自动化机械和自动线来说,往往是十分必要的。

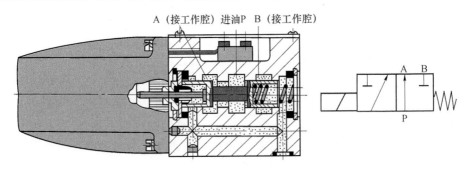

图 5-7 二位三通电磁换向阀

电磁铁按所接电源的不同,分交流和直流两种基本类型。交流电磁铁使用方便,电磁吸力大,换向时间短(约 0.01～0.03 s),但换向冲击大、噪声大、发热大,换向频率不能太高(每分钟 30 次左右),寿命较低,而且当阀芯被卡住或由于电压低等原因吸合不上时,线圈易烧坏。直流电磁铁需直流电源或整流装置,其换向平稳、工作可靠,噪声小,寿命长,换向频率较高(每分钟达 120 次左右),但起动力小,换向时间较长(约 0.05~0.08 s),且需要专门的直流电源,成本较高。还有一种自整流型电磁铁,电磁铁上附有二极管整流线路和冲击吸收装置,能把接入的交流电整流后自用,因而兼具了前述两者的优点。

(4) 液动换向阀:液动换向阀的阀芯是由阀两端密封腔中的控制油液来移动的。图 5-8 所示为一种液动换向阀。当阀上控制口 K_1 接通压力油,K_2 接通回油时,阀芯向右移动;当阀上控制口 K_2 接通压力油,K_1 接通回油时,阀芯向左移动;当 K_1 和 K_2 都接通回油时,阀芯在两端弹簧和定位套的作用下回到其中间位置。

液动换向阀对阀芯的操纵推力是很大的,因此适用于压力高、流量大、阀芯移动行程长的场合。液动换向阀经常与机动换向阀或电磁换向阀组合成机液换向阀或电液换向阀,实现自动换向或大流量主油路换向。

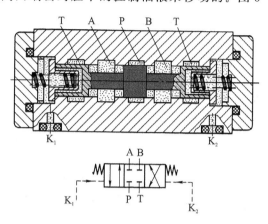

图 5-8 三位四通液动换向阀

(5) 电液换向阀:电液换向阀是由电磁换向阀和液动换向阀组成的复合阀。电磁换向阀为先导阀,用以改变控制油路的方向;液动换向阀为主阀,用以改变主油路的方向。这种阀的优点是可用反应灵敏的小规格电磁阀方便地控制大流量的液动阀换向。

图 5-9(a)、(b)、(c)为电液换向阀结构图、图形符号和简化符号。常态时,两个电磁铁 3、5 都不通电,电磁阀(先导阀)阀芯 4 处于中位,液动阀(主阀)的两端都接通油箱,这时由于对中弹簧的作用,使主阀芯 8 也处于中位。当左电磁铁 3 通电时,电磁阀阀芯 4 移向右位,先导阀处于左位工作,控制油经单向阀 1 接通主阀阀芯 8 的左端,主阀切换到左位工作,其右端的油则经节流阀 6 和电磁阀而接通油箱,于是主阀阀芯 8 右移,移动速度由右端节流阀 6 的开口大小决定。同理,当左电磁铁 3 断电、右电磁铁 5 通电时,电磁阀阀芯 4 移向左位,先导阀处于右位工作,控制油经单向阀 7 接通主阀阀芯 8 的右端,主阀切换到右位工作,其左端的油则经节流阀 2 和电磁阀而接通油箱,于是主阀阀芯 8 左移,其移动速度由左端节流阀 2 的开口大小决定。

在电液换向阀中,控制主油路的主阀芯不是靠电磁铁的吸力直接推动的,而是靠电磁铁操纵控制油路上的压力油推动的,因此推力可以很大,操纵也很方便。此外,主阀芯向左或向右的移动速度可分别由左节流阀 2 或右节流阀 6 来调节,这使系统中的执行元件能够得到平稳无冲击的换向。所以,这种操纵形式的换向性能比较好,它适用于高压、大流量的场合。

(6) 多路换向阀

多路换向阀是一种集中布置的组合式手动换向阀,常用于工程机械等要求集中操纵多个执行元件的设备中。多路阀的组合方式有并联式、串联式和顺序单动式三种,图形符号如图 5-10 所示。

当多路阀如图 5-10(a)并联组合时,液压泵可以同时对三个或单独对其中一个执行元件供油。在对三个执行元件同时供油的情况下,由于负载不同,三者将先后动作。当多路阀如图 5-10(b)串联式组合时,液压泵只能依次向各执行元件供油,第一个阀的回油口与第二个

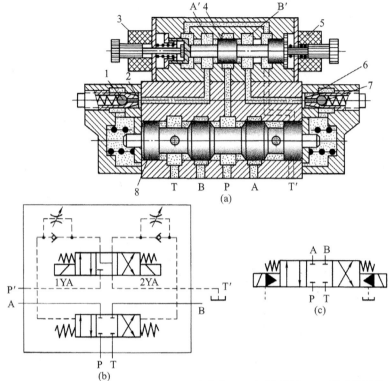

1、7—单向阀；2、6—节流阀；3、5—电磁铁；4—电磁阀阀芯；8—液动阀阀芯

图 5-9 三位四通电液换向阀

阀的进油口相连。各执行元件可单独动作，也可同时动作。在三个执行元件同时动作的情况下，三个负载压力之和不应超过泵压。当多路阀如图 5-10(c)顺序单动式组合时，液压泵按顺序向各执行元件供油。操作前一个阀时，就切断了后面阀的油路，从而可以防止各执行元件之间的动作干扰。

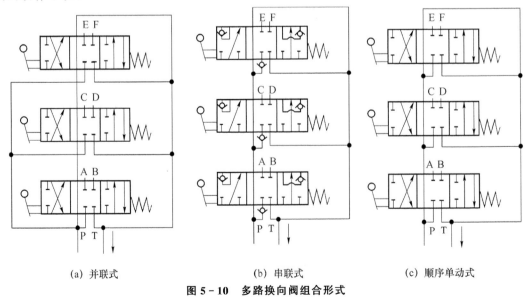

(a) 并联式　　　　　(b) 串联式　　　　　(c) 顺序单动式

图 5-10 多路换向阀组合形式

5.1.3 滑阀式换向阀的常见故障

方向控制阀是液压系统中较易产生故障的元件。其故障原因及排除方法见表5-3。

表5-3 方向控制阀常见故障及排除方法

故障现象	产生原因	排除方法
主阀芯不动或不到位	1. 滑阀卡住 (1) 滑阀与阀体配合间隙过小 (2) 阀芯碰伤,油液被污染 (3) 阀芯与阀体几何精度差	1. 检查滑阀 (1) 检查间隙情况,研修或更换阀芯 (2) 检查、修磨或重配阀芯,换油 (3) 检查、修正偏差及同心度
	2. 液动换向阀控制油路有故障 (1) 因控制油路电磁阀未换向或控制油路被堵塞导致控制油路无油 (2) 因阀端盖处漏油或滑阀排油腔一侧节流阀调节得过小或被堵死导致控制油路压力不足 (3) 滑阀两端泄油口没有接回油箱或泄油管堵塞	2. 检查控制回路 (1) 检查、清洗,消除故障 (2) 拧紧端盖螺钉,清洗节流阀并调整适宜 (3) 检查并消除故障
	3. 先导电磁阀故障 (1) 阀芯与阀体孔卡死(如零件几何精度差;阀芯与阀孔配合过紧;油液过脏) (2) 弹簧侧弯,使滑阀卡死	3. 检查先导电磁阀 (1) 修理配合间隙达到要求,使阀芯移动灵活;过滤或更换油液 (2) 更换弹簧
	4. 电磁铁故障 (1) 交流电磁铁因滑阀卡住,铁芯因吸不到底面烧毁 (2) 电磁铁漏磁或吸力不足 (3) 电气线路出故障	4. 检查电磁铁 (1) 清除滑阀卡住故障,更换电磁铁 (2) 检查原因,修理或更换 (3) 检查并消除故障
	5. 安装不良,阀体变形 (1) 安装螺钉拧紧力矩不均匀 (2) 阀体上连接的管子"别劲"	5. 检查阀体 (1) 重新紧固螺钉,并使之受力均匀 (2) 重新安装
	6. 弹簧折断、漏装、太软,不能使滑阀恢复中位,导致不能换向	6. 检查,更换或补装弹簧
	7. 电磁换向阀的推杆磨损后长度不够,使阀芯移动过小或过大,引起换向不灵或不到位	7. 检查并修复,必要时换杆

5.2 压力控制阀

在液压系统中,控制液体压力的阀(溢流阀、减压阀)和控制执行元件或电气元件等在某一调定压力下产生动作的阀(顺序阀、压力继电器等),统称为压力控制阀。这类阀的共同特点是,利用作用于阀芯上的液压力与弹簧力相平衡的原理来进行工作。

5.2.1 溢流阀

溢流阀是通过对油液的溢流,使液压系统的压力维持恒定,从而实现系统的稳压、调压和限压。根据结构原理的不同,溢流阀分为直动式和先导式两类。

1. 直动式溢流阀

直动式溢流阀的工作原理如图 5-11 所示。在正常工作时,压力油从 P 口流向 T 口,当作用在阀芯 3 上的液压力大于阀芯上的弹簧 7 所产生的弹簧力时,阀芯 3 向上移动,阀口打开,油液从 T 口流回油箱,阀溢流。通过溢流阀的流量变化时,阀芯位置也要变化,但因阀芯移动量极小,作用在阀芯上的弹簧力变化甚小,因此可认为,只要阀口打开,有油液流经溢流阀,溢流阀入口处的压力基本上就是恒定的。调节弹簧 7 的预压缩量,可调整溢流压力。改变弹簧 7 的刚度,可改变调压范围。

这种溢流阀因压力油直接作用于阀芯,故称直动式溢流阀。直动式溢流阀一般只能用于低压小流量处,因控制较高压力或较大流量时,需要装刚度较大的硬弹簧,不但手动调节困难,而且阀口开度(弹簧压缩量)略有变化,便引起较大的压力波动,因而不易稳定。系统压力较高时就需要采用先导式溢流阀。

2. 先导式溢流阀

先导式溢流阀由主阀和先导阀两部分组成,其结构如图 5-12 所示。先导阀是一个小规格锥阀芯直动式溢流阀。主阀是利用主阀芯 5 上下两端受压表面的作用力差与弹簧力相平衡的原理来工作的。油液从进油口 P 进入后,经孔道 f 作用在主阀芯的下腔,同时经阻尼孔 e 及孔道 c、d 作用在先导阀阀芯 3 上。当进油口压力低于调压弹簧 2 的预紧力时,先导阀关闭。此时阻尼孔内没有油液流动,不起阻尼作用,作用在主阀芯 5 上下两腔的液压力平衡,主阀芯 5 被弹簧 4 压在下端位置,阀口关闭,阀不溢流。当油液压力形成的推力大于调压弹簧 2 的预紧力时,先导阀打开,压力油经阻尼孔 e、孔道 c、d、a 流回油箱。油液流经阻尼孔 e 时产生压力降,使主阀芯上腔的压力小于下腔压力,主阀芯在压差的作用下向上移动,打开阀口,使 P 和 T 相通,实现溢流。调节先导阀的调压弹簧 2 的预紧力,可调节溢流压力。

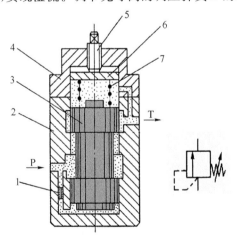

1—阻尼孔;2—阀体;3—阀芯;4—阀盖;5—调压螺钉;
6—弹簧座;7—弹簧

图 5-11 直动式溢流阀

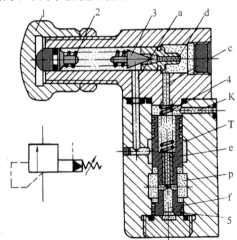

1—调节手轮;2—调压弹簧(先导阀);
3—先导阀阀芯;4—主阀弹簧;5—主阀芯

图 5-12 先导式溢流阀

阀体上有一个远程控制口 K,当将此口通过二位二通阀接通油箱时,主阀上腔的压力接近于零,主阀芯在很小的液压力的作用下便可打开,实现溢流,此时泵卸荷。如果将 K 口接到另一个远程调压阀上(其结构和先导阀一样),并使打开远程调压阀的压力小于先导阀调压弹簧的预紧力时,则主阀上腔的压力(即溢流阀的溢流压力)就由远程调压阀来决定。使用远程调压阀后,便可对系统的溢流压力实现远程调节。

根据液流连续性原理可知,流经阻尼孔的流量即为流出先导阀的流量,这一部分流量通常称为泄油量。阻尼孔很细,泄油量只占全溢流量(额定流量)的极小的一部分,绝大部分油液均经主阀口溢流回油箱。在先导式溢流阀中,先导阀的作用是控制和调节溢流压力,主阀的功能则在于溢流。先导阀因为只通过泄油,其阀口直径较小,即使在较高压力的情况下,作用在锥阀芯上的液压推力也不很大,因此调弹簧的刚度不必很大,压力调整也就比较轻便。主阀芯因两端均受油压作用,其回位时只需克服摩擦阻力,因而主阀弹簧只需很小的刚度。当溢流量变化引起弹簧压缩量变化时,进油口的压力变化不大,故先导式溢流阀恒定压力的性能优于直动式溢流阀。但先导式溢流阀是二级阀,其反应不如直动式溢流阀灵敏。

5.2.2 减压阀

减压阀主要用于降低系统某一支路的油液压力,使同一系统能有两个或多个不同压力的回路。油液流经减压阀后能使压力降低,并保持恒定。只要液压阀的输入压力(一次压力)超过调定的数值,二次压力就不受一次压力的影响而能保持不变。例如,当系统中的夹紧支路或润滑支路需要稳定的低压时,只需在该支路上串联一个减压阀即可。

减压阀也有直动式和先导式之分,直动式减压阀在系统中较少单独使用,采用直动式结构的定差减压阀仅作为调速阀的组成部分来使用,先导式减压阀则应用较多。图 5-13 所示为先导式减压阀。它由先导阀和主阀组成。压力油由阀的进油口 P_1 流入,经减压口 h 减压后从出油口 P_2 流出。出口压力油经主阀芯小孔 d 及主阀芯上的阻尼孔 e 流到主阀芯的下腔和上

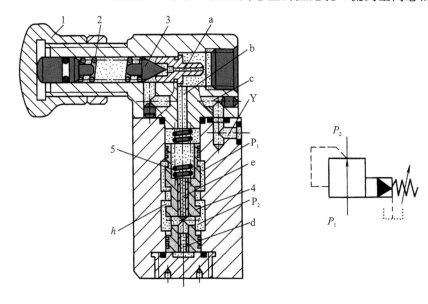

图 5-13 先导式减压阀

腔，并经小孔 b、a 作用在先导阀芯上。当出口油液压力低于先导阀的调定压力时，先导阀关闭，主阀芯上下两腔压力相等，主阀芯在弹簧作用下处于最下端，减压口 h 开度为最大，阀处于非工作状态。当出口压力达到先导阀调定压力时，先导阀芯移动，阀口打开，主阀弹簧腔的油液便由外泄口 Y 流回油箱。由于油液在主阀芯阻尼孔内流动，使主阀芯两端产生压力差，主阀芯在压差作用下克服弹簧力抬起，减压口 h 减小，压降增大，使出口压力下降到调定值。

5.2.3 顺序阀

顺序阀是利用油路中压力的变化控制阀口启闭，以实现执行元件顺序动作的液压元件。它以进口压力油（内控式）或外来压力油（外控式）的压力为输入信号，当信号压力达到调定值时，阀口开启，使所在油路自动接通。通过改变控制方式、泄油方式和二次油路的接法，顺序阀还可背压阀、平衡阀或卸荷阀用。顺序阀也有直动式和先导式之分。

图 5-14(a) 所示为直动式内控顺序阀。由于顺序阀的出口处不接油箱，而是通向二次油路，因此它的泄油口 L 必须单独接回油箱。为了减小调压弹簧的刚度，顺序阀底部设置了控制活塞。外控口 K 用螺塞堵住，外泄油口 L 通油箱。压力油自进油口 P_1 通入，经阀体上的孔道和下盖上的孔流到控制活塞的底部，当其推力能克服阀芯上的调压弹簧预紧力时，阀芯上移，使进、出油口 P_1 和 P_2 连通，压力油便从阀口流过。经阀芯与阀体间的缝隙进入弹簧腔的泄油从外泄口 L 泄回油箱。这种油口连通情况的顺序阀称内控外泄顺序阀，其符号见图 5-14(b)。内控式顺序阀在进油路压力 P_1 达到阀的调定压力之前，阀口一直是关闭的，达到阀的调定压力之后，使压力油进入二次油路，驱动执行元件。

将图 5-14(a) 中的下盖旋转 90°或 180°安装，切断进油流往控制活塞下腔的通路，并去除外控口的螺塞，接入引自其他处的压力油（称控制油），便成为外控外泄顺序阀，符号见图 5-14(c)。这时外控式顺序阀阀口的开启与一次油路进口压力没有关系，只决定于控制压力的大小。在这种情况下，调压弹簧预压缩量可调得很小，使控制油压较低时便可开启阀口。

若在结构上可能的情况下再将上端盖旋转 180°安装，还可使弹簧腔与出油口 P_2 相连（在阀体上开有沟通孔道），并将外泄口 L 堵塞，便成为外控内泄顺序阀，符号见图 5-14(d)。外控内泄顺序阀只用于出口接油箱的场合，常用于使泵卸荷，故又称卸荷阀。

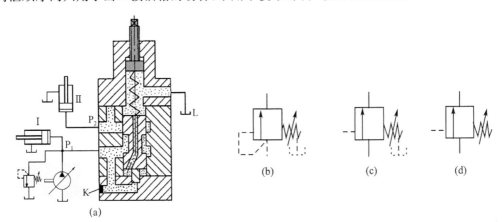

图 5-14 直动式顺序阀

顺序阀的主要性能与溢流阀相似。另外，顺序阀为使执行元件准确地实现顺序动作，要求阀的调压偏差小,因此调压弹簧的刚度要小,阀在关闭状态下的内泄漏量也要小。直动式顺序阀的工作压力和通过阀的流量都有一定的限制,最高控制压力不应太高。对性能要求较高的高压大流量系统,需采用先导式顺序阀。

先导式顺序阀与先导式溢流阀的结构大体相似,其工作原理也基本相同,这里不再详述。先导式顺序阀也有内控外泄、外控外泄和外控内泄等几种不同的控制方法,以备选用。

5.2.4 压力继电器

压力继电器是一种液-电信号转换元件。当控制油压达到调定值时,便触动电气开关发出信号,控制电气元件(如电动机、电磁铁、电磁离合器等)动作,实现泵的加载或卸载、执行元件顺序动作、系统安全保护和元件动作连锁等功能。压力继电器都由压力-位移转换装置和微动开关两部分组成。

图 5-15 所示为柱塞式压力继电器。压力油从油口 P 通入,并作用在柱塞 5 底部,若其压力达到弹簧的预紧力时,便克服弹簧阻力和柱塞摩擦力推动柱塞上升,通过顶杆 3 触动微动开关 1 发出信号。限位挡块 4 可在压力超载时保护微动开关。

压力继电器的性能指标主要有两项:

(1) 调压范围:即发出电信号的最低和最高工作压力间的范围。打开面盖,拧动调节螺丝,即可调整工作压力。

(2) 通断返回区间:压力继电器发出信号时的压力称为开启压力,切断电信号时的压力称为闭合压力。开启时,柱塞、顶杆移动所受的摩擦力方向与压力方向相反,闭合时则相同,故开启压力比闭合压力大。两者之差称为通断返回区间。

通断返回区间要有足够的数值;否则,系统有压力脉动时,压力继电器发出的电讯号会时断时续。为此,有的产品在结构上可人为地调整摩擦力的大小,使通断返回区间的数值可调。

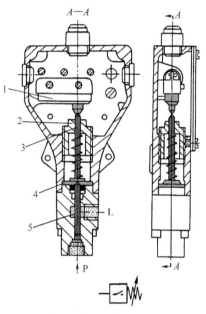

1—微动开关;2—调节螺丝;3—顶杆;
4—限位挡块;5—柱塞

图 5-15 单柱塞式压力继电器

5.2.5 压力控制阀的常见故障及排除方法

压力控制阀的常见故障及排除方法见表 5-4。

表 5-4 压力控制阀的常见故障及排除方法

故障现象	产生原因	排除方法
溢流阀压力波动	1. 滑阀拉毛或产生变形,运动不灵活 2. 锥阀或球阀与阀座接触不良或磨损 3. 弹簧刚度太低或弹簧弯曲 4. 油液不清洁,阻尼孔不通畅 5. 压力表不准	1. 修理或更换滑阀 2. 修研阀座或更换锥阀、球阀 3. 更换弹簧 4. 清洗滑阀,清洗阻尼孔,更换油液 5. 修理或更换压力表

续表 5-4

故障现象	产生原因	排除方法
溢流阀有明显振动噪声	1. 调压弹簧变形,不复原 2. 回油路中混入空气 3. 流量超值 4. 油温过高,回油阻力过大	1. 更换弹簧 2. 排气,紧固油路接头 3. 调整流量 4. 控制油温,将回油阻力降至 0.5 Mpa 以下
溢流阀泄漏	1. 阀芯与阀体间配合间隙过大 2. 锥阀或球阀与阀座接触不良 3. 油管与阀接头松动 4. 密封件损坏	1. 更换阀芯,重新调整 2. 修研阀座或更换锥阀、球阀 3. 紧固接头 4. 更换密封件
溢流阀调压失灵	1. 滑阀卡死 2. 滑阀阻尼孔堵塞 3. 弹簧已变形或折断 4. 进出油口接反 5. 先导阀阀座小孔堵塞	1. 检查、修研,调整阀盖螺钉紧固力 2. 清洗阻尼孔 3. 更换弹簧 4. 重装 5. 清洗小孔
减压阀压力不稳且与调定压力不符	1. 主阀弹簧太软、变形或在滑阀中卡住,使阀移动困难 2. 油箱油面低于回油管口或滤油器,油中混入空气 3. 锥阀与阀座配合不良 4. 油液泄漏	1. 更换弹簧 2. 补油 3. 更换锥阀 4. 检查密封,拧紧螺钉
减压阀不起作用	1. 泄油口螺堵未拧出 2. 滑阀卡死 3. 油液不清洁,阻尼孔堵塞	1. 拧出螺堵,接上泄油管 2. 清洗或重配滑阀 3. 清洗阻尼孔,更换油液
顺序阀振动与噪音	1. 油管不适合,回油阻力过大 2. 油温过高	1. 降低回油阻力 2. 降温至规定温度
顺序阀动作压力与调定压力不符	1. 调压弹簧调压不当 2. 调压弹簧变形,无法调节最高压力 3. 滑阀卡死	1. 反复几次调整,至所需压力 2. 更换弹簧 3. 修理或更换滑阀
压力继电器无输出信号	1. 微动开关损坏或与微动开关相接的触头未调整好 2. 电气线路故障 3. 阀芯卡死或阻尼孔堵塞 4. 调节弹簧太硬或压力调得过高 5. 弹簧和顶杆装配不良,有卡滞现象	1. 更换微动开关,调整触头使之接触良好 2. 检查原因,排除故障 3. 清洗、修研,达到要求 4. 更换适宜的弹簧或按要求调节压力值 5. 重新装配,使动作灵敏
压力继电器灵敏度太差	1. 顶杆柱塞处或钢球与柱塞接触处摩擦力过大 2. 微动开关接触行程太长或调整螺钉、顶杆等调节不当 3. 阀芯移动不灵活	1. 重新装配,使动作灵敏 2. 合理调整 3. 清洗、修理阀芯,达到灵活

5.3 流量控制阀

流量控制阀是通过改变阀口过流面积来调节输出流量,从而控制执行元件运动速度的控制阀。常用的流量控制阀有节流阀、调速阀等。

5.3.1 节流阀

节流阀的结构如图 5-16 所示,液压油从进油口 A 流入,经节流口从出油口 B 流出。这种节流阀的节流通道呈轴向三角槽式。阀芯 1 在弹簧的作用下始终贴紧在推杆 3 上。调节手轮,借助推杆 3 可使阀芯 1 做轴向移动,从而改变节流口的通流截面积来调节流量。

试验表明,在压差、油温和黏度等因素不变的情况下,当节流阀开度很小时,流量会出现不稳定,甚至断流,这种现象称为阻塞。产生阻塞的主要原因是:节流口处高速液流产生局部高温,致使油液氧化生成胶质沥青等沉淀,这些生成物和油中原有杂质结合,在节流口表面逐步形成附着层,它不断堆积又不断被高速液流冲掉,流量就不断地发生波动,附着层堵死节流口时则出现断流。

阻塞造成系统执行元件速度不均,因此节流阀有一个能正常工作(指无断流且流量变化不大于 10%)的最小流量限制值,称为节流阀的最小稳定流量。

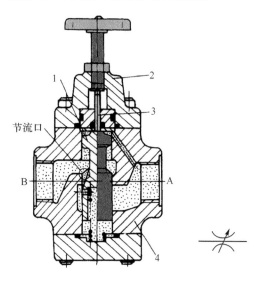

1—阀芯;2—阀盖;3—推杆;4—阀体

图 5-16 普通节流阀

在实际应用中,防止节流阀阻塞的措施主要是:

(1) 油液要精密过滤:实践证明,$5\sim10\ \mu m$ 的过滤精度能显著改善阻塞现象。为除去铁质污染,采用带磁性的过滤器效果更好。

(2) 节流阀两端压差要适当:压差太大,节流口能量损失大,温升高;对同等流量而言,压差大,对应的过流面积小,易引起阻塞。设计时一般取压差 $\Delta p = 0.2\sim0.3\ \text{MPa}$。

5.3.2 调速阀

调速阀是由定差减压阀与节流阀串联而成的组合阀。节流阀用来调节通过的流量,定差减压阀则自动补偿负载变化的影响,使节流阀前后的压差为定值,消除了负载变化对流量的影响。

如图 5-17 所示,定差减压阀 1 与节流阀 2 串联,设减压阀的进口压力为 p_1,油液经减压后

出口压力为 p_2，通过节流阀又降至 p_3，然后进入液压缸，则减压阀 a 腔、b 腔油压为 p_2，c 腔油压为 p_3。p_3 的大小由液压缸负载 F 决定。负载 F 变化，则 p_3 和调速阀进出口压差 (p_1-p_3) 随之变化，但节流阀两端压力差 (p_2-p_3) 却不变。例如 F 增大使 p_3 增大，即 c 腔液压作用力增大，阀芯左移，减压口开度增大，减压作用减小，使 p_2 有所增加，结果节流阀两端压差 (p_2-p_3) 保持不变；反之亦然。调速阀通过的流量因此就保持恒定，液压缸的速度也会保持恒定值。

普通调速阀的流量虽然基本上不受外部负载变化的影响，但是当流量较小时，节流口的通流面积较小，这时节流口的长度与通流截面直径的比值相对地增大，因而油液的黏度变化对流量的影响也增大，所以当油温升高后油的黏度变小时，流量仍会增大，为了减小温度对流量的影响，可以采用温度补偿调速阀。

调速阀适用于负载变化较大，速度平稳性要求较高的液压系统。例如，各类组合机床、车床、铣床等设备的液压系统常用调速阀调速。

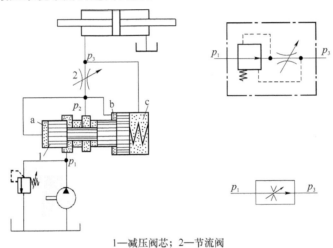

1—减压阀芯；2—节流阀

图 5-17　调速阀工作原理

5.3.3　分流集流阀

分流集流阀是分流阀、集流阀和分流集流阀的总称。分流阀的作用，是使液压系统中由同一个能源向两个执行元件供应相同的流量（等量分流），以实现两个执行元件的速度保持同步或定比关系。集流阀的作用，则是从两个执行元件收集等流量或按比例的回油量，以实现其间的速度同步或定比关系。分流集流阀则兼有分流阀和集流阀的功能。当油源向两相同液压缸供油时，通过分流集流阀的分流功能，可使两液压缸保持速度相同（同步）。当液压缸向油箱回油时，通过分流集流阀的集流作用，可使液压缸回程同步。

图 5-18(a) 为分流集流阀的结构图。阀芯 5、6 在各弹簧力作用下处于中间位置的平衡状态。分流工况如图 5-18(c) 所示，由于 p_0 大于 p_1 和 p_2，所以阀芯 5 和 6 处于相离状态，互相勾住。若负载压力 $p_4 > p_3$，如果阀芯仍留在中间位置，必然使 $p_2 > p_1$。这时连成一体的阀芯将左移，可变节流口 3 减小，使 p_1 上升，直至 $p_1 \approx p_2$，阀芯停止运动。由于两个固定节流孔 1 和 2 的面积相等，所以通过两个固定节流孔的流量 $q_1 \approx q_2$，而不受出口压力 p_3 及 p_4 变化的影响。

集流工况如图 5-18(d) 所示，由于 p_0 小于 p_1 和 p_2，故两阀芯处于互相压紧状态。设负载压力 $p_4 > p_3$，若阀芯仍留在中间位置，必然使 $p_2 > p_1$。这时压紧成一体的阀芯左移，可变

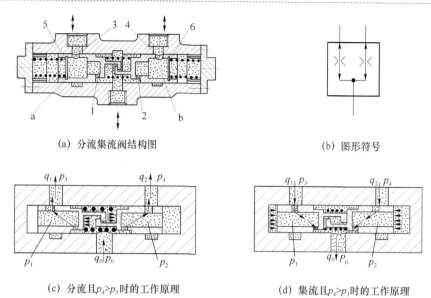

(a) 分流集流阀结构图　　　　(b) 图形符号

(c) 分流且$p_4>p_3$时的工作原理　　　(d) 集流且$p_4>p_3$时的工作原理

1、2—固定节流孔；3、4—可变节流孔；5、6—阀芯

图 5-18　分流集流阀

节流口 4 减小，使 p_2 下降，直至 $p_2 \approx p_1$，阀芯停止运动。故 $q_1 \approx q_2$，而不受进口压力 p_3 及 p_4 变化的影响。

5.3.4　流量控制阀的常见故障及排除方法

流量控制阀的常见故障及排除方法见表 5-5。

表 5-5　流量控制阀的常见故障及排除方法

故障现象	产生原因	排除方法
调整节流阀手柄无流量变化	1. 油液过脏，使节流口堵死 2. 手柄与节流阀芯装配位置不合适 3. 节流阀阀芯上连接失落或未装键 4. 节流阀阀芯因配合间隙过小或变形而卡死 5. 调节杆螺纹被脏物堵住，造成调节不良	1. 检查油质，过滤油液 2. 检查原因，重新装配 3. 更换键或补装键 4. 清洗，修配间隙或更换零件 5. 拆开清洗，重新装配
执行元件运动速度不稳定 （流量不稳定）	1. 节流口处有污物，造成时堵时通 2. 简式节流阀外载荷变化会引起流量变化 3. 油液过脏，堵死节流口或阻尼孔 4. 压力补偿阀动作不灵敏 5. 内泄和外泄使流量不稳定，造成执行元件工作速度不均匀	1. 拆开清洗，检查油质，若油质不合格应更换 2. 对外载荷变化大或要求执行元件运动速度非常平稳的系统，应改用调速阀 3. 清洗，检查油质，不合格的应更换 4. 检查并修理压力补偿阀 5. 消除泄漏，或更换元件
流量阀的泄漏	1. 阀芯与阀孔配合间隙过大 2. 油管与阀接头松动 3. 密封件损坏	1. 更换阀芯，重新调整 2. 紧固接头 3. 更换密封件

5.4 新型液压控制元件

5.4.1 插装阀(插装式锥阀或逻辑阀)

普通液压阀在流量小于 200～300 L/min 的系统中性能良好,但用于大流量系统并不一定具有良好的性能,特别是阀的集成更成为难题。20 世纪 70 年代初,插装阀的出现为此开辟了新途径。

二通插装阀由控制盖板 1、插装主阀(由阀套、弹簧、阀芯及密封件组成)、插装块体 5 和先导元件(置于控制盖板上,图中未画)组成,如图 5-19 所示。插装主阀采用插装式连接,阀芯 4 为锥形。根据不同的需要,阀芯 4 的锥端可开阻尼孔或节流三角槽,也可以是圆柱形阀芯。盖板 1 将插装主阀封装在插装块体 5 内,并沟通先导阀和主阀。通过主阀阀芯 4 的启闭,可对主油路的通断起控制作用。插装阀通过与各先导阀组合,可构成方向控制阀、压力控制阀和流量控制阀,并可进行复合控制。若干个不同控制功能的二通插装阀组装在一个或多个插装块体内,便组成液压回路。

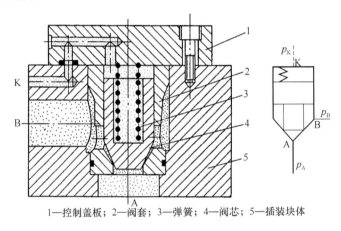

1—控制盖板;2—阀套;3—弹簧;4—阀芯;5—插装块体

图 5-19 二通插装阀

就工作原理而言,二通插装阀相当于一个液控单向阀。A 和 B 为主油路的两个仅有的工作油口(所以称为二通阀),K 为控制油口。通过控制油口的启闭和对压力大小的控制,即可控制主阀阀芯的启闭和油口 A、B 的流向和压力。当控制油口 K 接通油箱时 $p_K=0$,锥阀下部的液压力超过弹簧力时,锥阀打开,使油路 A、B 连通。这时若 $p_A>p_B$,则油由 A 流向 B;若 $p_B>p_A$,则油由 B 流向 A。当 $p_K \geqslant p_A$,$p_K \geqslant p_B$ 时,锥阀关闭,A、B 不通。

1. 插装式方向控制阀

图 5-20 给出几个二通插装方向控制阀的实例。图 5-20(a)表示用作单向阀。设 A、B 两腔的压力分别为 p_A 和 p_B,当 $p_A>p_B$ 时,锥阀关闭,A 和 B 不通;当 $p_A<p_B$,且 p_B 达到一定数值(开启压力)时,便打开锥阀使油液从 B 流向 A。图 5-20(b)表示将 B 腔和 K 腔连通,构成油液可从 A 流向 B 的单向阀。图 5-20(c)用作二位二通换向阀,在图示状态下,电磁换向阀左位,油液只能由 B 流向 A;当电磁阀通电时,K 与油箱连通,油液也可由 A 流向 B。图 5-20(d)用作二位四通换向阀,在图示状态下,A 和 O、P 和 B 连通;当二位四通阀通电时,

A 和 P、B 和 O 连通。用多个先导阀(如上述各电磁阀)和多个主阀相配,可构成复杂的组合二通插装换向阀,这是普通换向阀做不到的。

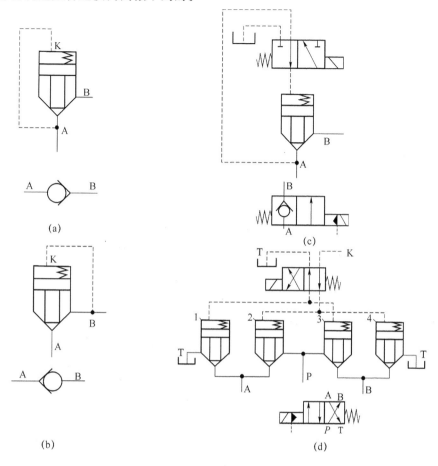

图 5-20　插装式方向控制阀

2. 插装式压力控制阀

对 K 腔采用压力控制可构成各种压力控制阀,其结构原理如图 5-21(a)所示。用直动式溢流阀作为先导阀来控制插装主阀,在不同的油路连接下便构成不同的压力阀。图 5-21(b)表示 B 腔通油箱,可用作溢流阀。当 A 腔油压升高到先导阀调定的压力时,先导阀打开,油液流过主阀芯上阻尼孔时造成两端压差,使主阀芯克服弹簧阻力开启,A 腔压力油便通过打开的阀口经 B 溢回油箱,实现溢流稳压。当二位二通阀通电时,便可作为卸荷阀使用。图 5-21(c)表示 B 腔接压力油路,则构成顺序阀。此外,若主阀采用油口常开的圆锥阀芯,则可构成二通插装减压阀;若以比例溢流阀作先导阀,代替图中直动式溢流阀,则可构成二通插装电液比例溢流阀。

3. 插装式流量控制阀

在二通插装方向控制阀的盖板上增加阀芯行程调节器,调节阀芯开口的大小,就构成了一个插装式可调节流阀,如图 5-22 所示。这个插装阀的锥阀芯上开有三角槽,用以调节流量。若用比例电磁铁取代节流阀的手调装置,则可组成插装比例节流阀。若在插装节流阀前串联一个定差减压阀,就可组成插装调速阀。

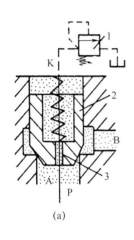 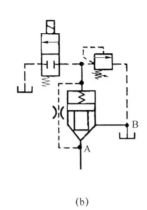 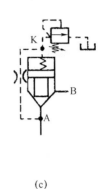

(a)　　　　　　　　(b)　　　　　　(c)

1—先导阀；2—主阀芯；3—阻尼孔

图 5-21　插装式压力控制阀

4. 二通插装阀及其集成系统的特点

（1）插装阀结构简单，通流能力大，故用通径很小的先导阀与之配合便可构成通径很大的各种二通插装阀，最大流量可达 10 000 L/min。

（2）不同的阀有相同的插装主阀，一阀多能，便于实现标准化。

（3）泄漏小，便于无管连接，先导阀功率小，具有明显的节能效果。

二通插装阀目前广泛用于冶金、船舶、塑料机械等大流量系统中。

图 5-22　插装式节流阀

5.4.2　叠加阀

叠加式液压阀简称叠加阀，它是在板式阀集成化基础上发展起来的新型液压元件。这种阀既具有板式液压阀的工作功能，其阀体本身又具有通道体的作用，从而能用其上、下安装面呈叠加式无管连接，组成集成化液压系统。

目前，叠加阀的生产已形成系列，每一种通径系列的叠加阀的主油路通道和螺钉孔的大小、位置、数量与相应通径的主换向阀相同，只要将同一通径系列的叠加阀按一定次序叠加起来，加上电磁阀或电液换向阀，再用螺栓和螺母紧固，即可组成各种典型的液压系统。叠加阀的工作原理与普通液压阀相似，叠加阀的分类按功用的不同分为压力控制阀、流量控制阀和方向控制阀。

叠加阀系统如图 5-23 所示。主换向阀安装在最上面，与执行元件连接的底板放在最下面，而控制油液压力、流量或单向流动的阀则安装在换向阀与底板之间，其顺序应按子系统动作要求安排。

由叠加阀组成的液压系统具有结构紧凑、配置灵活、占地面积小、系统设计制造周期短、标准化程度高等优点，是一种很有发展前途的液压控制阀类。

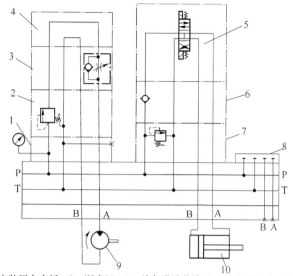

1—安装压力表板；2—顺序阀；3—单向进油节流阀；4—顶板；5—换向阀；
6—单向阀；7—溢流阀；8—备用回路板；9—液压马达；10—液压缸

图 5-23 叠加阀系统

5.4.3 电液比例控制阀

电液比例控制阀(简称比例阀)是根据工作机构的动作要求对其液压系统的压力、流量等参数进行连续控制或进行较高精度控制的液压元件。它与普通液压阀的主要区别在于其阀芯的运动是采用比例电磁铁控制，使输出的压力或流量与输入的电流成正比。比例阀的采用使液压系统简化，所用液压元件数大为减少，且可用计算机控制，自动化程度明显提高。

比例阀常用直流比例电磁铁控制，比例电磁铁吸力的大小与通过其线圈的直流电流成正比。电磁铁的前端都附有位移传感器，它的作用是检测比例电磁铁的行程，并向放大器发出反馈信号。电放大器将输入信号与反馈信号比较后再向电磁铁发出纠正信号，以补偿误差，保证阀有准确的输出参数。这样可保证它的输出压力和流量不受负载变化的影响。

比例阀分为压力阀、流量阀和方向阀三大类。

用比例电磁铁代替直动型溢流阀的手调装置，构成直动型比例溢流阀，如图 5-24 所示。比例电磁铁 2 的推杆 3 对调压弹簧施加推力，随着输入电信号强度的变化，即可改变调压弹簧的压缩量，该阀便连续地或按比例地远程控制其输出油液的压力。

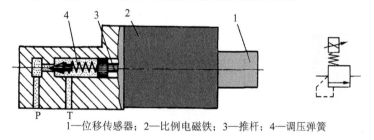

1—位移传感器；2—比例电磁铁；3—推杆；4—调压弹簧

图 5-24 直动型比例溢流阀

把直动型比例溢流阀作先导阀与普通压力阀的主阀相配，可构成先导型比例溢流阀、比例减压阀和比例顺序阀。

用比例电磁铁代替节流阀或调速阀的手调装置,根据输入电信号强度的变化控制节流口的开度,可构成比例调速阀。

用比例电磁铁代替电磁换向阀中的普通电磁铁,可构成直动型比例方向阀。比例电磁铁可控制阀芯换位,且换位的行程可连续地或按比例地变化,因而连通油口间的通流面积也可连续地或按比例地变化,所以比例换向阀不仅能控制执行元件的运动方向,而且能控制其运动速度。

5.4.4 电液数字控制阀(简称数字阀)

用计算机对电液系统进行控制是今后技术发展的必然趋势。但电液比例阀或伺服阀能接收的信号是连续变化的电压或电流,而计算机的指令是"开"或"关"的数字信息,要用计算机控制必须进行"数-模"转换,结果使设备复杂,成本提高,可靠性降低。在这种技术要求下,20世纪80年代初期出现了数字阀,全面解决了上述问题。

计算机数字控制的方法有多种,当今技术较成熟的是增量式数字阀,即用步进电机驱动液压阀。已有数字流量阀、数字压力阀和数字方向流量阀等系列产品。步进电机能接受计算机发出的经驱动电源放大的脉冲信号,每接收一个脉冲便转动一定角度。步进电机的转动又通过凸轮或丝杠等机构转换成直线位移量,从而推动阀芯,实现液压阀对方向、流量或压力的控制。图5-25所示为增量式数字流量阀。计算机发出信号后,步进电机1转动,通过滚珠丝杠2转化为轴向位移,带动节流阀阀芯3移动。该阀有两个节流口,阀芯移动时,首先打开右边的非全周节流口,流量较小;继续移动,则打开左边的第二个全周节流口,流量较大,可达3 600 L/min。该阀的流量由阀芯3、阀套4及连杆5的相对热膨胀取得温度补偿,维持流量恒定。

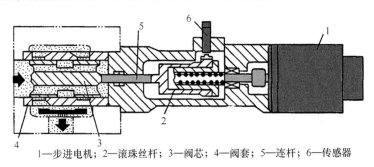

1—步进电机;2—滚珠丝杆;3—阀芯;4—阀套;5—连杆;6—传感器

图5-25 数字式流量阀

这种阀无反馈功能,但装有零位移传感器6,在每个控制周期终了时,阀芯都可在它的控制下回到零位。这样就保证每个工作周期都在相同的位置开始,使阀有较高的重复精度。

5.5 技能训练 液压阀的拆装

1. 训练目的

(1) 了解各类阀的不同用途、控制方式、结构形式、连接方式及性能特点。

(2) 掌握阀的工作原理(弄懂为使液压控制元件正常工作,其主要零件所起的作用)及调节方法。

(3) 初步掌握常用液压控制元件的常见故障及排除方法,培养学生的实际动手能力和分析问题、解决问题的能力。

2. 训练设备和工具

(1) 实物：常用液压控制阀(液压控制阀的种类、型号甚多,建议结合本章的内容,根据学生数的多少,选择典型的方向控制阀、压力控制阀和流量控制阀)。

(2) 工具：内六角扳手、耐油橡胶板、油盆及钳工常用工具。

3. 训练内容与注意事项

(1) 方向控制阀的拆装

以 34DM-B6C 三位四通电磁换向阀的拆装为例(结构参见图 5-7)。

① 拆　卸

松开电磁换向阀一端的螺钉→取下螺钉和电磁铁→松开换向阀另一端的电磁螺钉→取下螺钉和电磁铁→取下阀两端O形密封圈座→取下O形密封圈→取出弹簧→取出弹簧座→拿出推杆→取出阀芯。

② 结构观察

34DM-B6C 三位四通电磁换向阀主要由电磁铁、O形圈座、O形密封圈、弹簧、弹簧座、推杆、阀体、阀芯等零件组成,并通过螺钉将电磁铁与阀体连接成一体。

③ 装　配

将各零件用汽油清洗干净→将阀芯及阀体涂少许液压油,并将阀芯放入阀体内→将推杆放入弹簧座→将弹簧座放入阀体→放入弹簧→O形圈座上放入O形密封圈→放入挡板→放入O形圈座→将推杆插入电磁铁内孔→用螺钉将电磁铁与阀体紧固在一起。

(2) 压力控制阀的拆装

以 YF 型先导溢流阀的拆装为例(结构参见图 5-12)。

① 拆　卸

将先导阀内六角螺钉松开并取下→使先导阀与主阀分开。

取出主阀O形圈→轻轻取出主阀芯→取下主阀弹簧。

松开先导阀锁紧螺母→旋下调压手轮→松开主螺母→取出弹簧座、弹簧及锥阀→松开下端远控口螺栓,取下螺栓及密封垫→用铜棒轻轻敲击取出阀座。

② 结构观察

YF 先导式溢流阀由调压手轮、锁紧螺母、固定螺母、导向弹簧座、调压弹簧、锥阀、锥阀座、垫圈、螺栓、螺钉、阀体、O形密封圈、主阀芯、主阀座、主阀弹簧组成。

③ 装　配

将各零件用汽油清洗干净→先将锥阀座轻轻敲入孔内→装上密封垫圈和螺栓并紧固→将锥阀、调压弹簧、定位弹簧座串在一起放入先导阀体内→将调压手轮、锁紧螺母、固定螺母旋合在一起→然后旋入阀体上→主阀上放入O形圈→主阀芯及阀孔上涂少许液压油→将主阀芯装入阀孔→将主弹簧放入先导阀座孔→然后将先导阀与主阀定位连接在一起→用内六角螺钉将阀紧固。

(3) 流量阀的拆装

以 LF 型节流阀的拆装为例(结构参见图 5-16)。

① 拆　卸

松开锁紧螺母→旋出手轮及螺钉→松开并旋出阀盖→倒立取出阀芯→取下阀芯上的O

形密封圈。
② 观　察
LF型节流阀主要由节流手轮及螺钉、锁紧螺母、螺盖、节流阀芯、O形密封圈和阀体等组成。
③ 装　配
用汽油将各零件清洗干净→将O形密封圈装入节流阀芯上→将节流阀芯涂液压油后放入阀孔内→装上螺盖并拧紧→将锁紧螺钉旋入节流手轮螺钉上→然后旋入螺盖内。

(4) 注意事项
① 零件按拆下的先后顺序摆放。
② 仔细观察各零件结构及所在的位置。
③ 切勿将零件表面,特别是阀体内孔、阀芯表面磕碰划伤。
④ 装配时注意配合表面涂少许液压油。

4. 讨　论
(1) 电磁换向阀左右电磁铁都不得电时,阀芯如何对中?
(2) 电磁换向阀的泄油口有何功用?
(3) 先导式溢流阀的导阀和主阀分别是由哪些零件组成的?
(5) 先导式溢流阀的远程控制口有何功用? 如何实现溢流阀的远程调压和卸荷?
(6) 调速阀与节流阀的主要区别是什么?

5.6　思考练习题

5-1　分别说明O型、M型、Y型、P型和H型三位四通换向阀在中间位置时的性能特点。

5-2　溢流阀、减压阀和顺序阀各有什么作用? 它们在原理上、结构上和图形符号上有何异同。

5-3　用先导式溢流阀调节液压泵的压力,但不论如何调节手轮,压力表显示的泵压都很低。把阀拆下检查,看到各零件都完好无损,试分析液压泵压力低的原因;如果压力表显示的泵压都很高,试分析液压泵压力高的原因。(分析时参见先导式溢流阀工作原理图)

5-4　如题 5-4 图所示,两液压系统中溢流阀的调定压力分别为 $p_A=4$ MPa, $p_B=3$ MPa, $p_C=5$ MPa。试求在系统的负载趋于无限大时,液压泵的工作压力各为多少?

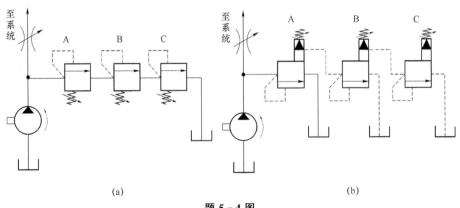

题 5-4 图

5-5 背压阀的作用是什么？哪些阀可以做背压阀？

5-6 如题5-6图所示两阀组中，设两减压阀调定压力一大一小（$p_A > p_B$），并且所在支路有足够的负载。说明支路的出口压力取决于哪个减压阀？为什么？

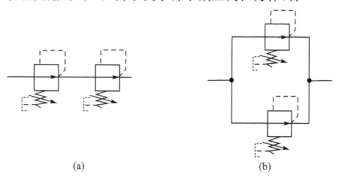

题 5-6 图

5-7 如题5-7图所示，顺序阀的调定压力为 $p_X = 3$ MPa，溢流阀的调定压力为 $p_Y = 5$ MPa，试求在下列情况下 A、B 点的压力是多少？

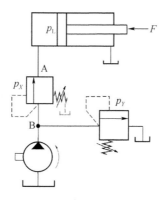

题 5-7 图

(1) 液压缸运动时，负载压强 $p_L = 4$ MPa；
(2) 负载压力 $p_L = 1$ MPa；
(3) 活塞运动到右端时。

5-8 为什么调速阀能够使执行元件的速度稳定？

5-9 插装阀的基本结构和工作原理是什么？

5-10 在系统有足够负载的情况下，先导式溢流阀、减压阀及调速阀的进、出油口可否对调工作？若对调会出现什么现象？

第6章 液压辅助元件

液压辅助元件是液压系统的组成部分之一,它包括滤油器、蓄能器、油箱、管件、密封件、压力表和压力表开关等。除油箱通常需要自行设计外,其余皆为标准件。本章介绍一些常用的液压辅助元件。

6.1 蓄能器

蓄能器是一种能将具有液压能的液压油贮存起来,并在系统需要时再将其释放出来的贮能装置,其功能类似人体的肝脏。

6.1.1 蓄能器的结构和性能

蓄能器主要有重锤式、弹簧式和充气式(活塞式、皮囊式、隔膜式)三类,如图6-1所示。目前常用的是利用气体压缩和膨胀来储存、释放液压能的充气式蓄能器,它主要有活塞式和皮囊式两种。

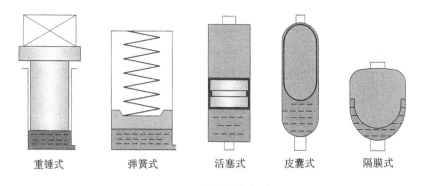

图6-1 蓄能器的类型

1. 活塞式蓄能器

活塞式蓄能器有一个液体腔和一个气体腔,液体腔和气体腔由活塞隔开,其结构如图6-2所示。活塞1的上部气体腔由气阀3预先充入压缩气体(一般为氮气),其下部液体腔经油孔a通向液压系统。当液压系统油压升高时,液体推动活塞1上移,液体充入下腔,上腔气体受到压缩体积变小;当液压系统油压降低时,压缩气体膨胀,推动活塞1下移,将液体推入液压系统中。活塞1随下腔压力油的储存和释放而在缸筒2内来回滑动。这种蓄能器主要用于大体积和大流量工作场合。其优点是气体不易混入油液中,所以油不易氧化,系统工作较平稳,结构简单,工作可靠,安装容易,维护方便,寿命长。缺点是由于活塞惯性大,及O型密封圈的存在有摩擦阻力,反应不够灵敏。主要用于储能,不适于吸收压力脉动和压力冲击。

2. 皮囊式蓄能器

皮囊式蓄能器有一个液体腔和一个气体腔,液体腔和气体腔由皮囊3隔开,其结构、实物及图形符号如图 6-3 所示。皮囊 3 用耐油橡胶制成,固定在耐高压的壳体 2 上部。皮囊 3 内充入惰性气体(一般为氮气),皮囊 3 外围的液体腔与液压系统相连。当液压系统油压升高时,液体充入皮囊 3 外围的液体腔,皮囊 3 内气体受到压缩体积变小;当液压系统油压降低时,气体膨胀皮囊 3 变大,将液体推入液压系统中。皮囊 3 随压力油的储存和释放而在壳体内变小和变大。壳体 2 下端的提升阀 4 是一个用弹簧加载的菌形阀,压力油从此通入,并能在油液全部排出时,防止皮囊膨胀挤出油口。这种结构蓄能器使气液密封可靠,并且因皮囊惯性小,反应灵敏,容易维护。缺点是气囊及壳体制造困难,工艺性较差。

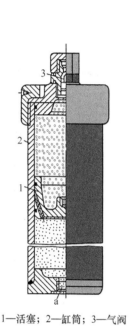

1—活塞;2—缸筒;3—气阀

图 6-2 活塞式蓄能器

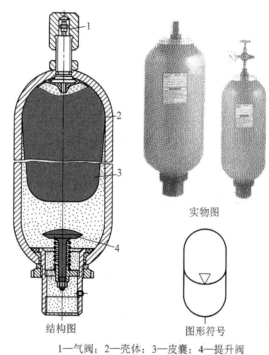

1—气阀;2—壳体;3—皮囊;4—提升阀

图 6-3 皮囊式蓄能器

6.1.2 蓄能器的用途

1. 作辅助动力源

工作时间较短的间歇工作系统或一个循环内速度差别很大的系统,在系统不需要大流量时,可以把液压泵输出的多余压力油液储存在蓄能器内,到需要时再由蓄能器快速释放给系统。这样就可以选用流量等于液压系统循环周期内平均流量较小的液压泵,以减小电动机功率消耗,降低系统温升。

2. 维持系统压力

在液压泵停止向系统提供油液的情况下,蓄能器将所存储的压力油液供给系统,补偿系统泄漏或充当应急能源使系统在一段时间内维持系统压力,避免油源突然中断所造成的机件损坏。

3. 吸收系统脉动,缓和液压冲击

蓄能器能吸收系统在液压泵突然启动或停止、液压阀突然关闭或开启、液压缸突然运动或停止时所出现的液压冲击,也能吸收液压泵工作时的压力脉动。

6.1.3 蓄能器的安装与使用

蓄能器在液压回路中的安放位置随其功用不同而变化:吸收液压冲击或压力脉动时宜放在冲击源或脉动源近旁;补油保压时宜放在尽可能接近有关的执行元件处。使用蓄能器须注意如下几点:

(1) 蓄能器是压力容器,使用时要注意安全。搬运及拆装时要先排出充入的压缩气体。

(2) 蓄能器中应充氮气,禁止充氧气,以免引起爆炸。

(3) 不能在充油状态下拆卸蓄能器,蓄能器的铭牌应置于醒目的位置。

(4) 应尽可能将蓄能器安装在靠近振动源处,以吸收冲击和脉动压力,但要远离热源。

(5) 皮囊式蓄能器应垂直安装,油口向下安装方式一般应是立式的(气阀在顶部),必要时也允许卧式安装,其上方应留有至少 150 mm 的空间,用于充氮气或检测。安装在管路上的蓄能器须用支板和支架固定。

(6) 蓄能器与液压泵之间要设置单向阀,以防止压力油向泵倒流;蓄能器与液压系统之间要设置截止阀,供蓄能器充气、调整和检修时使用。

6.2 滤油器

6.2.1 滤油器的功用及过滤精度

1. 滤油器的功用

滤油器的功用是过滤油液中的杂质,降低液压系统中油液的污染度,以减少相对运动件的磨损和卡死等,并防止节流阀、油道和小孔堵塞,保证系统正常工作。

2. 滤油器的过滤精度

过滤精度是指通过滤芯的最大硬颗粒的大小,以其直径 d 的公称尺寸(单位 μm)表示。滤油器按其过滤精度的不同,有粗过滤器、普通过滤器、精密过滤器和特精过滤器四种。其颗粒越小,精度越高。精度分粗($d \geqslant 100\ \mu m$)、普通($d \geqslant 10 \sim 100\ \mu m$)、精($d \geqslant 5 \sim 10\ \mu m$)和特精($d \geqslant 1 \sim 5\ \mu m$)四个等级。不同液压系统有不同的过滤精度要求,具体内容见表 6-1。

表 6-1 各种液压系统的过滤精度要求

系统类别	润滑系统	传动系统			伺服系统
工作压力 p/MPa	0~2.5	<14	14~32	>32	≤21
精度 $d/\mu m$	≤100	25~50	≤25	≤10	≤5

6.2.2 滤油器的类型及结构

按滤芯的材料和结构形式的不同,滤油器可分为网式、线隙式、纸芯式、烧结式滤油器及磁性滤油器等。按滤油器安放的位置不同,还可以分为吸滤器、压滤器和回流过滤器。

1. 网式滤油器

图 6-4 所示为网式滤油器,在周围开有很多窗孔的塑料或金属筒形骨架 2 上,包着一层或两层铜丝网 3。过滤精度由网孔大小和层数决定,有 80 μm、100 μm 和 180 μm 三个等级。网式滤油器结构简单,清洗方便,通油能力大,但过滤精度低,常用于吸油管路作吸滤器,对油液进行粗滤。

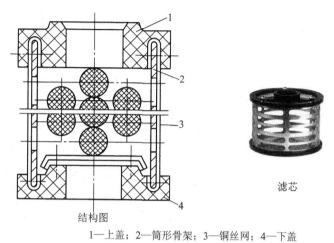

结构图　　　　　　　　　滤芯

1—上盖；2—筒形骨架；3—铜丝网；4—下盖

图 6-4　网式滤油器

2. 烧结式滤油器

图 6-5 所示为金属烧结式滤油器,其由端盖 1、壳体 2、滤芯 3 组成。滤芯可按需要制成不同的形状。选择不同粒度的粉末烧结成不同厚度的滤芯,可以获得不同的过滤精度(10~100 μm 之间)。烧结式滤油器的过滤精度较高,滤芯的强度高,抗冲击性能好,能在较高的温度下工作,有良好的抗腐蚀性,且制造简单,它可用在不同的位置。缺点是易堵塞,难清洗,烧结颗粒使用中可能会脱落,再次造成油液的污染。

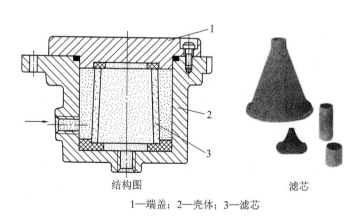

结构图　　　　　　　　　滤芯

1—端盖；2—壳体；3—滤芯

图 6-5　金属粉末烧结式滤油器

3. 线隙式滤油器

图 6-6 所示为线隙式滤油器。它用铜线或铝线 2 密绕在筒形芯架 1 的外部来组成滤芯,

并装在壳体 3 内(用于吸油管路上的滤油器无壳体)。油液经线间间隙和芯架槽孔流入滤油器内,再从上部孔道流出。这种滤油器结构简单,通油能力大,过滤效果好,可用做吸滤器或回流过滤器,但不易清洗。

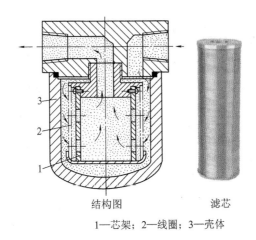

结构图　　　　　滤芯
1—芯架；2—线圈；3—壳体

图 6-6　线隙式滤油器

4. 纸芯式滤油器

纸芯式滤油器又称纸质滤油器。图 6-7 所示为纸质滤油器的结构,滤芯由三层组成:外层 2 为粗眼钢板网,中层 3 为折叠成星状的滤纸,里层 4 由金属丝网与滤纸折叠组成。这样就提高了滤芯强度,延长了寿命。纸质滤油器的过滤精度高($5\sim30~\mu m$),可在高压($38~MPa$)下工作,结构紧凑、通油能力大,一般配备壳体后用做压滤器。其缺点是无法清洗,需经常更换滤芯。

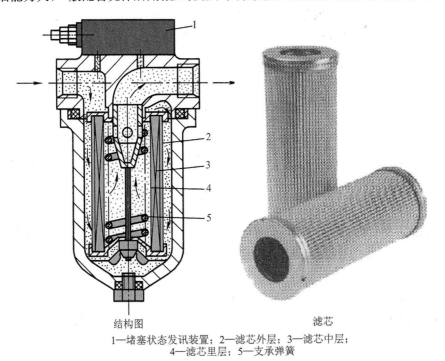

结构图　　　　　滤芯
1—堵塞状态发讯装置；2—滤芯外层；3—滤芯中层；
4—滤芯里层；5—支承弹簧

图 6-7　纸芯式滤油器

纸质滤油器的滤芯能承受的压力差较小(0.35 MPa),为了保证滤油器能正常工作,不致因杂质逐渐聚积在滤芯上引起压差增大而压破纸芯,故滤油器顶部装有堵塞状态发讯装置。发讯装置与滤油器并联,其工作原理如图 6-8 所示。滤芯进油和出油的压差作用在活塞 2 上,与弹簧 5 的推力相平衡。当滤芯逐渐堵塞时,压差加大,推动活塞 2 和永久磁铁 4 右移,感簧管 6 受磁铁 4 作用吸合,接通电路,报警器 7 发出堵塞信号:发亮或发声,提醒操作人员更换滤芯。

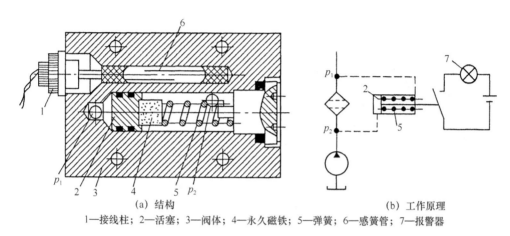

(a) 结构　　　　　　　　　　(b) 工作原理
1—接线柱;2—活塞;3—阀体;4—永久磁铁;5—弹簧;6—感簧管;7—报警器

图 6-8　堵塞状态发讯装置

6.2.3　滤油器的安装

常见的过滤器安装位置如图 6-9 所示。

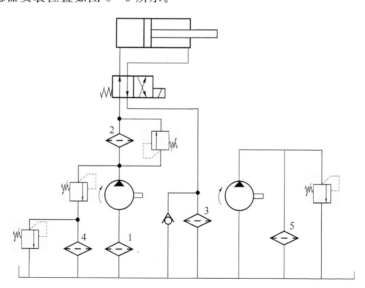

1—安装在吸油管路上;2—安装在压油管路上;
3—安装在回油路上;4—安装在旁路上;5—单独过滤系统

图 6-9　过滤器的安装位置

6.3 油管及管接头

油管和管接头的选用原则保证管中油液做层流流动,管路尽量短,以减小压力损失;要根据工作压力、安装位置确定管材与连接结构;与泵、阀等连接时应由其接口尺寸决定管径。

6.3.1 油管

油管的种类和适用场合见表6-2。

表6-2 油管的种类和适用场合

种类	特点和适用范围
钢管	价廉、耐油、抗腐、刚性好,但装配时不易弯曲成形;常在装拆方便处用作压力油管;中压以上用无缝钢管,低压用焊接钢管
紫铜管	价高、抗振能力差、易使油液氧化,但易弯曲成形,只用于仪表和装配不便处
尼龙管	乳白色半透明,可观察流动情况;加热后可任意弯曲成形和扩口,冷却后即定形;承压能力因材料而异,其值为2.8~8 MPa之间
塑料管	耐油、价低、装配方便,长期使用会老化,只用作低于0.5 MPa的回油管与泄油管
橡胶管	用于相对运动间的连接,分高压和低压两种;高压胶管由耐油橡胶夹钢丝编织网(层数越多耐压越高)制成,价高,用于压力回路;低压胶管由耐油橡胶夹帆布制成,用于回油管路

6.3.2 管接头

管接头是油管和油管、油管和其他元件(如泵、阀、集成块等)之间的可拆卸连接件。管接头与其他元件之间可采用普通细牙螺纹连接或锥螺纹连接(多用于中低压),如图6-10所示。

1. 硬管接头

按管接头和油管的连接方式分,有扩口式管接头、卡套式管接头和焊接式管接头三种。

图6-10(a)所示为扩口式管接头,它适用于紫铜管、薄钢管、尼龙管和塑料管等低压油管的连接。拧紧接头螺母,通过管套就使管子压紧密封。

图6-10(b)所示为卡套式管接头。拧紧接头螺母,卡套发生弹性变形便将管子夹紧。它对轴向尺寸要求不严,装拆方便,但对油管连接处尺寸精度要求较高,需采用冷拔无缝钢管。用于高压系统。

图6-10(c)和6-10(d)所示为焊接式管接头。接管与接头体之间的密封方式有球面与锥面接触密封(如图6-10(c)所示)和平面加O形圈密封(如图6-10(d)所示)两种。前者有自位性,密封可靠性稍差,适用于工作压力不高的液压系统(约8 MPa以下的系统);后者可用于高压系统。

2. 胶管接头

胶管接头有可拆式和扣压式两种,各有A、B、C三种类型。随管径不同可用于工作压力在6~40 MPa的系统。图6-11为A型扣压式胶管接头,装配时须剥离外胶层,然后在专门设备上扣压而成。

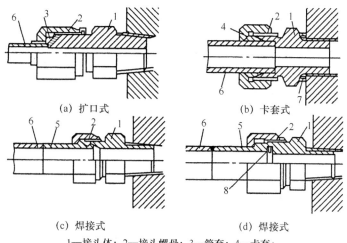

(a) 扩口式　　　　　　(b) 卡套式

(c) 焊接式　　　　　　(d) 焊接式

1—接头体；2—接头螺母；3—管套；4—卡套；
5—接管；6—管子；7—组合密封垫圈；8—O形密封圈

图 6-10　硬管接头

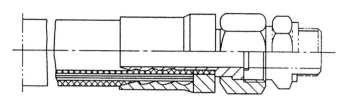

图 6-11　扣压式胶管接头

3. 快速接头

快速接头的全称为快速装拆管接头，它的装拆无需工具，适用于需经常装拆处。图 6-12 所示为油路接通的工作位置。需要断开油路时，可用力把外套 6 向左推，再拉出内接头体 10，钢球 8（有 6~8 颗）即从内接头体 10 的槽中退出；与此同时，单向阀 4、11 的锥形阀芯，分别在弹簧 3、12 的作用下将两个阀口关闭，油路即断开。

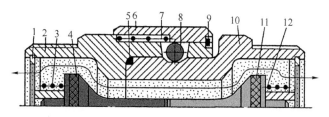

1—卡环；2—外接头体；3、7、12—弹簧；4、11—单向阀；
5—密封圈；6—外套；8—钢球；9—卡环；10—内接头体

图 6-12　快速接头

6.4　油　箱

6.4.1　油箱的作用

液压油箱的主要作用是：
（1）储放系统工作用油；

(2) 散发系统工作中产生的热量;
(3) 分离油液中混入的空气;
(4) 沉淀污物。

6.4.2 油箱的结构

为了在相同的容量下得到最大的散热面积,油箱外形以立方体或长六面体为宜。油箱的顶盖上一般要安放泵和电机(也有的置于油箱旁边或油箱下面)以及阀的集成装置等,这基本决定了箱盖的尺寸;油面最高只允许达到箱高的80%。据此两点可决定油箱的三个方向上的尺寸。油箱一般用2.5~4 mm的钢板焊成,顶盖要适当加厚并用螺钉通过焊在箱体上的角钢加以固定。顶盖可以是整体的,也可分为几块。泵、电机和阀的集成装置可直接固定在顶盖上,也可固定在图6-13所示安装板上,安装板与顶盖间应垫上橡胶板以缓和振动。油箱底脚高度应在150 mm以上,以便散热、搬移和放油。油箱四周要有吊耳,以便起吊装运。油箱应有足够的刚度,大容量且较高的油箱要采用骨架式结构。油箱结构示意图见图6-13。

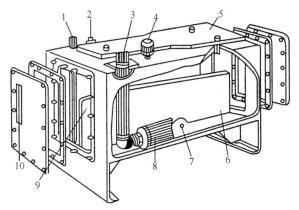

1—回油管;2—卸油管;3—吸油管;4—空气滤清器;5—安装板;
6—隔板;7—放油口;8—滤油器;9—清洗窗;10—液位计

图6-13 油箱结构示意图

设计与使用油箱时要注意的问题如下。

1. 吸、回、泄油管的设置

泵的吸油管与系统回油管之间的距离应尽可能远些,管口都应插于最低油面之下,但离箱底要大于管径的2~3倍,以免吸空和飞溅起泡。回油管口应截成45°斜角,以增大通流截面,并面向箱壁,以利散热和沉淀杂质。吸油管端部所安装的滤油器,离箱壁要有3倍管径的距离,以便四面进油。阀的泄油管口应在液面之上,以免产生背压;液压马达和泵的泄油管则应引入液面之下,以免吸入空气。

2. 隔板的设置

在油箱中设置隔板的目的是将吸、回油隔开,使油液循环流动,利于散热和沉淀。

3. 空气滤清器与液位计的设置

空气滤清器的作用是:使油箱与大气相通,保证泵的自吸能力,滤除空气中的灰尘杂物;兼作加油口用。它一般布置在顶盖上靠近油箱边缘处。液位计用于监测油面高度,故其窗口尺寸应能满足对最高与最低液位的观察。两者皆为标准件,可按需要选用。

4. 放油口与清洗窗的设置

图中油箱底面做成斜面,在最低处设放油口,平时用螺塞堵住,换油时将其打开放走污油。换油时为便于清洗油箱,大容量的油箱一般均在侧壁设清洗窗,其位置安排应便于吸油滤油器的装拆。

5. 防污密封

油箱盖板和窗口连接处均需加密封垫,各进、出油管通过的孔都需要装有密封垫。

6. 油温控制

油箱正常工作温度应在 15～65 ℃ 之间,必要时安装温度计、温控器和热交换器。

7. 油箱内壁加工

新油箱经喷丸、酸洗和表面清洁后,四壁可涂一层与工作液相容的塑料薄膜或耐油清漆。

6.5 压力表及压力表开关

6.5.1 压力表

压力表可观测液压系统中各工作点的压力,以便控制和调整系统压力。液压中最常用的压力表是弹簧弯管式压力表,如图 6-14 所示。弹簧弯管 1 是一根弯成 C 字形、其横截面呈扁圆形的空心金属管,它的封闭端通过传动机构与指针 2 相连,另一端与进油管接头相连。测量压力时,压力油进入弹簧管的内腔,使管内产生弹性变形,导致它的封闭端向外扩张偏移,拉动杠杆 4,使扇形齿轮 5 摆动,与其啮合的小齿轮 6 便带动指针偏转,即可从刻度盘 3 上读出压力值。

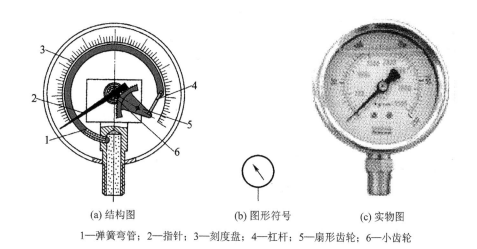

(a) 结构图　　(b) 图形符号　　(c) 实物图

1—弹簧弯管;2—指针;3—刻度盘;4—杠杆;5—扇形齿轮;6—小齿轮

图 6-14　弹簧弯管式压力表

6.5.2 压力表开关

压力表开关用于切断或接通压力表和油路的通道。压力表开关的通道很小,有阻尼作用。

测压时可减轻压力表的急剧跳动,防止压力表损坏。在无需测压时,用它切断油路,亦保护了压力表。压力表开关按其所能测量的测点数目分为一点和多点的若干种。多点压力表开关可使一个压力表分别和几个被测油路相接通,以测量几部分油路的压力。

图6-15为板式连接的压力表开关结构原理图。图示位置是非测量位置。此时压力表与油箱接通。若将手柄推进去,使阀芯的沟槽S将测量点A与压力表接通,并将压力表连接油箱的通道隔断,便可测出A点的压力。若将手柄转到另一位置,便可测出另一点B的压力。

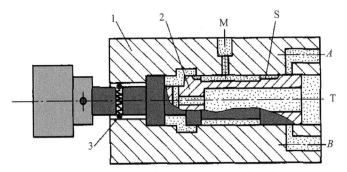

1—阀体;2—阀芯;3—定位钢球;
M—压边表接口;S—沟槽;A、B—测压接口;T—油箱接口

图6-15 压力表开关

6.6 思考练习题

6-1 液压系统中常用的油管有哪几种?它们的适用范围有何不同?

6-2 常用的管接头有哪几种形式?各适用于什么场合?

6-3 过滤器有哪几种类型?各有什么特点?一般安装在什么位置?

6-4 蓄能器有什么功用?安装与使用蓄能器时要注意哪些问题?

6-5 油箱有哪些功用?设计与使用油箱时要注意哪些问题?

第7章 液压基本回路

液压元件要真正实现它们的功能,必须按照一定的方式和方法连接起来组成一个完整的液压系统,而任何液压传动和控制系统都是由一些基本液压回路组成的。所谓液压基本回路就是由相关的液压元件组成,用来完成某种特定功能的液压元件组合。按照不同的分类方法,液压回路可分成很多种。通常把液压回路按照功能分为压力控制回路、速度控制回路、方向控制回路、多缸工作控制回路等。掌握了各种基本回路的组成、工作过程和特点,才能分析各种各样的回路。

7.1 压力控制回路

控制或调节液压系统主油路或某一支路压力的回路叫压力控制回路。利用压力控制回路可实现对系统进行调压、卸荷、减压、增压、保压和平衡以及缓冲、补油等各种控制,以满足液压执行元件对力或转矩的要求。

7.1.1 调压回路

调压回路的作用是调定或限定系统整体或部分的压力。在定量泵供油的系统中,液压泵的供油压力可以通过溢流阀来调节;在变量泵系统中用溢流阀(安全阀)限定系统的最高安全压力,防止系统过载;当系统在不同的工作时间内需要不同的工作压力时,可采用二级或多级调压回路;当系统的负载多变,并需要系统能够自动调压时,可以用无级压力控制回路。

1. 单级调压回路

如图7-1(a)所示,通过液压泵1和溢流阀2的并联连接,即可组成单级调压回路。通过调节溢流阀的压力,可以改变泵的输出压力。当溢流阀的调定压力确定后,液压泵就在溢流阀的调定压力下工作,从而实现了对液压系统的调压和稳压控制。

如果将液压泵改为变量泵,溢流阀将起到安全阀的作用,用来限定系统的最高工作压力。只有当系统压力高于限定值时,溢流阀才开启,并将液压泵的工作压力限制在溢流阀的调定压力下,使液压系统不致因压力过载而受到破坏。

2. 远程调压或多级调压回路

如图7-1(b)所示,若先导式溢流阀的远程控制口处接一个远程调压阀3(或小流量溢流阀)就形成了远程调压回路,通过二位二通电磁阀2的控制可使液压泵出口得到两级不同的调整压力。在这个调压回路中,阀3的调定压力要低于阀1的调定压力。

若在远程控制口处再并联上多个远程调压阀和换向阀即可实现多级调压,如图7-1(c)所示。其实质是用三个溢流阀分别对一个主溢流阀进行控制,使系统得到四种不同的调定压力和一个卸荷压力。注射机液压系统常采用这种回路。

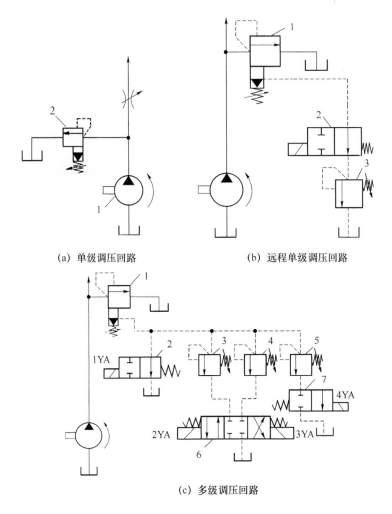

(a) 单级调压回路　　(b) 远程单级调压回路

(c) 多级调压回路

图 7-1　调压回路

多级调压对于动作复杂、负载和流量变化较大液压系统的合理匹配功率、节能、降温具有重要作用。

3. 无级调压回路

当需要对一个动作复杂的液压系统进行更多级压力控制时，采用上述多级调压回路能够实现这一功能要求，但回路的组成元件多，油路结构复杂，而且系统的压力变化级数有限。

采用电液比例溢流阀同样可以实现多级调压的要求，在一定范围内连续无级的调压，且回路结构简单，可实现远距离控制。图 7-2 为通过比例式溢流阀进行无级调压的比例调压回路，系统根据执行元件工作过程各个阶段的不同压力要求，通过输入装置将所需要的多级压力所对应的电流信号输入到比例溢流阀 1 的控制器中，即可达到调节系统工作压力的目的。

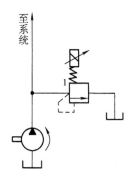

图 7-2　无级调压回路

7.1.2 卸荷回路

在液压系统工作过程中,有时执行元件短时间停止工作,不需要液压系统传递能量,或者执行元件在某段工作时间内保持一定的力,而运动速度极慢,甚至停止运动。在这些情况下,不需要液压泵输出油液,或只需要很小流量的液压油,这时液压泵输出的压力油全部或绝大部分从溢流阀流回油箱,造成能量的无谓消耗,引起油液发热,使油液加快变质,而且还影响液压系统的性能及泵的寿命。为此,需要采用卸荷回路。卸荷回路的功用是在液压泵驱动电动机不频繁启闭的情况下,使液压泵在功率输出接近于零的情况下运转,以减少功率损耗,降低系统发热,延长泵和电动机的寿命。因为液压泵的输出功率为其流量和压力的乘积,两者任一近似为零,功率损耗即近似为零,因此液压泵的卸荷有流量卸荷和压力卸荷两种。流量卸荷主要是使用变量泵,使变量泵仅为补偿泄漏而以最小流量运转,但泵仍处在高压状态下运行,磨损比较严重。压力卸荷就是使泵在接近零压下运转。

常见的卸荷方式有以下几种。

1. 换向阀卸荷回路

M、H 和 K 型中位机能的三位换向阀处于中位时,泵即卸荷。图 7-3(a)所示为采用 M 型中位机能的主换向阀卸荷的回路。

2. 采用二位二通电磁换向阀的卸荷回路

图 7-3(b)所示为采用二位二通电磁换向阀的卸荷回路。在这种卸荷回路中,主换向阀的中位机能为 O 型,利用与液压泵和溢流阀同时并联的二位二通电磁换向阀的通与断,实现系统的卸荷与保压功能。但要注意二位二通电磁换向阀的压力和流量参数要完全与对应的液压泵相匹配。

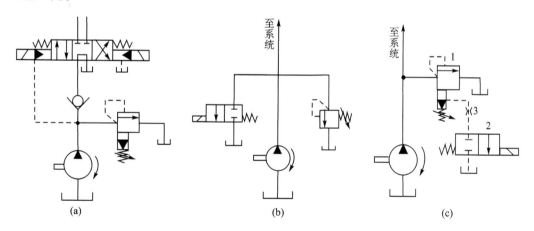

图 7-3 卸荷回路

3. 采用先导型溢流阀和小流量二位二通电磁阀组成的卸荷回路

图 7-3(c)是采用二位二通电磁阀控制先导型溢流阀的卸荷回路。当先导型溢流阀 1 的远控口通过二位二通电磁阀 2 接通油箱时,此时阀 1 的溢流压力为溢流阀的卸荷压力,液压泵输出的油液以很低的压力经溢流阀 1 和阀 2 回油箱,实现泵的卸荷。为防止系统卸荷或升压时产生压力冲击,一般在溢流阀远控口与电磁阀之间设置阻尼孔 3。这种卸荷回路可实现远

程控制,同时二位二通电磁阀可选用小流量规格。

4. 采用限压式变量泵的流量卸荷

利用限压式变量泵压力反馈来控制流量变化的特性,可以实现流量卸荷。如图7-4所示,系统中的溢流阀4作安全阀用,以防止泵的压力补偿装置的零漂和动作滞缓导致系统压力异常。这种回路在卸荷状态下具有很高的控制压力,特别适合各类成型加工机床模具的合模保压控制,使机床的液压系统在卸荷状态下实现保压,有效减少了系统的功率匹配,极大地降低了系统的功率损失和发热。

7.1.3 减压回路

当泵的输出压力是高压而局部回路或支路要求低压时,可以采用减压回路,如机床液压系统中的定位、夹紧等,它们往往需要比主油路较低的压力。减压回路较为简单,一般是在所需低压的支路上串接减压阀。采用减压回路虽能方便地获得某支路稳定的低压,但压力油经减压阀口时要产生压力损失,这是它的缺点。

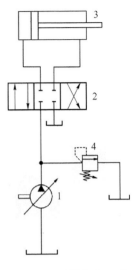

图7-4 流量卸荷回路

最常见的减压回路为通过定值减压阀与主油路相连,如图7-5(a)所示。回路中的单向阀防止主油路压力低于减压阀调整压力时油液倒流,起短时保压作用。减压回路中也可以采用类似两级或多级调压的方法获得两级或多级减压。图7-5(b)所示为利用先导型减压阀3的远控口,接一远控溢流阀5,则可由阀3、阀5各调得一种低压。但要注意,阀5的调定压力值一定要低于阀3的调定压力值。

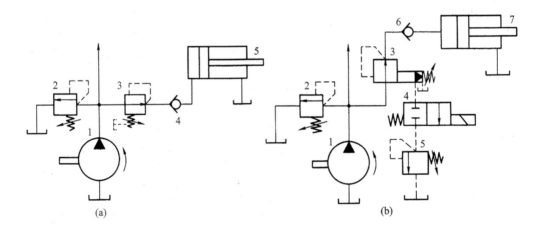

图7-5 减压回路

为了使减压回路工作可靠,减压阀的最低调整压力不应小于0.5 MPa,最高调整压力至少应比系统压力小0.5 MPa。当减压回路中的执行元件需要调速时,调速元件应放在减压阀的后面,以避免减压阀泄漏对执行元件的速度产生影响。

7.1.4 增压回路

目前国内外常规液压系统的最高压力等级只能达到 32~40 MPa,如果系统或系统的某一支油路需要压力较高但流量又不大的压力油,而采用高压泵不经济,或者根本就没有必要增设高压泵时,可以通过增压回路实现这一要求。这样不仅易于选择液压泵,而且系统工作较可靠,噪声小。增压回路用来使系统中某一支路获得比系统压力更高的压力油,增压回路中实现油液压力放大的主要元件是增压缸或增压器,增压器的增压比取决于增压器大、小活塞的面积之比。

1. 单作用增压缸的增压回路

图 7-6(a)所示为利用增压缸的单作用增压回路。当系统在图示位置工作时,系统的供油压力 p_1 进入增压缸的大活塞腔 a,此时在小活塞腔 b 即可得到所需的较高压力 p_2;当二位四通电磁换向阀左位接入系统时,增压缸返回,辅助油箱中的油液经单向阀补入小活塞。因而该回路只能单方向增压,所以称之为单作用增压回路。

2. 双作用增压缸的增压回路

图 7-6(b)所示的采用双作用增压缸的增压回路能连续输出高压油。在图示位置,液压泵输入的压力油经换向阀 5 和单向阀 1 进入增压缸左端大、小活塞腔,右端大活塞腔的回油通油箱,右端小活塞腔增压后的高压油经单向阀 3 输出,此时单向阀 2、4 被关闭。当增压缸活塞移到右端时,换向阀 5 通电换向,增压缸活塞向左移动。同理,左端小活塞腔输出的高压油经单向阀 2 输出,这样,增压缸的活塞不断往复运动,两端便交替输出高压油,从而实现了连续增压。

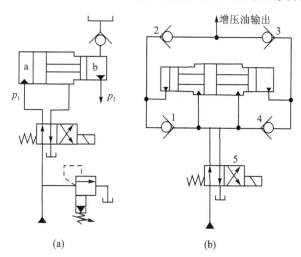

图 7-6 增压回路

7.1.5 保压回路

保压回路的功能是使系统在液压缸加载不动或因工件变形而产生微小位移的工况下能保持稳定不变的压力。保压性能的两个主要指标为保压时间和压力稳定性。最简单的保压回路是密封性能较好的液控单向阀回路,但是阀类元件处的泄漏使得这种回路的保压时间不能维持太久。常用的保压回路有以下几种。

1. 利用液压泵的保压回路

利用液压泵的保压回路就是在保压过程中,液压泵仍以较高的压力(保压所需压力)工作。

此时,若采用定量泵则压力油几乎全经溢流阀流回油箱,系统功率损失大,易发热,故只在小功率的系统且保压时间较短的场合下才使用;若采用变量泵,在保压时泵的压力较高,但输出流量几乎等于零,因而,液压系统的功率损失小,这种保压方法能随泄漏量的变化而自动调整输出流量,因而其效率较高。

2. 利用蓄能器的保压回路

图 7-7(a)所示的回路,当换向阀在左位工作时,液压缸向右运动且压紧工件,进油路压力升高至调定值,压力继电器动作使二位二通阀通电,泵即卸荷,单向阀自动关闭,液压缸则由蓄能器保压。缸压不足时,压力继电器复位使泵重新工作。保压时间的长短取决于蓄能器容量,调节压力继电器的工作区间即可调节缸中压力的最大值和最小值。图 7-7(b)所示为多缸系统中的保压回路,这种回路当主油路压力降低时,单向阀 3 关闭,支路由蓄能器保压补偿泄漏,压力继电器 5 的作用是当支路压力达到预定值时发出信号,使主油路开始动作。

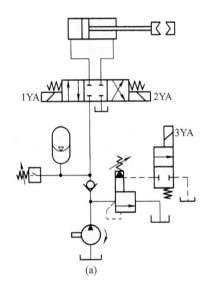
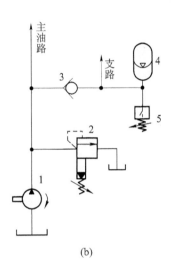

图 7-7 保压回路

3. 自动补油保压回路

图 7-8 是采用液控单向阀 4、电接触式压力表 6 的自动补油保压回路,它利用了液控单向阀结构简单并具有一定保压性能的长处,避开了直接用泵供油保压而大量消耗功率的缺点。当换向阀 3 左位接入回路,活塞下降,当无杆腔压力上升到压力表 6 触点调定上限压力时,电接触式压力表发出电信号,使换向阀 3 中位接入回路,泵 1 卸荷,液压缸由液控单向阀 4 保压;当无杆腔压力下降至电接触式压力表 6 触点调定下限压力时,电接触式压力表又发出电信号,使换向阀 3 左位接入回路,泵 1 又向液压缸供油,使压力回升。这种回路保压时间长,压力稳定性高,液压泵基本处于卸荷状态,系统功率损失小。

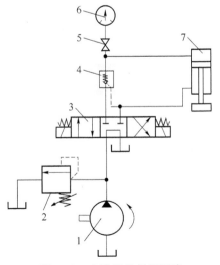

图 7-8 自动补油保压回路

7.1.6 平衡回路

许多机床或机电设备的执行机构是沿垂直方向或倾斜方向运动的,这些机床设备的液压系统无论在工作或停止时,始终都会受到执行机构较大重力负载的作用,如果没有相应的平衡措施将重力负载平衡掉,将会造成机床设备执行装置的自行下滑或操作时的动作失控,其后果将十分危险。平衡回路的功能在于使液压执行元件的回油路上始终保持一定的背压,以平衡执行机构重力负载对液压执行元件的作用力,使之不会因自重作用而自行下滑,实现液压系统对机床设备动作的平稳、可靠控制。

1. 利用单向顺序阀的平衡回路

图7-9(a)所示为采用单向顺序阀的平衡回路,当1YA通电活塞下行时,回油路上就存在着一定的背压,只要将这个背压调到能支承住活塞和与之相连的工作部件自重,活塞就可以平稳地下落。当换向阀处于中位时,活塞就停止运动,不再继续下移,但活塞和与之相连的工作部件会因单向顺序阀和换向阀的泄漏而缓慢下落,因此它只适用于工作部件质量不大、活塞锁住时定位要求不高的场合。单向顺序阀的调定压力应略大于垂直工作部件的自重在油缸下腔形成的压力。由于回油有背压,这种平衡回路功率损失较大。

2. 利用液控单向顺序阀的平衡回路

图7-9(b)为采用液控单向顺序阀的平衡回路。当活塞下行时,控制压力油打开液控顺序阀;当停止工作时,液控顺序阀关闭,以防止活塞和工作部件因自重而下降。这种平衡回路的优点是,只有上腔进油时活塞才下行,比较安全可靠,由于回油没有背压,回路效率较高;缺点是,活塞下行时平稳性较差。这是因为活塞下行时,液压缸上腔油压降低,将使液控顺序阀关闭。当顺序阀关闭时,活塞停止下行,使液压缸上腔油压升高,又打开液控顺序阀。因此液控顺序阀始终工作于启闭的过渡状态,因而影响工作的平稳性。这种回路适用于运动部件质量不很大、停留时间较短的液压系统中。

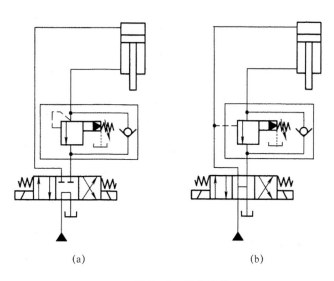

图7-9 平衡回路

7.2 速度控制回路

速度控制回路的功能就是控制液压系统中执行元件的运动速度。常用的有调速回路、增速回路和速度换接回路等几种形式。

7.2.1 调速回路

调速回路的功用是调节执行元件的运动速度。在不考虑泄漏的情况下,对于液压缸,其运动速度 $v=q/A$,液压马达转速 $n=q/V$。所以,对于液压缸和定量马达,只能通过改变输入或输出流量的方法改变速度。对于变量马达,即可通过改变流量又可通过改变自身排量来调节速度。据此可以把液压系统的调速分为节流调速、容积调速和容积-节流调速三种形式。

1. 节流调速回路

在用定量泵供油的液压系统中,通过调节流量阀来改变输入或输出执行元件流量而实现调速的回路称节流调速回路。节流调速回路由定量泵、流量控制阀、溢流阀和执行元件等组成,通过改变流量阀阀口的开度来控制流入或流出液压执行元件的流量,来调节执行元件的速度。

根据流量阀在回路中安装的位置不同,节流调速回路又可分为进油路节流调速、回油路节流调速和旁油路节流调速三种调速回路。

(1) 进、回油路节流调速回路

流量阀装在液压泵出口至执行元件进口的进油路上,构成进油路节流调速回路,见图 7-10(a),流量阀装在执行元件出口至油箱的回油路上,构成回油路节流调速回路,见图 7-10(b)。

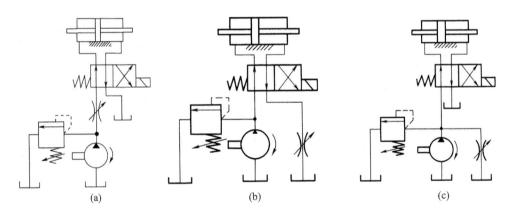

图 7-10 节流调速回路

在这两种回路中,定量泵的供油压力均由溢流阀调定。液压缸的速度靠节流阀的开口大小来控制,泵多余的流量由溢流阀流回油箱,回路既有溢流损失又有节流损失,功率损失较大,两种回路的速度-负载特性基本相同。这两种回路结构简单,价格低廉,适用于低速小功率场合。

两种回路的不同之处主要有以下几点:

① 承受负值负载的能力不同。进油路节流调速回路不能承受负值负载,回油路节流调速回路能承受负值负载。

② 进油路节流调速回路相对回油路节流调速回路更易实现压力控制。

③ 进油路节流调速回路启动较平稳,回油路节流调速回路启动冲击较大。

④ 低速运动平稳性不同。节流阀设置在进油路上能获得更低的稳定速度。

(2) 旁油路节流调速回路

流量阀装在与执行元件并联且终端接油箱的旁油路上,构成旁油路节流调速回路,如图 7-10(c)所示。

在这种回路中,调节节流阀的通流面积,可以实现调速。溢流阀起安全阀的作用,常态时关闭。回路中只有节流损失,没有溢流损失,功率损失较小,系统效率较高。但由于速度负载特性较差,起动不平稳等缺点,仅用于高速、重载、对速度平稳性要求不高的场合,例如牛头刨床的主传动系统。

用节流阀的节流调速回路有一个共同特点,即执行元件的运动速度都随负载的增大而减小,这主要是由于负载变化引起节流阀前后压力差变化的缘故。若用调速阀则其速度稳定性将得到很大改善。

由以上分析得知,节流调速回路结构简单,调节方便,调速范围较大,低速稳定性较好,价格较为低廉。但功率损耗较大,系统效率较低,一般用于中小功率液压系统。

2. 容积调速回路

通过改变变量泵或变量马达的排量来调节执行元件运动速度的回路,称为容积调速回路,根据液压泵和液压马达(或液压缸)的组合不同,容积调速回路也分为三种形式:

(1) 变量泵和定量马达(或液压缸)组成的容积调速回路(见图 7-11(a)、(b))。

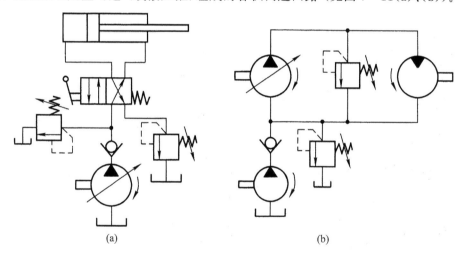

图 7-11 容积调速回路

(2) 定量泵和变量马达组成的容积调速回路。

(3) 变量泵和变量马达组成的容积调速回路。

若按油路循环方式不同,容积调速回路可分为开式和闭式两种。在开式回路中,液压泵从油箱吸油,将压力油输给执行元件,执行元件的回油到油箱。液压油经油箱循环,油液得到充分冷却和过滤,但空气和杂质也容易侵入回路(见图 7-11(a))。在闭式回路中,液压泵出口与执行元件进口相连,液压泵进口接执行元件出口,油液在液压泵和执行元件之间循环,不经过油箱(见图 7-11(b))。这种回路结构紧凑,空气和杂质不易进入回路,但散热效果差,且需补油装置。表 7-1 简述了容积调速回路的主要特点。

表 7-1 容积调速回路特点

种 类	主要特点
变量泵和定量马达（或液压缸）调速回路	1. 马达转速随变量泵排量的增大而加快，且调速范围较大 2. 液压马达输出的转矩一定，属恒转矩调速 3. 马达的输出功率随马达转速的改变成线性变化 4. 功率损失小，系统效率高 5. 元件泄漏对速度刚性影响大 6. 价格较贵，适合于功率较大的场合，如插床、拉床、压力机和升降机等大功率液压系统中
定量泵和变量马达调速回路	1. 马达转速随排量的增大而减慢，且调速范围较小 2. 马达的转矩随转速的增大而减少 3. 马达输出的最大功率不变 4. 功率损失小，系统效率高 5. 元件泄漏对速度刚性影响大 6. 调速范围较小，价格较贵，一般很少单独使用
变量泵和变量马达调速回路	1. 第一阶段，保持马达排量为最大不变，由泵的排量调节转速，采用恒转矩调速；第二阶段，保持泵的排量为最大不变，由马达排量调节转矩，采用恒功率调速 2. 调速范围大 3. 适用于大功率且调速范围大的场合，如各种行走机械、牵引机等

在容积调速回路中，泵的全部流量进入执行元件，且泵口压力随负载变化，没有溢流损失和节流损失，功率损失较小，系统效率较高。但随着负载的增加，回路泄漏量增大而使速度降低，尤其是低速时速度稳定性更差。这种回路一般用于功率较大而对低速稳定性要求不高的场合。

3. 容积-节流调速回路

利用改变变量泵排量和调节流量阀流量来控制执行元件运动速度的回路，称为容积节流调速回路。图 7-12 为限压式变量叶片泵与调速阀组成的容积节流调速回路。变量泵输出的油液经调速阀进入液压缸，调节调速阀即可改变进入液压缸的流量而实现调速，此时变量泵的供油量会自动地与之相适应。

容积节流调速回路无溢流损失，效率较高，调速范围大，速度刚性好。一般用于空载时需快速，承载时要稳定的中、小功率液压系统，如组合机床液压系统。

7.2.2 增速回路

增速回路又叫快速运动回路。其功用是使执行元件在空行程时获得尽可能大的运动速度，提高生产效率。以下介绍几种机床上常用的增速回路。

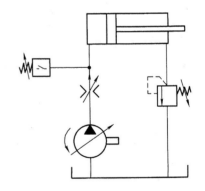

图 7-12 容积节流调速回路

1. 差动连接回路

差动连接回路是在不增加液压泵输出流量的情况下，来提高工作部件运动速度的一种快速回路，其实质是改变了液压缸的有效作用面积。特点是液压缸的推力有所减小，回路结构简单。适用于单向增速的场合。

图 7-13 采用差动连接的快速运动回路。当图中只有电磁铁 1YA 通电时，换向阀 3 左位

工作,压力油可进入液压缸的左腔,同时右腔回油并经阀 5 左位与液压缸的右腔连通形成差动连接。活塞快速右移。此时若电磁铁 3YA 亦通电,阀 5 换为右位工作,则液压缸右腔只能经阀 4 中的调速阀回油,实现慢速运动。当 2YA、3YA 同时通电时,压力油经阀 3、阀 4 中的单向阀、阀 5 进入缸右腔,左腔回油,活塞快速退回。这种回路方法简单、较经济,但快、慢速度的换接不够平稳。

2. 双泵供油的快速运动回路

这种回路是利用低压大流量泵和高压小流量泵并联为系统供油,如图 7-14 所示。

图 7-14 中 1 为高压小流量泵,用以实现工作进给运动。2 为低压大流量泵,用以实现快速运动。在快速运动时,液压泵 2 输出的油经单向阀 4 与液压泵 1 输出的油共同向系统供油。在工作进给时,系统压力升高,打开液控顺序阀 3 使液压泵 2 卸荷,此时单向阀 4 关闭,由液压泵 1 单独向系统供油。溢流阀 5 控制液

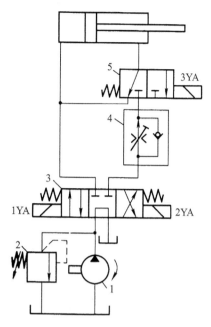

图 7-13 差动连接的增速回路

压泵 1 的供油压力,而阀 3 使液压泵 2 在快速运动时供油,在工作进给时卸荷,因此阀 3 的调整压力应比快速运动时系统所需的压力要高,但比溢流阀 5 的调整压力低。

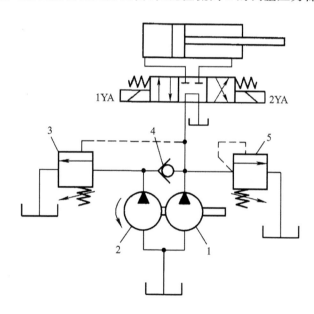

图 7-14 双泵供油的增速回路

双泵供油回路功率利用合理、效率高,并且速度换接较平稳,在快、慢速度相差较大的机床中应用很广泛,缺点是成本高,油路系统也稍复杂。

3. 利用蓄能器的快速运动回路

如图 7-15 所示,当换向阀 5 处于中位时,液压缸不工作,液压泵经单向阀 4 向蓄能器 1

充油。当蓄能器内的油压达到液控顺序阀2的调定压力时,阀2被打开,使液压泵卸荷。当换向阀5左位或右位工作时,液压泵和蓄能器1同时向液压缸供油,使其实现快速运动。

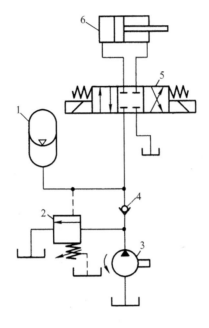

图7-15 用蓄能器的增速回路

这种增速回路可用较小流量的泵获得较高的运动速度。其缺点是蓄能器充油时,液压缸必须停止工作,在时间上有些浪费。

7.2.3 速度换接回路

速度换接回路用来实现运动速度的变换,即在原来设计或调节好的几种运动速度中,从一种速度换成另一种速度。对这种回路的要求是速度换接要平稳,即不允许在速度变换的过程中有前冲现象。

1. 快慢速换接回路

图7-16是用单向行程调速阀控制的快进和工进的速度换接回路。在图示位置,液压缸3右腔的回油可经行程阀4和换向阀2流回油箱,使活塞快速向右运动。当快速运动到达所需位置时,活塞上挡块压下行程阀4,将其通路关闭,这时液压缸3右腔的回油就必须经过调速阀6流回油箱,活塞的运动转换为工进。当操纵换向阀2使活塞换向后,压力油可经换向阀2和单向阀5进入液压缸3右腔,使活塞快速向左退回。

在这种速度换接回路中,因为行程阀接通油路是由液压缸活塞行程控制阀芯移动而逐渐关闭的,所以换接时位置精度高,冲出量小,运动速度变换也比较平稳。这种回路在机床液压系统中应用较多,它的缺点是行程阀的安装位置受一定限制(要由挡铁压下),所以有时管路连接稍复杂。行程阀也可以用电磁换向阀来代替,这时电磁阀的安装位置不受限制(挡铁只需压下行程开关),但其换接精度及速度变换的平稳性较差。

图7-17是利用液压缸本身结构实现的速度换接回路。在图示位置时,活塞快速向右移动,液压缸右腔的回油经油路1和二位四通换向阀流回油箱。当运动到活塞将油路1封

闭后,液压缸右腔的回油须经调速阀 3 流回油箱,活塞则由快速运动变换为工作进给运动。

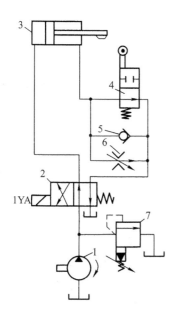

图 7-16 用行程调速阀的速度换接回路

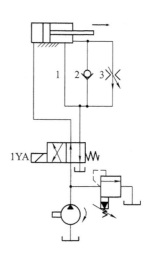

图 7-17 利用液压缸自身结构的速度换接回路

这种速度换接回路方法简单,换接较可靠,但速度换接的位置不能调整,工作行程也不能过长以免活塞过宽,所以仅适用于工作情况固定的场合。这种回路也常用作活塞运动到达端部时的缓冲制动回路。

2. 两种慢速的速度换接回路

对于某些自动机床、注塑机等,需要在自动工作循环中变换两种以上的工作进给速度,这时需要采用两种(或多种)工作进给速度的换接回路。

图 7-18 所示是一种将两个调速阀串联的慢速换接回路。当电磁铁 1YA 通电时,压力油通过调速阀 1 及二位电磁阀左位进入液压缸左腔,使执行元件得到由调速阀 1 调节的第一种慢速运动速度;在电磁铁 1YA 和 3YA 同时通电时,二位电磁阀断开油路,压力油必须通过调速阀 1 和调速阀 2 才能进入液压缸的左腔。由于调速阀 2 的开口比调速阀 1 的开口小,从而使执行元件获得由调速阀 2 调节的第二种更慢的运动速度,实现了两种慢速的转换。在这种回路中,调速阀 2 的开口必须比调速阀 1 的开口小,否则调速阀 2 不起作用。

图 7-19 所示是将两个调速阀并联的慢速换接回路。当电磁铁 1YA 通电时,压力油通过调速阀 1 进入液压缸左腔,执行元件得到由调速阀 1 调节的第一种慢速,调速阀 2 不起作用;在电磁铁 1YA 与 3YA 同时通电时,压力油通过调速阀 2 进入液压缸的左腔,执行元件得到由调速阀 2 调节的第二种慢速运动速度,而调速阀 1 此时不起作用。这种回路用两个调速阀分别调节两种运动速度,在速度换接时执行元件会出现前冲现象。

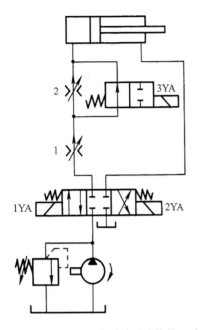
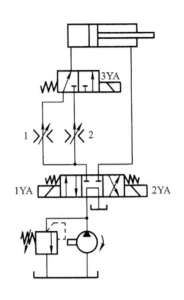

图 7-18 调速阀串联的慢速换接回路　　图 7-19 调速阀并联的慢速换接回路

7.3 方向控制回路

方向控制回路的功用是控制执行元件的启动、换向、制动、锁紧和定位等工作状态。它主要是用各种方向阀控制油路的通断及油流方向来实现的。方向控制回路有多种形式,比如换向回路、制动回路、锁紧回路、连续往复运动回路、液压缸定位回路、限程回路等。本节只介绍换向回路、制动回路和锁紧回路。

7.3.1 换向回路

运动部件的换向,一般可通过各种换向阀来实现。而在容积调速的闭式回路中,可以利用双向变量泵控制油流的方向来实现液压缸(或液压马达)的换向。

依靠重力或弹簧返回的单作用液压缸,可以采用二位三通换向阀进行换向,如图 7-20 所示。双作用液压缸的换向,一般都采用二位四通(或五通)及三位四通(或五通)换向阀来进行换向,按不同用途还可选用各种不同控制方式的换向回路。

电磁换向阀的换向回路应用最为广泛,尤其在自动化程度要求较高的组合机床液压系统中被普遍采用。对于流量较大和换向平稳性要求较高的场合,电磁换向阀的换向回路已不能适应上述要求,往往采用以手动换向阀或机动换向阀作先导阀,液动换向阀为主阀的换向回路,或者采用电液动换向阀的换向回路。

图 7-21 所示为手动阀(先导阀)控制液动换向阀的换向回路。回路中用辅助泵 2 提供低压控制油,通过手动先导阀 3 来控制液动换向阀 4 的阀芯移动,实现主油路的换向,当阀 3 在右位时,控制油进入液动阀 4 的左端,右端的油液经阀 3 回油箱,使液动换向阀 4 左位工作,活塞下移。当阀 3 切换至左位时,控制油使液动换向阀 4 换向,活塞向上退回。当阀 3 处于中位

状态时,液动换向阀 4 两端的控制油通油箱,在弹簧力的作用下,其阀芯回复到中位,主泵 1 卸荷。这种换向回路,常用于大型油压机上。

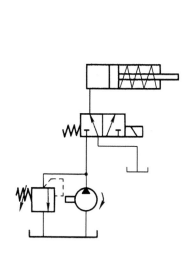

图 7-20　单作用缸的换向回路

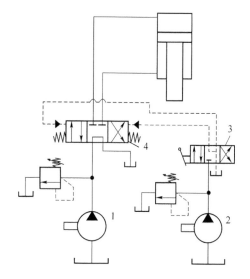

图 7-21　利用换向阀换向的换向回路

在液动换向阀的换向回路或电液动换向阀的换向回路中,控制油液除了由辅助泵供给外,在一般的系统中也可以把控制油路直接接入主油路,但当主阀采用 M 型或 H 型中位机能时,必须在回路中设置背压阀,保证控制油液有一定的压力,以控制换向阀阀芯的移动。在机床夹具、油压机和起重机等不需要自动换向的场合,常常采用手动换向阀来进行换向。

7.3.2　制动回路

制动回路的作用是使执行元件迅速停止运动,主要指液压马达的制动回路。

根据制动元件的不同,制动回路有:用溢流阀制动的制动回路、用制动缸制动的制动回路、用制动阀制动的制动回路、用蓄能器制动的制动回路等。

这里以前两种为例进行介绍。

1. 用溢流阀制动的制动回路

如图 7-22 所示,当电磁换向阀 3 断电时,溢流阀 4 远控口通油箱,溢流阀 2 远控口关闭,液压马达平稳地加速至最大速度。当电磁换向阀 3 通电时,溢流阀 2 的远控口通油箱,液压泵卸荷,溢流阀 4 的远控口关闭,使液压马达制动,制动力由阀 4 调节。

2. 用制动缸制动的制动回路

如图 7-23 所示,当换向阀 2 切换至左位或右位工作时,压力油先进入制动缸 4,使制动缸 4 松开,然后再使液压马达 6 回转。为了保证液压马达 6 有足够的起动力矩,压力油经 3 中节流阀再流入制动缸 6。需要制动时,换向阀 2 切换至中位,制动缸靠弹簧力通过 3 中单向阀回油,制动器 5 压紧,使液压马达 6 制动。该方式产生的制动力稳定,且制动力不受油路泄漏的影响,安全可靠。

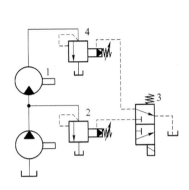

图 7-22 利用溢流阀制动的制动回路

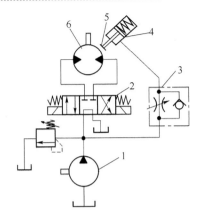

图 7-23 利用液压制动器制动的制动回路

需要注意,当采用串联的多路换向阀时,本回路只能安排在最末一级;否则,后面的换向阀切换后,压力油会使制动器松闸。

7.3.3 锁紧回路

锁紧回路的作用是使工作部件能在任意位置上停留,以及在停止工作时,防止在受力的情况下发生移动。

凡采用 O 型或 M 型中位机能的换向阀的回路,都能使执行元件锁紧。但由于受到滑阀泄漏的影响,可能产生松动而使活塞产生少量漂移,故锁紧效果较差。

图 7-24 是采用液控单向阀的锁紧回路。换向阀左位时,压力油经液控单向阀 1 进入缸的无杆腔,同时将单向阀 2 打开,使缸的有杆腔的油液能经液控单向阀 2 及换向阀流回油箱;反之,当换向阀右位时,压力油进入缸的有杆腔并将液控单向阀 1 打开,使缸的无杆腔回油。而当换向阀处于中位或者泵停止供油时,两个液控单向阀立即关闭,活塞停止运动。因只受液压缸内少量内泄漏的影响,其锁紧精度较高。

采用液控单向阀的锁紧回路,换向阀的中位机能应为 H 型或 Y 型,这样能使液控单向阀立即关闭,使活塞停止运动。假如采用 O 型机能,在换向阀

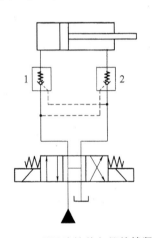

图 7-24 利用液控单向阀的锁紧回路

中位时,由于液控单向阀的控制油路被封死而不能使其立即关闭,直到换向阀的内泄漏使控制油液泄压后,液控单向阀才能关闭,影响其锁紧精度。

这种锁紧回路主要用于汽车起重机的支腿油路和矿山机械中的液压支架油路中。

7.4 多缸工作控制回路

在液压系统中,往往是一个油源驱动多个执行元件工作。系统工作时,要求这些执行元件或按一定顺序动作,或同步动作,或防止相互干扰,因而需要实现这些要求的多缸工作控制回路。

7.4.1 顺序动作回路

在多缸液压系统中,往往需要各缸按照规定顺序动作。例如夹紧机构的定位和夹紧动作等。

顺序动作回路的功能就是在多缸液压系统中实现各缸的顺序动作。按控制方式不同,主要分为压力控制、行程控制两类。

1. 用压力控制的顺序动作回路

压力控制就是利用油路本身的压力变化来控制液压缸的先后动作顺序,它主要利用压力继电器和顺序阀来控制顺序动作。

(1) 用压力继电器控制的顺序回路

图 7-25 所示为用压力继电器控制的顺序动作回路,用于机床的夹紧、进给系统。按下起动按钮,1YA 通电,液压泵输出的压力油进入夹紧缸 1 的无杆腔,有杆腔回油,活塞向右移动将工件夹紧,完成动作①。夹紧后,液压缸无杆腔的压力升高,当油压超过压力继电器 1KP 的调定值时,压力继电器 1KP 发出电信号,使电磁铁 3YA 通电,进给液压缸 2 活塞向右运动,完成动作②。按返回按钮,1YA、3YA 断电,4YA 通电,缸 2 活塞退回,完成动作③,缸 2 退回原位后,油路压力升高,压力继电器 2KP 发出电信号,使 2YA 通电,缸 1 活塞后退,完成动作④。回路中要求先夹紧后进给,工件没有夹紧则不能进给,这一动作的顺序是由压力继电器 1KP 保证的,压力继电器 1KP 的调整压力应比减压阀的调整压力低 0.3~0.5 MPa。

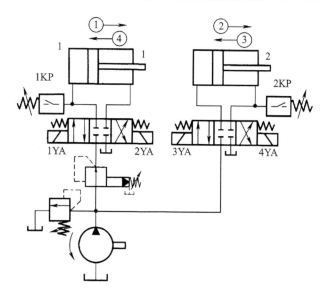

图 7-25 压力继电器控制的顺序动作回路

(2) 用顺序阀控制的顺序动作回路

图 7-26 是采用两个单向顺序阀的压力控制顺序动作回路。换向阀 2 左位工作时,压力油进入液压缸 4 的左腔,右腔经阀 3 中的单向阀回油,实现动作①,此时由于压力较低,顺序阀 6 关闭。当液压缸的 4 活塞运动至终点时,油压升高,达到单向顺序阀 6 的调定压力时,顺序阀开启,压力油进入液压缸 5 的左腔,右腔直接回油,实现动作②。当缸 5 的活塞右移达到终点后,换向阀 2 换为右位工作,此时压力油进入缸 5 的右腔,左腔经阀 6 中的单向阀回油,实现动

作③。缸 5 到达终点时,压力油升高,打开顺序阀 3,使缸 4 的活塞返回,从而完成动作④。

这种顺序动作回路可以按照要求调整液压缸的动作顺序。回路的可靠性在很大程度上取决于顺序阀的性能及其压力调整值。顺序阀的调整压力应比先动作液压缸的工作压力高 0.8～1 MPa,以免在系统压力波动时,发生误动作。

2. 用行程控制的顺序动作回路

行程控制顺序动作回路是利用工作部件到达一定位置时,发出信号来控制液压缸的先后动作顺序,它可以利用行程开关、行程阀或顺序缸来实现。

图 7-27 是利用行程开关发信号来控制电磁阀先后换向的顺序动作回路。其动作顺序是:图示状态下,电磁阀 1、2 均不通电,两缸活塞处于右端位置。当电磁阀 1YA 通电时,压力油进入 A 缸的右腔,其左腔回油,活塞左移实现动作①,当缸 A 工作部件上的挡块碰到行程开关 S_1 时,S_1 发出信号使 2YA 通电,电磁阀 2 换为左位工作。这时压力油进入 B 缸右腔,缸左腔回油,活塞左移实现动作②。当缸 B 工作部件上的挡块碰到行程开关 S_2 时,S_2 发信号使 1YA 断电,电磁阀 1 换为右位工作。这时压力油进入 A 缸左腔,其右腔回油,活塞右移实现动作③。当缸 A 工作部件上的挡块碰到行程开关 S_3 时,S_3 发出信号使 2YA 断电,电磁阀 2 换为右位工作,这时压力油又进入 A 缸左腔,其右腔回油,活塞右移实现动作④。当 A 缸工作部件上的挡块碰到行程开关 S_4 时,S_4 又发出信号使 1YA 通电,开始下一个工作循环。

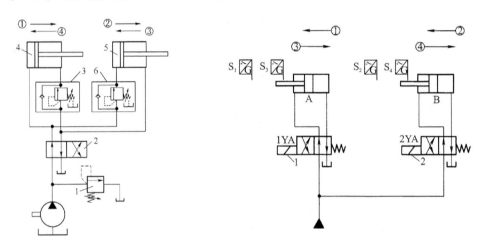

图 7-26 顺序阀控制的顺序动作回路　　图 7-27 利用行程开关的顺序动作回路

采用行程开关控制的顺序动作回路,其调整行程大小和改变动作顺序均很灵活方便,液压系统简单,可实现自动控制。但转换顺序时有冲击声,可靠性由电气元件的质量决定。

7.4.2 多缸同步回路

能使两个或多个液压缸保持相同速度或相同位移的回路称为同步回路。

1. 串联液压缸的同步回路

图 7-28 是串联液压缸的同步回路。图中第一个液压缸回油腔排出的油液,被送入第二个液压缸的进油腔。如果两个缸串联油腔活塞的有效面积相等,便可实现同步运动。这种回路两缸能承受不同的负载,但泵的供油压力要大于两缸工作压力之和。

由于泄漏和制造误差,影响了串联液压缸的同步精度,当活塞往复多次后,会产生严重的失调现象,为此要采取补偿措施。图 7-29 是两个单杆缸串联并带有补偿装置的同步回路。

为了达到同步运动,两个缸串联油腔活塞的有效面积相等,即缸 5 有杆腔的有效面积应与缸 6 无杆腔的有效面积相等。在两缸活塞下行的过程中,如液压缸 5 的活塞杆先运动到底,压下行程开关 S_1,使电磁铁 3YA 通电,电磁阀 3 左位工作,压力油经电磁阀 3、液控单向阀 4,向液压缸 6 的上腔补油,使缸 6 的活塞杆继续运动到底。如果液压缸 6 的活塞杆先运动到底,触动行程开关 S_2,使电磁铁 4YA 通电,电磁阀 3 右位工作,此时压力油便经电磁阀 3 进入液控单向阀 4 的控制油口,液控单向阀 4 反向导通,缸 5 能通过液控单向阀 4 和电磁阀 3 回油,使缸 5 的活塞杆继续运动到底,对失调现象进行补偿。

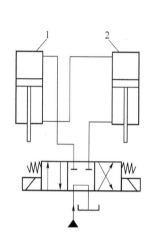

图 7-28 串联液压缸的同步回路

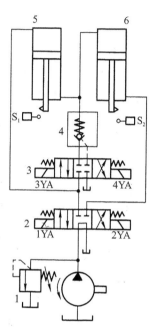

图 7-29 采用补偿措施的串联液压缸同步回路

2. 流量控制式同步回路

(1) 用调速阀控制的同步回路

图 7-30 是两个并联的液压缸分别用调速阀控制的同步回路。两个调速阀分别调节两缸活塞的运动速度,当两缸有效面积相等时,则流量也应调整的相同;若两缸面积不等时,则改变调速阀的流量也能达到同步运动。

用调速阀控制的同步回路,结构简单,并且可以调速,但是由于受到油温变化以及调速阀性能差异等影响,同步精度较低,一般在 5%~7% 左右。

(2) 用比例调速阀控制的同步回路

图 7-31 所示为用比例调速阀实现同步运动的回路。回路中使用了一个普通调速阀 1 和一个比例调速阀 2,它们装在由多个单向阀组成的桥式回路中,并分别控制着液压缸 4 和 3 的运动。当两个活塞出现位置误差时,检测装置就会发出信号,调节比例调速阀的开度,使缸 4 的活塞跟上缸 3 活塞的运动而实现同步。

这种回路的同步精度较高,位置精度可达 0.5 mm,已能满足大多数工作部件所要求的同步精度。比例阀性能虽然比不上伺服阀,但费用低,系统对环境适应性强。因此,用它来实现同步控制被认为是一个新的发展方向。

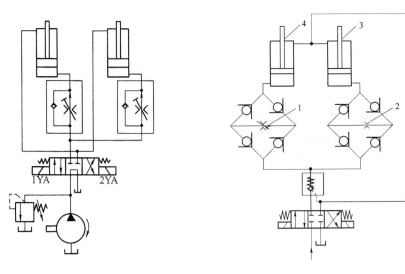

图 7-30 调速阀控制的同步回路　　图 7-31 电液比例调速阀控制的同步回路

7.4.3 互不干扰回路

在一泵多缸的液压系统中,往往由于一个液压缸的快速运动,造成液压系统的压力下降,影响其他液压缸的正常工作,因此在工作进给要求比较平稳的多缸系统中,必须采用快慢速互不干扰回路。互不干扰回路的功用是使系统中几个执行元件在完成各自工作循环时彼此互不影响。

图 7-32 所示为双泵供油来实现的多缸快慢速互不干扰回路。图中的液压缸 13 和 14 要分别完成"快进—工进—快退"的自动工作循环,且要求工进速度平稳。泵 1 为高压小流量泵,供给各缸工作进给所需的压力油;泵 2 为低压大流量泵,为各缸快进或快退时输送低压油,它们的压力分别由溢流阀 3 和 4 调定。

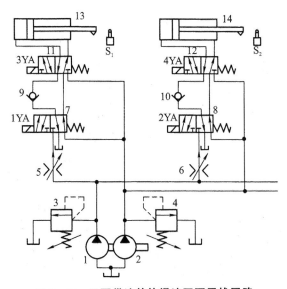

图 7-32 双泵供油的快慢速互不干扰回路

当开始工作时,3YA、4YA 同时通电,缸 13、14 均由泵 2 供油,并形成差动连接实现快进动作。若液压缸 13 先完成快进动作,挡块压下行程开关 S_1,使电磁铁 1YA 通电、3YA 断电,液压缸 13 由泵 1 单独供油,由快进转换成工作进给(其速度由调速阀 15 调节),不受液压缸 14 的影响。若两缸都转换为工进,都由高压小流量泵 1 供油后,如缸 14 变为大流量泵 2 供油,使活塞快速退回,而缸 13 仍由泵 1 供油,由于调速阀 5 使泵 1 仍然保持溢流阀 3 的调整压力,继续完成工进,不受缸 14 快退的影响,防止了相互干扰。当所有电磁铁都断电时,两缸均停止运动。

7.4.4 互锁回路

多缸液压系统有时要求一个液压缸运动时,另外一个缸不能运动,这时可采用液压缸互锁回路。

如图 7-33 所示,当三位六通电磁换向阀 5 处于中位,液压缸 B 停止工作时,二位二通液动换向阀 1 右端的控制油路经阀 5 中位与油箱连通,因此阀 1 左位接入系统。这时压力油可经过阀 1、阀 2 进入 A 缸使其工作,当阀 5 左位或右位工作时,压力油进入 B 缸使其工作,同时还进入了阀 1 的右端使其右位接入系统,切断了 A 缸的进油路,使 A 缸不能工作,从而实现了两缸运动的互锁。

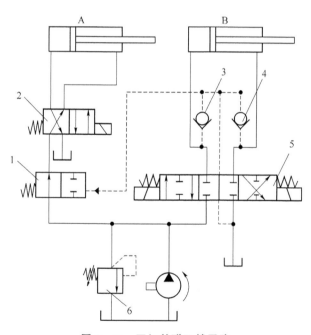

图 7-33 双缸并联互锁回路

7.5 技能训练 液压基本回路的安装与调试

1. 训练目的

(1) 了解液压基本回路的组成及工作原理。

(2) 学会液压基本回路的设计、元件选择、安装调试方法。
(3) 了解液压常见故障和排除方法,学会分析液压回路的性能。

2. 训练设备和工具

液压传动综合试验台和常用工具。

3. 训练内容与注意事项

(1) 设计下列一个液压回路,要求该回路能够完成一定功能。
① 换向阀的换向回路。
② 压力调定回路。
③ 减压阀的减压回路。
④ 进油、回油节流调速回路。
要求设计的液压系统要能够符合规范,安全可靠,并说明功能和特点。
(2) 安装调试所设计的回路
① 设计方案经教师审核后方可安装。
② 要求选取元件、组装回路。
③ 安装完毕后,应仔细校对回路和元件是否有错,经指导教师同意后方可开机调试。
④ 要求自行调试回路、故障排除。
(3) 注意事项
① 安装调试系统时,注意人身安全和设备安全。
② 安装调试系统时,注意不要损坏元件,要节省实训成本。
③ 完毕后整理工具及设备,养成良好的职业素养。

4. 讨论

(1) 该回路的功能和特点是什么?
(2) 该回路的功能还可以用什么样的回路来实现?
(3) 安装调试液压回路要注意什么事项?
(4) 该回路在使用中要注意哪些问题?

7.6 思考练习题

7-1 填空题

7-1-1 常用的液压基本回路有:_____控制回路、_____控制回路、_____控制回路和_____回路等四大类。

7-1-2 调压回路和减压回路所采用的主要液压元件分别是_____和_____;卸荷回路的作用是:当液压系统的执行元件停止运动后,使液压泵的油液以最小的_____直接流回油箱。

7-1-3 控制或调节液压系统主油路或某一支路压力的回路叫压力控制回路。利用压力控制回路可实现对系统进行_____、_____、_____、_____和_____以及缓冲、补油等各种控制,以满足液压执行元件对_____的要求。

7-1-4 调速回路主要有_____、_____和_____等三种方式。

7-1-5 由于液控元件不同,用压力控制的顺序动作回路可分为用_____阀的顺序动作回路和用_____的顺序动作回路。

7-1-6 利用中位机能为_____型或_____型换向阀可以实现液压缸的锁紧。

7-2 选择题

7-2-1 下列元件中不能实现回路保压的是(　　)。
  A. 蓄能器　　　　　　　　B. 增压缸
  C. 变量泵　　　　　　　　D. 定量泵组合

7-2-2 液压调压回路所使用的安全阀的作用是(　　)。
  A. 背压　　　　　　　　　B. 稳定工作压力
  C. 卸荷　　　　　　　　　D. 限定系统最高压力

7-2-3 以下属于方向控制回路的是(　　)。
  A. 换向和锁紧回路　　　　B. 调压和卸载回路
  C. 节流调速回路和速度换接回路

7-2-4 以下关于容积节流调速回路的论述,正确的是(　　)。
  A. 主要由定量泵和调速阀组成
  B. 工作稳定,效率较高
  C. 在较低的速度下工作时,运动不够稳定
  D. 比进油、回油两种节流调速回路的平稳性差

7-2-5 节流调速回路所采用的主要液压元件是(　　)。
  A. 变量泵　　　　　　　　B. 调速阀
  C. 节流阀

7-2-6 以下属于顺序动作回路采用的元件是(　　)。
  A. 顺序阀、压力继电器和行程开关　B. 换向阀、溢流阀和节流阀
  C. 调速阀、减压阀和单向阀

7-3 判断题

7-3-1 增压回路的增压比取决于大、小缸直径的比。(　　)

7-3-2 减压回路中的执行元件如果需要调速,调速元件应放置在减压阀的下游。(　　)

7-3-3 换向回路、卸荷回路等都是速度控制回路。(　　)

7-3-4 进油、回油及旁路节流调速回路中的溢流阀都是起安全阀的作用,常态时关闭。(　　)

7-3-5 采用液控单向阀的锁紧回路比采用换向阀的锁紧回路的锁紧效果好。(　　)

7-3-6 用节流阀代替调速阀,可使节流调速回路活塞的运动速度不随负荷变化而波动。(　　)

7-4 简答题

7-4-1 分析远程调压回路的工作原理,试设计一个三级调压回路。

7-4-2 调速回路有哪几类? 各适用于哪些场合?

7-4-3 快慢速转换回路有哪几种形式？各有什么优缺点？

7-4-4 同步动作回路有什么作用？有哪些类型？

7-5 综合分析计算

7-5-1 如题7-5-1图所示的液压回路中包含哪几种基本回路？试填写其电磁铁动作顺序。（调速阀A的开口小于调速阀B的开口）通电用"＋"表示，不通电用"－"表示。

电磁铁动作顺序表

	1YA	2YA	3YA	4YA
快进				
工进Ⅰ				
工进Ⅱ				
快退				

7-5-2 题7-5-2图所示为夹紧回路，溢流阀的调整压力 $p_1=5$ MPa，减压阀的调整压力 $p_2=2.5$ MPa，试分析活塞快速运动时，A、B两点的压力各为多少？减压阀的阀芯处于什么状态？工件夹紧后，A、B两点的压力各为多少？减压阀的阀芯又处于什么状态？

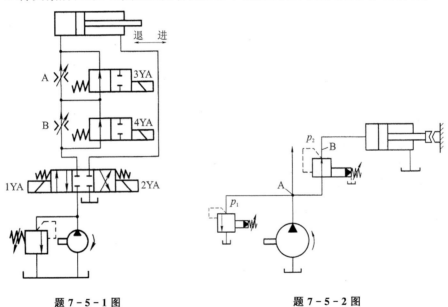

题7-5-1图   题7-5-2图

第8章 典型液压传动系统

根据液压设备的工作要求,选用各种不同功能的基本回路构成液压系统,其原理一般用液压系统图来表示。在液压系统图中,各个液压元件及它们之间的连接与控制方式,均按标准图形符号(或半结构式符号)画出。

分析液压系统,主要是读液压系统图,其方法和步骤是:

(1) 了解液压系统的任务、工作循环、应具备的性能和需要满足的要求;

(2) 了解液压系统图中所有的液压元件及其连接关系,分析它们的作用及其所组成的回路功能;

(3) 分析油路,了解系统的工作原理及特点。

本章选列了四个典型液压系统实例,通过学习和分析,加深理解液压元件的功用和基本回路的合理组合,熟悉阅读液压系统图的基本方法,为分析和设计液压传动系统奠定必要的基础。

8.1 汽车起重机液压系统

8.1.1 概 述

汽车起重机是在户外作业最方便的起重机,它可迅速到达起重现场,工作完毕后又可转移到其他作业点。汽车起重机的外形示意图见图 8-1。

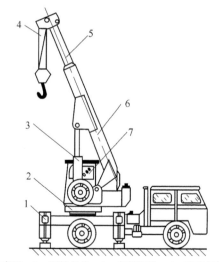

1—支腿;2—回转机构;3—变幅机构;4—超升机构;
5—伸缩臂;6—伸缩臂机构;7—起重机驾驶舱

图 8-1 汽车起重机外形示意图

汽车起重机进入工作现场后,先将4个支腿1放下,目的是起吊重物时,重物的质量和车的自重均通过支腿传至地面,而轮胎不再承重。

变幅机构3是个变幅液压缸,当缸的活塞杆伸出时,可将伸缩臂5顶起,使之和车体形成一定夹角。伸缩机构6是个伸缩液压缸,改变此缸活塞杆伸出的长度,可改变伸缩臂的长度。伸缩臂的顶端有滑轮组和钢丝绳,以便起吊重物。起升机构4是由液压马达带动的鼓轮,其上绕有钢丝绳。鼓轮转动可收放钢丝绳,使重物升降。回转机构2是液压马达带动的大齿圈,齿圈转动,则旋转体可做360°回转。件3、4、5、6、7均固定在旋转台上。

8.1.2 液压系统的工作原理

图8-2所示为Q2-8型汽车起重机的液压系统图。该系统属于中高压系统,用一个轴向柱塞泵作动力源,由汽车发动机通过传动装置驱动。整个系统由支腿收放、转台回转、吊臂伸缩、吊臂变幅和吊重起升五个支路组成。其中,前、后支腿收放支路的换向阀A、B组成一个阀组(双联多路阀,图8-2所示阀1)。其余四个支路的换向阀C、D、E、F组成另一阀组(四联多路阀,图8-2所示阀2)。各换向阀均为M型中位机能三位四通手动阀,相互串联组合,可实现多缸卸荷。根据起重工作的具体要求,操纵各阀不仅可以分别控制各执行元件的运动方向,还可以通过控制阀芯的位移量来实现节流调速。

1. 支腿收放支路

前支腿两个液压缸同时用手动换向阀A控制其收、放动作,后支腿两个液压缸则同时用另一个手动换向阀B控制其收、放动作。为确保支腿停放在任意位置并能可靠地锁住,在每一个支腿液压缸的油路中设置一个由两个液控单向阀组成的双向液压锁,防止在起重作业过程中发生"软腿"现象或行车过程中液压支腿自行下落。

当阀A在左位工作时,前支腿放下,其油路为:

进油路:液压泵→双联多路阀-A左位→液控单向阀→前支腿液压缸无杆腔;

回油路:前支腿液压缸有杆腔→液控单向阀→双联多路阀-A左位→双联多路阀-B中位→回转接头9→四联多路阀-C、D、E、F中位→回转接头9→油箱。

后支腿液压缸用阀B控制,其油流路线与前支腿支路相同。收腿动作于作业结束后行驶前进行,其动作过程与上述放腿动作相反。

2. 转台回转支路

回转支路的执行元件是一个大转矩双向液压马达,通过涡轮、蜗杆机构减速,转台可获1~3 r/min的低速。马达由手动四联多路阀-C控制正、反转,其油路为:

进油路:液压泵→双联多路阀-A、B中位→回转接头9→四联多路阀-C左(或右)位→回转液压马达;

回油路:回转液压马达→四联多路阀-C左(或右)位→四联多路阀-D、E、F中位→回转接头9→油箱。

由于设有涡轮蜗杆机构,马达停转时,转台的惯性不会引起马达工作腔的液压冲击。

3. 吊臂伸缩支路

吊臂由基本臂和伸缩臂组成,伸缩臂套装在基本臂内,由吊臂伸缩液压缸带动。油路中设置了单向平衡阀5,保证伸缩臂举重上伸、承重停止和负重下缩三种工况的安全、平稳,四联多路阀-D则控制三种工况的实施。例如当四联多路阀-D在右位时,吊臂上伸,其油路为:

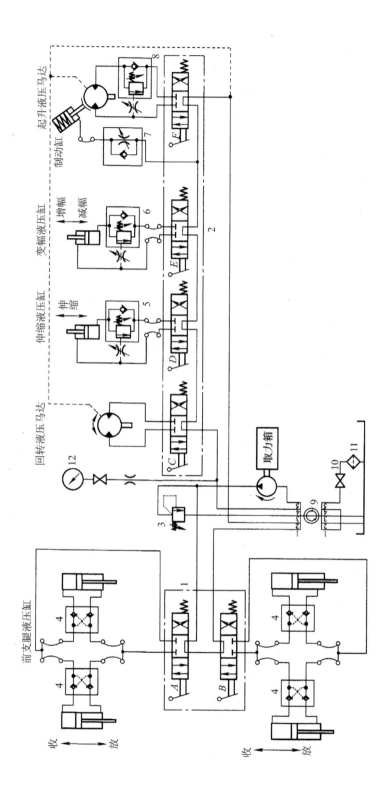

图8-2 Q2-8型汽车起重机液压系统

进油路：液压泵→双联多路阀-A、B中位→回转接头9→四联多路阀-C中位→四联多路阀-D右位→单向平衡阀5中单向阀→伸缩缸无杆腔；

回油路：伸缩缸有杆腔→四联多路阀-D右位→四联多路阀-E、F中位→回转接头9→油箱。

4. 吊臂变幅支路

所谓吊臂变幅支路就是用一液压缸改变吊臂的起落角度。变幅作业要求平稳、可靠，故油路中设置单向平衡阀6。增幅和减幅动作由四联多路阀-E控制，油流路线类同于伸缩支路。

5. 吊重起升支路

吊重的提升和落下由一个大转矩液压马达带动卷扬机来完成。马达的正、反转由四联多路阀-F控制，油路中既设置有单向平衡阀8，还设置有液压机械式制动器，因为液压马达的内泄漏比较大，当重物吊在空中时，重物会缓慢向下滑移。制动器的作用是：当起升机构工作时，在系统油压作用下，制动器液压缸使闸块松开；当液压马达停止转动时，在制动器弹簧作用下，闸块将轴抱紧。当重物悬空停止后再次起升时，若制动器立即松闸，但马达的进油路可能未来得及建立足够的油压，就会造成重物短时间失控下滑。为避免这种现象产生，在制动器油路中设置单向节流阀7，使制动器抱闸迅速，松闸却能缓慢进行（松闸时间由节流阀调节）。

8.1.3 液压系统的主要特点

Q2-8型汽车起重机以安全、可靠为主，其液压系统的主要特点如下：

（1）系统中设置了平衡阀平衡回路、双向液压锁的锁紧回路和液压、机械式制动回路，能确保起重机工作平稳、操作安全可靠。

（2）采用手动多路换向阀控制各支路的换向动作，不仅操作集中、方便，而且可通过手动控制流量，实现节流调速。

（3）各路换向阀串联组合，既可实现各机构的单独动作，也可实现轻载作业时起升、回转的复合动作，以提高工作效率。还可用控制发动机转速和换向阀节流方法实现各部的调速或微速动作。

（4）各换向阀均采用M型机能，同处中位时系统卸荷、各工作部件静止保持原位，能减少功耗，适用起重机间歇工作。

8.2 组合机床动力滑台液压系统

8.2.1 概述

组合机床是一种高效率的专用机床，在机械制造业的成批和大量生产中得到广泛应用。动力滑台是组合机床实现直线进给运动的动力部件，根据加工工艺需要可在滑台台面上装动力箱、多轴箱或各种专用的切削头等工作部件，以完成钻、扩、铰、镗、攻螺纹、倒角等加工工序，并可实现多种工作循环。动力滑台由滑座、滑鞍、液压缸和各种挡铁所构成。对动力滑台液压系统性能的主要要求是速度换接平稳，进给速度稳定，功率利用合理，系统效率高，发热少。

图8-3所示为YT4543型动力滑台液压系统图，该系统采用限压式变量叶片泵及单杆活塞液压缸。通常实现的工作循环是：快进→第一次工作进给→第二次工作进给→死挡铁停留→快退→原位停止。

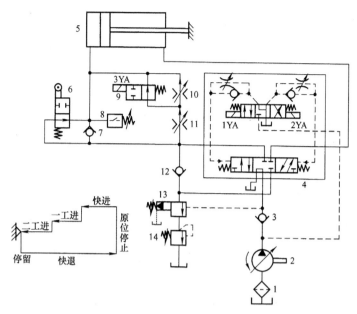

图 8-3 YT4543 型动力滑台液压系统

8.2.2 液压系统的工作原理

1. 快 进

按下启动按钮,电磁铁 1YA 通电,电液换向阀 4 左位接入系统,顺序阀 13 因系统压力较低而处于关闭状态。这时液压缸 5 两腔连通,实现差动快进,变量泵 2 则输出最大流量,其油路为:

进油路:过滤器 1→变量泵 2→单向阀 3→换向阀 4 左位→行程阀 6→液压缸 5 左腔;

回油路:液压缸 5 右腔→换向阀 4 左位→单向阀 12→行程阀 6→液压缸 5 左腔。

2. 第一次工作进给

当滑台快进终了时,液压挡块压下行程阀 6 而切断快进油路,电磁铁 1YA 继续通电,电液换向阀 4 仍以左位接入系统。这时泵 2 输出的液压油只能经调速阀 11 和二位二通换向阀 9 而进入液压缸 5 左腔。

由于工进时系统压力升高,变量泵 2 便自动减小其输出流量,顺序阀 13 此时打开,单向阀 12 关闭,液压缸 5 右腔的回油最终经背压阀 14 流回油箱,这样就使滑台切换为第一次工作进给运动。其油路是:

进油路:过滤器 1→变量泵 2→单向阀 3→换向阀 4 左位→调速阀 11→换向阀 9→液压缸 5 左腔;

回油路:液压缸 5 右腔→换向阀 4 左位→顺序阀 13→背压阀 14→油箱。

第一次工作进给量大小由调速阀 11 控制。

3. 第二次工作进给

第二次工作进给油路和第一次工作进给油路基本上是相同的,不同之处是当第一次工作进给到预定位置时,滑台上挡块压下相应的电气行程开关,发出电信号使阀 9 电磁铁 3YA 通电,使其油路关闭,这时液压油须通过调速阀 11 和 10 进入液压缸左腔。液压缸右腔的回油路线和第一次工作进给时相同。因调速阀 10 的通流面积比调速阀 11 的小,故滑台工作进给运动速度降低为第二次工作进给,其速度由调速阀 10 来调节确定。

4. 死挡铁停留

当滑台完成第二次工作进给碰上死挡铁后,滑台即停止前进。这时液压缸5左腔的压力升高,使压力继电器8动作,发出电信号给时间继电器,停留时间由时间继电器控制。设置死挡铁可以提高滑台加工进给的位置精度。

5. 快速退回

滑台停留时间结束后,时间继电器发出信号,使电磁铁1YA、3YA断电,2YA通电,这时阀4的先导阀右位接入系统。控制油路为:

进油路:过滤器1→变量泵2→阀4的先导阀→阀4的右单向阀→阀4的液动阀右端;

回油路:阀4的液动阀左端→阀4的左节流阀→阀4的先导阀→油箱。

在控制油液压力作用下阀4的液动阀右位接入系统,主油路为:

进油路:过滤器1→泵2→单向阀3→换向阀4→液压缸5右腔;

回油路:液压缸5左腔→单向阀7→换向阀4→油箱。

因滑台返回时负载小,系统压力低,变量泵2输出流量又自动恢复到最大,则滑台快速退回。

6. 原位停止

当滑台快速退回到原位,其挡块压下原位行程开关(图中未示出)而发出信号,使电磁铁2YA断电,至此全部电磁铁皆断电,阀4的先导阀和液动阀都处于中位,液压缸两腔油路均被切断,滑台原位停止。这时变量泵2输出的液压油经阀4中位直接回油箱,实现低压卸荷。

系统图中各电磁铁及行程阀的动作顺序见表8-1。

表8-1 电磁铁和行程阀动作顺序表

元件 动作	电磁铁			行程阀
	1YA	2YA	3YA	
快进	+	−	−	−
一次工进	+	−	−	+
二次工进	+	−	+	+
死挡铁停留	+	−	+	+
快退	−	+	−	±
原位停止	−	−	−	−

注:"+"表示电磁铁通电、行程阀压下;"−"表示电磁铁断电、行程阀松开。

8.2.3 液压系统的特点

从以上分析可知,该系统主要采用了下列基本回路组成:限压式变量泵和调速阀的容积节流调速回路;单杆活塞液压缸差动连接增速回路;电液换向阀的换向回路;行程阀和电磁阀的速度换接回路,串联调速阀的二次进给调速回路等。这些回路的应用决定了系统的主要性能,其特点如下:

(1) 由于采用限压式变量泵,快进转换为工作进给后,无溢流功率损失,系统效率较高。又因采用差动连接增速回路,在泵的选择和能量利用方面更为经济合理;

(2) 采用限压式变量泵、调速阀和行程阀进行速度换接,使速度换接平稳;采用机械控制的行程阀,位置控制准确可靠;

(3) 采用限压式变量泵和调速阀联合调速回路,且在回油路上设置背压阀,提高了滑台运动的平稳性,并能获得较好的速度负载特性;

(4) 采用进油路串联调速阀二次进给调速回路,可使启动冲击和速度转换冲击较小,并便

于利用压力继电器发出电信号进行自动控制;

(5) 在滑台的工作循环中,采用死挡铁停留,不仅提高了进给位置精度,还扩大了滑台工艺使用范围,更适用于镗阶梯孔、锪孔和锪端面等工序。

8.3 数控车床液压系统

8.3.1 概 述

数控车床自动化程度高,能获得较高的加工精度,因此得到广泛的使用。目前,在数控机床上大多采用了液压传动技术。下面介绍 MJ-50 型数控车床的液压系统。

数控车床中由液压系统实现的动作有:卡盘的夹紧与松开、刀架的夹紧与松开、刀架的正转与反转、尾座套筒的伸出与缩回。液压系统中各电磁阀的电磁铁动作由数控系统的 PC 控制实现,各电磁铁动作顺序见表 8-2。

表 8-2 电磁铁动作顺序表

动作		电磁铁	1YA	2YA	3YA	4YA	5YA	6YA	7YA	8YA
卡盘正卡	高压	夹紧	+	—	—	—	—	—	—	—
		松开	—	+	—	—	—	—	—	—
	低压	夹紧	+	—	+	—	—	—	—	—
		松开	—	+	+	—	—	—	—	—
卡盘反卡	高压	夹紧	—	+	—	—	—	—	—	—
		松开	+	—	—	—	—	—	—	—
	低压	夹紧	—	+	+	—	—	—	—	—
		松开	+	—	+	—	—	—	—	—
刀架		正转	—	—	—	—	—	—	—	+
		反转	—	—	—	—	—	—	+	—
		松开	—	—	—	+	—	—	—	—
		夹紧	—	—	—	—	—	—	—	—
尾座		套筒伸出	—	—	—	—	—	+	—	—
		套筒退回	—	—	—	—	+	—	—	—

8.3.2 液压系统的工作原理

MJ-50 型数控车床的液压系统原理图如图 8-4 所示。

该数控车床的液压系统采用单向变量泵供油,系统压力调至 4 MPa,压力由压力计 15 显示。泵输出的压力油经单向阀 2 进入系统,其工作原理如下。

1. 卡盘的夹紧与松开

当卡盘处于正卡(或称外卡)且在高压夹紧状态下时,夹紧力的大小由减压阀 8 来调整,夹紧压力由压力计 14 来显示。当 1YA 通电时,阀 3 左位工作,系统压力油经阀 8、阀 4、阀 3 到

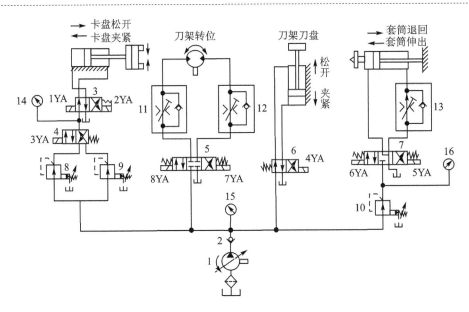

图 8-4　MJ-50 型数控车床的液压系统原理图

液压缸右腔,液压缸左腔的油液经阀 3 直接回油箱。这时,活塞杆左移,卡盘夹紧。反之,当 2YA 通电时,阀 3 右位工作,系统压力油经阀 8、阀 4、阀 3 到液压缸左腔,液压缸右腔的油液经阀 3 直接回油箱,活塞杆右移,卡盘松开。

当卡盘处于正卡且在低压夹紧状态下时,夹紧力的大小由减压阀 9 来调整。这时,3YA 通电,阀 4 右位工作。阀 3 的工作情况与高压夹紧时相同。卡盘反卡时的工作情况与正卡相似,不再赘述。

2. 刀架的回转

换刀时,首先刀架松开,然后刀架转位到指定的位置,最后刀架复位夹紧。当 4YA 通电时,阀 6 右位工作,刀架松开。当 8YA 通电时,液压马达带动刀架正转,转速由单向调速阀 11 控制。若 7YA 通电,则液压马达带动刀架反转,转速由单向调速阀 12 控制。当 4YA 断电时,阀 6 左位工作,刀架夹紧。

3. 尾座套筒的伸缩运动

当 6YA 通电时,阀 7 左位工作,系统压力油经减压阀 10、换向阀 7 到尾座套筒液压缸的左腔,液压缸右腔油液经单向调速阀 13、阀 7 回油箱,缸筒带动尾座套筒伸出,伸出时的预紧力大小通过压力计 16 显示。反之,当 5YA 通电时,阀 7 右位工作,系统压力油经减压阀 10、换向阀 7、单向调速阀 13 到液压缸右腔,液压缸左腔的油液经阀 7 流回油箱,套筒缩回。

8.3.3　液压系统的特点

(1) 采用单向变量液压泵向系统供油,能量损失少。

(2) 用一个换向阀和两个减压阀控制卡盘,实现高压和低压夹紧的转换,并可分别调节高压夹紧和低压夹紧压力的大小,这样可根据工件情况调节夹紧力,操作方便简单。

(3) 用液压马达实现刀架的转位,可实现无级调速,并能控制刀架正、反转。

(4) 用换向阀控制尾座套筒液压缸的换向,以实现套筒的伸出或缩回,并能调节尾座套筒伸出工作时的预紧力大小,以适应不同工件的需要。

(5) 压力计 14、15、16 可分别显示系统相应处的压力,便于液压系统调试和故障诊断。

8.4 液压机液压系统

8.4.1 概 述

液压机是一种广泛使用的压力加工设备,常用于可塑性材料的压制工艺,如锻压、冲压、弯曲、翻边等,也可从事校正、压装、塑料及粉末冶金制品的压制成型工艺。液压机是最早应用液压传动的机械之一。

对液压机液压系统的基本要求是:

(1) 一般压制工艺要求主缸(上缸)驱动上滑块实现快速下行→慢速加压→保压延时→快速返回→停止的工作循环;要求顶出缸(下缸)驱动下滑块实现向上顶出→向下返回→停止的工作循环。

(2) 系统流量大、功率大,空行程和加压行程的速度差异大,因此要求功率利用合理,工作平稳,安全性、可靠性要高。

(3) 液压系统的压力要经常调节、变化,以满足工作要求。

8.4.2 YA32－200 型四柱万能液压机液压系统的工作原理

图 8-5 所示为 YA32-200 型四柱万能液压机的液压系统。

1. 主缸运动

(1) 快速下行 按下启动按钮,电磁铁 1YA、5YA 通电,低压控制油使电液阀 6 切换至右位,并通过阀 8 使液控单向阀 9 打开。

进油路:液压泵 1→阀 6 右位左路→单向阀 13→主缸 16 上腔;

回油路:主缸 16 下腔→单向阀 9→阀 6 右位右路→阀 21 中位→油箱。

此时主缸滑块 22 在自重作用下快速下行,泵 1 的流量不足以补充主缸上腔的容积,上腔形成局部真空,液压缸顶部的充液箱 15 内的油液在大气压作用下,经液控单向阀 14 进入主缸上腔补油。

(2) 慢速接近工件、加压 当主缸滑块 22 上的挡块 23 压下行程开关 XK2 时,电磁铁 5YA 断电,阀 8 处于常态,阀 9 关闭。此时进油路同主缸快速下行时的进油路。

主缸回油路为:主缸 16 下腔→背压(平衡)阀 10→阀 6 右位右路→阀 21 中位→油箱。

由于回油路上有背压,滑块不能靠自重下降,速度减慢,同时主缸上腔压力升高,单向阀 14 关闭,压力油推动活塞使滑块慢速接近工件。当滑块接触工件后,阻力急剧增加,上腔油压进一步升高,变量泵 1 的排油量自动减小,主缸活塞的速度变得更慢,以极慢的速度对工件加压。

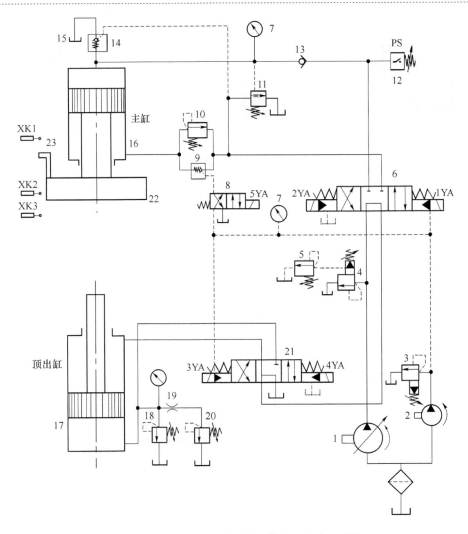

图 8-5 YA32-200 型四柱万能液压机液压系统

(3) 保压 当主缸上腔的压力达到预定值时,压力继电器 12 发出信号,使电磁铁 1YA 断电,阀 6 回复中位,将主缸上下油腔封闭。泵 1 的流量经阀 6、阀 21 的中位卸荷。用单向阀 13 保证了主缸上腔良好的密封性,主缸上腔保持高压,保压时间可由压力继电器 12 控制时间继电器调定。

(4) 卸压、快速回程 保压过程结束,时间继电器发出信号,使电磁铁 2YA 通电,主缸处于回程状态。

由于液压机压力高,主缸直径大,行程长,缸内液体加压、保压过程中储存相当大能量,如果上腔立即与回油相通,则系统内液体积蓄的弹性能立即释放,会产生液压冲击,造成剧烈振动,有很大噪声,为此先卸压后再回程。

当电液阀 6 切换至左位后,主缸上腔还未卸压,压力很高,卸荷阀 11(带阻尼孔)呈开启状态,主泵 1 的压力油经阀 11 中的阻尼孔回油。这时主泵 1 在较低压力下运转,此压力不足以使主缸活塞返回,但能打开液控单向阀 14 中锥阀上的卸荷阀芯,主缸上腔的高压油经此卸荷阀芯的开口而泄回充液油箱 15,这是卸压过程。这一过程使主缸上腔的压力降低,由主缸上腔压力油控制的卸荷阀 11 的阀芯开口量逐渐减小,使系统的压力升高并推开液控单向阀 14 中的主阀芯,主缸开始快速返回,其上腔油液经液控单向阀 14 流回充液油箱 15。

(5) 停止 当主缸滑块上的挡铁 23 压下行程开关 XK1 时,电磁铁 2YA 断电,缸被中位为 M 型的阀 6 锁住,主缸停止运动。此时油路为:泵 1→电液阀 6→阀 21→油箱。泵处于卸荷状态。

2. 顶出缸活塞顶出与退回

顶出缸和主缸互锁,只有在主缸停止运动后才能动作。
(1) 顶出 按下启动按钮,3YA 通电,顶出缸活塞上升。
进油路:泵 1→电液阀 6 中位→阀 21 左位→顶出缸下腔;
回油路:顶出缸上腔→阀 21 左位→油箱。
(2) 退回 3YA 断电,4YA 通电时,电液阀 21 换向,右位接入回路,顶出缸的活塞下行。

3. 浮动压边

当薄板拉伸压边时,要求顶出缸既保持一定压力,又能随着主缸滑块的下压而下行。这时在主缸动作前 3YA 通电,顶出缸顶出后 3YA 立即又断电,顶出缸下腔的油液被阀 21 封住。当主缸滑块下压时,顶出缸活塞被迫随之下行,顶出缸下腔回油经节流阀 19 和背压阀 20 流回油箱,从而建立起所需的压边力。

图 8-5 中的溢流阀 18 是当节流阀 19 阻塞时起安全保护作用的;辅助泵 2 是低压小流量泵,主要供给电液阀的控制油。

8.4.3　YA32-200 型四柱万能液压机液压系统的特点

(1) 采用高压大流量恒功率变量泵供油,既符合工艺要求,又节省能量,这是液压机液压系统的一个特点。

(2) 系统利用管道和油液的弹性变形来实现保压,方法简单,但对单向阀的密封性能要求较高。

(3) 系统中上、下两缸的动作协调是由两个换向阀互锁来保证的。只有换向阀 6 处于中位,主缸不工作时,压力油才能进入阀 21,使顶出缸运动。

(4) 为了减少由保压转换为快速回程时的液压冲击,系统中采用了由卸荷阀 11 和液控单向阀 14 组成的卸压回路。

8.5　思考练习题

8-1　怎样阅读、分析一个复杂的液压系统?

8-2　图 8-2 所示的 Q2-8 型汽车起重机液压系统中,为什么采用弹簧复位式手动换向阀控制各执行元件动作?

8-3　图 8-3 所示的动力滑台液压系统由哪些基本回路所组成?是如何实现差动连接的?采用行程阀进行快、慢速度的转换,有何特点?采用死挡铁停留有何作用?

8-4　题 8-4 图为实现"快进→第一次工进→第二次工进→快退→停止"工作循环的液压系统图,试填写电磁铁动作顺序表。通电用"+"表示,不通电用"-"表示。活塞向右运动为进,向左运动为退。

电磁铁动作顺序表

工作循环		电磁铁			
		1YA	2YA	3YA	4YA
1	快进				
2	第一次工进				
3	第二次工进				
4	快退				
5	停止				

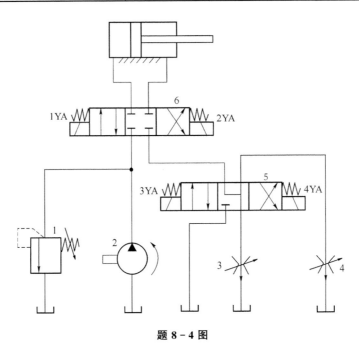

题 8-4 图

第 9 章 液压伺服系统

伺服系统又称随动系统、跟踪系统,是一种自动控制系统。在这种系统中,执行元件能以一定的精度自动地按照输入信号的变化规律动作。液压伺服系统是在液压传动和自动控制理论的基础上建立起来的一种液压自动控制系统。在液压伺服系统中,液压执行元件的运动能自动、快速而准确地随着控制机构的信号而改变。

9.1 液压伺服系统概述

9.1.1 液压伺服系统控制原理

图 9-1 所示为一简单液压传动系统,当给阀芯输入量 x_i(例如向右),则滑阀移动一个开口量 x_v,此时压力油进入液压缸右腔,液压缸左腔回油,推动缸体向右运动,即有一输出位移 x_o。它与输入位移 x_i 大小无直接关系,而与液压缸结构尺寸有关。若将上述滑阀和液压缸组合成一个整体,构成反馈回路,上述系统就变成了一简单液压伺服系统,如图 9-2 所示。可以看出,该伺服系统与一般的液压传动系统不同,控制阀的阀体与液压缸的缸体连接为一体,因而,两者必然同步运动。

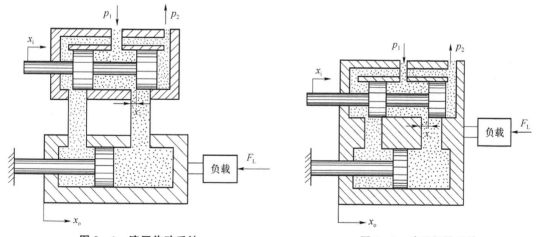

图 9-1 液压传动系统　　　　图 9-2 液压伺服系统

在图 9-2 所示的伺服系统中,如果控制滑阀处于中间位置(零位),即没有信号输入,$x_i=0$。这时,阀芯凸肩堵住液压缸两个油口,缸体不动,系统的输出量 $x_o=0$。负载停止不动,系统处于静止平衡状态。

若给控制滑阀输入一个正位移 x_i(例如向右为正)的输入信号,阀芯偏离其中间位置,液压缸进出油路同时打开,阀相应开口量 $x_v=x_i$,高压油通过节流口进入液压缸右腔,而液压缸左腔的油通过另一个节流口回油,液压缸产生位移 x_o。

由于控制滑阀阀体和液压缸缸体连在一起,成为一个整体,随着输出量 x_o 增加,滑阀开口量 x_v 逐渐减少。当 x_o 增加到 $x_o=x_i$ 时,开口量 $x_v=0$,油路关闭,液压缸不动,负载停止在一个新的位置上,达到一个新的平衡状态。

如果继续给控制滑阀向右的输入信号 x_i,液压缸就会跟随这个信号继续向右运动。反之,若给控制滑阀输入一个负位移 x_i(向左为负)的输入信号,则液压缸就会跟随这个信号向左运动。

由此看出,在此液压伺服系统中,滑阀不动,液压缸也不动;滑阀移动多少距离,液压缸也移动多少距离;滑阀移动速度快,液压缸移动速度也快;滑阀向哪个方向移动,液压缸也向哪个方向移动。只要给控制滑阀以某一个规律的输入信号,则执行元件(系统输出)就自动地、准确地跟随控制滑阀。

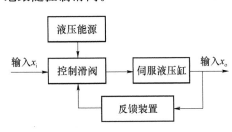

图 9-3 液压伺服系统工作原理方框图

所以,只要有信号输入,使控制阀阀体与阀芯产生相对位移,即所谓的位置偏差,引起系统控制环节和执行环节的失调,产生系统偏差,使执行环节跟随输入信号产生相应的运动,反馈机构又力图消除偏差,一旦输入信号停止,由于反馈作用,系统偏差消除,液压系统在新的位置平衡,这就是液压伺服系统的工作原理。在伺服系统中,加给控制滑阀的信号称为输入量,伺服液压缸产生的位移变化量称为输出量。液压伺服系统的基本工作原理,可用图 9-3 所示的方框图表示。

9.1.2 液压伺服系统的基本特点

(1) 液压伺服系统是一个自动跟踪系统(随动系统),即输出量能够自动地跟随输入量的变化规律而变化。

(2) 液压伺服系统是一个有差系统。液压缸位移 x_o 和阀芯位移 x_i 之间不存在偏差(即当控制滑阀处于零位)时,系统的控制对象处于静止状态。由此可见,欲使系统有输出信号,必须保证控制滑阀具有一个开口量,即 $x_v = x_i - x_o \neq 0$。系统的输出信号和输入信号之间存在偏差是液压伺服系统工作的必要条件,也可以说液压伺服系统是靠偏差信号进行工作的。

(3) 液压伺服系统是一个负反馈系统。在自动控制系统中,反馈作用有两种类型:正反馈(经过反馈作用使输入与输出之间的偏差进一步增加)、负反馈(经过反馈作用使输入与输出之间的偏差减小以至消除)。液压伺服系统输出信号之所以能精确地复现输入信号的变化,是因为控制阀体和液压缸固连在一起,构成了一个反馈控制通路。液压缸输出位移 x_o 通过这个反馈通路回输给控制阀体,与输入位移 x_i 相比较,从而逐渐减小和消除输出信号和输入信号之间的偏差,也就是逐渐减小和消除滑阀的开口量,这就是负反馈。液压伺服系统必须采用负反馈。

(4) 液压伺服系统是一个功率(或力)放大系统。液压伺服系统的执行装置输出的功率(或力)可以远远大于输入信号的功率(或力)。功率放大所需的能量是由动力源提供的。

9.1.3 液压伺服系统的分类

液压伺服系统可以从下面不同的角度加以分类。

(1) 按输入的信号变化规律分类:有定值伺服系统、程序伺服系统和跟踪伺服系统三类。

当系统输入信号为定值时,称为定值伺服系统,其基本任务是提高系统的抗干扰能力。当系统的输入信号按预先给定的规律变化时,称为程序伺服系统。跟踪伺服系统也称为随动系统,其输入信号是时间的未知函数,输出量能够准确、迅速地复现输入量的变化规律。

(2) 按输入信号的介质分类:有机液伺服系统、电液伺服系统、气液伺服系统等。

(3) 按输出的物理量分类:有位置伺服系统、速度伺服系统、力(或压力)伺服系统等。

(4) 按控制元件分类:有阀控液压伺服系统和泵控液压伺服系统。

9.1.4 液压伺服系统的优缺点

液压伺服系统除具有液压传动所固有的一系列优点外,还具有控制精度高、响应速度快、自动化程度高等优点。

但是,液压伺服元件加工精度高,因此价格较贵;对油液污染比较敏感,因此可靠性受到影响;在小功率系统中,液压伺服控制不如电器控制灵活。随着科学技术的发展,液压伺服系统的缺点将不断得到克服。在自动化技术领域中,液压伺服控制有着广泛的应用前景。

9.2 液压伺服系统实例

9.2.1 车床液压仿形刀架

车床液压仿形刀架是机液伺服系统。下面结合图 9-4 来说明它的工作原理和特点。液压仿形刀架倾斜安装在车床溜板 5 的上面,工作时随溜板纵向移动。样件 12 安装在床身后侧支架上固定不动。液压泵站置于车床附近。仿形刀架液压缸的活塞杆固定在刀架的底座(安装在溜板上)上,缸体 6、阀体 7 和刀连成一体,可在刀架底座的导轨(活塞杆)上沿液压缸轴向移动。滑阀阀芯 10 在弹簧的作用下通过杆 9 使杠杆 8 的触头 11 紧压在样件上。车削圆柱面时,溜板 5 沿床身导轨 4 纵向移动。杠杆触头在样件上方 ab 段内水平滑动,滑阀阀口不打开,刀架只能随溜板一起纵向移动,刀架在工件 1 上车出 AB 段圆柱面。

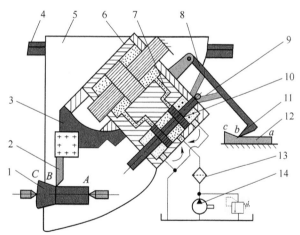

1—工件;2—车刀;3—刀架;4—导轨;5—溜板;6—缸体;7—阀体;
8—杠杆;9—杆;10—阀芯;11—触头;12—样件;13—滤油器;14—液压泵

图 9-4 车床液压仿形刀架的工作原理

车削圆锥面时,触头沿样件 bc 段滑动,触头绕支点抬起,使杠杆 8 向上偏摆,通过杆 9 带动阀芯 10 上移,打开阀口,压力油进入液压缸上腔,推动缸体连同阀体和刀架轴向后退。阀体后退又逐渐使阀口关小,直至关闭为止。在溜板不断地做纵向运动的同时触头在样件 bc 段上不断抬起,刀架也就不断地作轴向后退运动,此二运动的合成就使刀具在工件上车出 BC 段圆锥面。

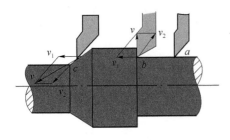

图 9-5 进给运动合成示意图

其他曲面形状或凸肩也都是这样合成切削来形成的,如图 9-5 所示。图中 v_1、v_2 和 v 分别表示溜板带动刀架的纵向运动速度、刀具沿液压缸轴向的运动速度和刀具的实际合成速度。

从仿形刀架的工作过程可以看出,刀架液压缸(执行元件)是以一定的仿形精度按着触头输入位移信号的变化规律而动作的,所以仿形刀架机液系统是机液伺服系统。

9.2.2 机械手伸缩运动伺服系统

一般机械手应包括四个伺服系统,分别控制机械手的伸缩、回转、升降和手腕的动作。由于每一个液压伺服系统的原理均相同,现仅以机械手伸缩伺服系统为例,介绍它的工作原理。

图 9-6 是机械手伸缩电液伺服系统原理图。它主要由电液伺服阀 1、液压缸 2、活塞杆带动的机械手手臂 3、齿轮齿条机构 4、电位器 5、步进电机 6 和放大器 7 等元件组成,是电液位置伺服系统。当电位器 5 的触头处在中位时,触头上没有电压输出。当它偏离这个位置时,就会输出相应的电压。电位器 5 的触头产生的微弱电压,须经放大器 7 放大后才能对电液伺服阀 1 进行控制。电位器 5 的触头由步进电机 6 带动旋转,步进电机 6 的

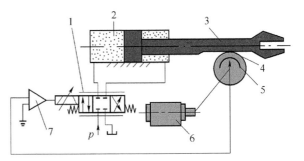

1—电液伺服阀;2—液压缸;3—机械手手臂;
4—齿轮齿条机构;5—电位器;6—步进电机;7—放大器

图 9-6 机械手伸缩运动电液伺服系统工作原理

角位移和角速度由数字控制装置发出的脉冲数和脉冲频率控制。齿条固定在机械手手臂 3 上,电位器 5 固定在齿轮上,所以当手臂带动齿轮转动时,电位器 5 同齿轮一起转动,形成负反馈。机械手伸缩系统的工作过程如下:

由数字控制装置发出的一定数量的脉冲,使步进电机 6 带动电位器 5 的动触头转过一定的角度 θ_i(假定为顺时针转动),动触头偏离电位器 5 中位,产生微弱电压 u_1,经放大器 7 放大成 u_2 后,输入电液伺服阀 1 的控制线圈,使伺服阀 1 产生一定的开口量。这时压力油经阀 1 的开口进入液压缸 2 的左腔,推动活塞连同机械手手臂 3 一起向右移动,行程为 x_v;液压缸 2 右腔的回油经伺服阀 1 流回油箱。由于电位器 5 的齿轮和机械手手臂 3 上齿条相啮合,手臂向右移动时,电位器 5 跟着作顺时针方向转动。当电位器 5 的中位和触头重合时,动触头输出电压为零,电液伺服阀 1 失去信号,阀口关闭,手臂停止移动。手臂移动的行程决定于脉冲数量,速度决定于脉冲频率。当数字控制装置发出反向脉冲时,步进电机逆时针方向转动,手臂缩回。

9.2.3 液压转向助力器

为了减轻驾驶员的体力劳动,在农用机械、运输机械和工程机械上的转向广泛采用液压助力系统。转向液压助力系统由油泵、转向助力器、油箱、油管等组成,是机液伺服系统。

图 9-7 所示为一种液压转向助力器的工作原理图,它主要由液压缸和控制滑阀两部分组成。液压缸活塞 1 的右端通过铰链固定在机架上,液压缸缸体 2 和控制滑阀阀体连接在一起,形成负反馈,由方向盘 5 通过摆杆 4 控制滑阀阀芯 3 移动。当缸体 2 前后移动时,通过转向连杆机构 6 等控制车轮向左或向右偏转,从而操纵转向。当阀芯 3 处于图示(平衡)位置时,因液压缸左、右腔油液封闭,缸体 2 固定不动,车轮保持直线运动。该控制滑阀的阀芯台肩宽度大于阀体内孔环槽宽度,可以防止引起不必要的扰动。若转动方向盘通过摆杆 4 带动阀芯 3 向右移动时,压力 p_1 减小,压力 p_2 增大,使液压缸缸体向右移动。转向连杆机构 6 向逆时针方向摆动,使车轮向左偏转,实现左转弯;反之,缸体若向前移动时,转向连杆机构顺时针方向摆动,使车轮右偏转,实现右转弯。

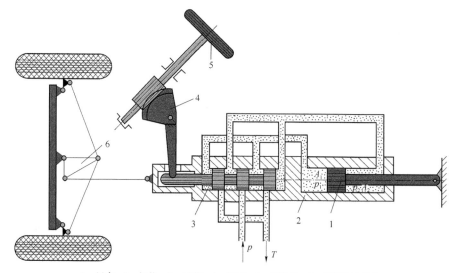

1—活塞;2—缸体;3—阀芯;4—摆杆;5—方向盘;6—转向连杆机构

图 9-7 液压转向助力器工作原理

缸体前进或后退时,控制阀阀体同时前进或后退,即实现刚性负反馈,使阀芯和阀体重新恢复到平衡位置,因此,保持了车轮偏转角度不变。

为了使驾驶员在操纵方向盘时能感觉到路面的好坏,在控制滑阀两端增加两个油腔,油腔分别和液压缸前后腔相通。这时,移动控制阀阀芯时所需的力和液压缸两腔的压力差(p_1-p_2)成正比,驾驶员操纵方向盘时就会感觉到转向阻力的大小。

9.3 思考练习题

9-1 试说明液压伺服系统和液压传动系统的区别。

9-2 若将液压仿形刀架上的控制滑阀与液压缸分开,仿形刀架能工作吗?

9-3 若将液压转向助力器的控制滑阀与液压缸分成两部分,液压转向助力器能工作吗?

9-4 液压伺服系统具有哪些基本特点?

9-5 液压仿形刀架为什么倾斜安装在车床溜板上?

第 10 章　液压系统的使用与维护

一个设计良好的液压系统与复杂程度大致相同的机械式、电气式的机构相比,故障发生率是较低的;但如果使用和维护不当,也会出现各种故障,以致严重影响生产。因此要保证液压设备的正常运行,就必须正确合理地使用和维护保养液压系统,从而达到延长液压系统使用寿命的目的。

10.1　液压系统的调试与使用

10.1.1　液压系统的调试

新的或经修复后的液压系统或元件,在正式投入使用前必须经过调试(即调整试车),才能投入生产使用。调试可使该系统在正常的运行状态下满足生产工艺对它提出的各项要求,同时也可了解和掌握该系统的工作性能和技术状况。调试的主要内容有单项调整、空载试车和负载试车等,在试车前还要进行验收检查。

1. 试车前的验收检查

(1) 液压系统所有元件是否齐全,有无损坏,特别是液压软胶管有无损坏,液压元件上应带的防尘罩帽或螺堵是否齐全,对这些元件一定要进行彻底的检查清洗,防止污物或杂质带入液压系统。

(2) 检查各个元件间的油管连接是否正确以及紧固情况。螺丝的拧紧程度以不漏油为标准,不可过紧。特别应注意检查吸油管接头螺丝的紧固情况,以防吸入空气,影响液压系统的正常工作。

(3) 检查油泵的传动装置是否可靠。

(4) 检查控制阀在各个工作位置的定位及移动情况。定位机构工作应可靠,操纵灵活。

(5) 检查油箱有无杂质和污物,必要时进行彻底清洗。补充加注液压油至规定油面高度。

(6) 检查油缸或液压马达进行正常运动时,有无障碍。

2. 空载试车

空载试车是在无负载运转的条件下,全面检查液压系统的各基本回路、液压元件及辅助元件的工作是否正常,工作循环或各种动作的自动转换是否符合要求。

(1) 开始试车时,发动机转速控制在额定转速的50%左右。油泵在卸荷状态下运转检查:油泵工作是否正常,有无异常噪声,观察油箱油液循环,是否有空气吸入系统,油泵温升等情况。经过一定时间,约 10 min 后,使发动机在最大转速下运转,继续对油泵的工作情况进行检查。确信一切正常工作后,继续下一项检查。

(2) 操纵控制阀,使油缸往复运动数次,或使液压马达在某种转速下运转,排除液压系统中的空气。观察运转情况,检查各元件、管道及接头处有无漏油现象。

(3) 检查控制阀在各种工作位置时的动作是否可靠。

(4) 液压系统连续空负荷运转一定时间(约 30 min)后,检查油液温升,不应超过规定值,油的正常温度应当不高于 60 ℃。

在空载运转时,排除一切故障后,方可进行负载运转。

3. 负载试车

负载试车是使液压系统按设计要求在预定的负载下工作。通过负载试车检查液压系统能否建立正常的工作压力;检查运动部件运动、换向和换速的平稳性;检查在正常的工作压力下,能否产生要求的流量,使执行机构达到要求的工作速度;有无爬行和冲击现象;检查有无外漏现象、有无噪声和振动、连续工作后油液温升等。在试车的过程中排除一切故障。负载试车时,开始应先在较轻负荷下运转,然后再用满负荷试运转。确信一切工作正常后,再更换液压油即可投入生产使用。

10.1.2 液压系统的使用

1. 保持液压油清洁,防止杂质污物进入液压系统

液压系统是以油液为介质传递动力的,应按要求选用合适牌号的液压油。在正确选用液压油后,还应特别注意使用中保持油液清洁,防止混入杂质污物,否则就会使液压系统产生各种故障。这一点在生产中往往容易被忽视。

液压系统中所采用的泵、阀、缸或油马达等液压元件,其相对运动副间都有很好的配合表面,加工精度和表面光洁度高;另外,在液压元件中有许多小孔道、节流缝隙、阻尼小孔,如果油液中混入杂质污物,就会划伤表面,加剧磨损,使泄漏增加;发生杂质将阀芯卡死,不能正常移动,造成阀芯动作失灵的现象;有可能使节流孔或阻尼孔堵塞,油液不能畅通,使液压元件不能正常工作,会使油箱滤清器很快堵塞,失去滤清作用,造成油泵吸空或系统超载的故障;污物还会使油液很快变质,失去应有的良好性能。

实践已经证明,液压系统发生故障的原因,多数是由于油液中杂质污物所造成的。因此,经常保持用油清洁,是维护好液压系统,保证正常工作,延长使用寿命的重要措施。

为保持液压油的清洁,可采取以下措施:

(1) 在保管和加油时要注意清洁。液压油应放在干净的地方保管,所用的加油工具,如油桶、漏斗等应保持清洁,使用前应擦洗干净。

(2) 保持液压元件的清洁,特别应保持油箱周围的清洁,为了防止灰尘落入油液中,油箱应加盖密封,油箱通气孔应装滤清器,使之保持畅通。

(3) 液压系统的油液应定期更换。在换油时,应彻底清洗油箱及滤清器。向油箱加油时,应通过加油口滤网,防止机械杂质混入油箱。

(4) 不要随便拆卸液压元件,如果必须拆卸时,应将零件外表清洗后,在干净的室内组装。在装配时要防止金属屑、棉纱等杂质混入液压元件内部。

2. 防止液压系统油温过高

(1) 油温过高,使油黏度降低,因而,液压元件及系统内外泄漏量增加,这样会使容积效率降低,油缸或油马达运动速度变慢。同时,由于黏度降低,使相对运动表面间的润滑性能变坏,增加磨损。

(2) 油温过高,将使油液的氧化过程加快,导致油液变质,缩短使用寿命。油中析出的沥青等沉淀物,还会堵塞小孔和缝隙,影响系统的正常工作。

(3) 油温过高将使元件受热膨胀,可能使配合间隙减小,因而影响阀芯的移动,甚至被卡住。

(4) 油温过高会使密封胶圈迅速老化变质,丧失密封性能等。

防止油温过高,在使用中主要应注意:

(1) 经常使油箱中的油面处于所要求的高度,使油液有足够的循环冷却条件。

(2) 正确选用液压油的黏度,黏度过高,增加油液流动时的能量消耗,油泵吸油不充分;黏度过低,泄漏增加。

(3) 当发现液压系统油温过高时,应停止工作,查找原因及时排除。

3. 防止液压系统油温过低

北方地区冬季室外作业的机械,由于气温低,液压油黏度增加,使正常工作受到影响,或产生一系列故障。如油泵吸空或吸油不充分,加速运动副间的磨损;阀动作失灵;油液流动阻力增加,液压损失增加,易形成油塞现象等。为此应注意:

(1) 选用黏度适合的液压油;

(2) 在工作开始前,应预热,使油温超过 20 ℃时再开始工作。预热时不得用明火直接加热液压系统,否则,易损坏橡胶件。

4. 防止空气进入液压系统

液压油可压缩性很小,在一般的液压系统工作压力下,可忽略不计。但空气的可压缩性很大,约为油液的 10 000 倍,所以,即使液压系统中含有少量的空气,它的影响也很大。液压系统中进入空气后,将使液压系统失灵,油液迅速变质。液压油中的空气,在低压管道中,空气膨胀,产生空穴现象,使油液不连续,而在高压管道中,在压力油的冲击下,急剧受到压缩,使液压系统产生噪声。同时,当气体突然受到压缩时,会放出大量热量,引起局部过热,使液压元件损坏或油变质,缩短使用寿命。因此,必须注意防止空气进入系统中。

(1) 空气从油箱进入液压系统的机会较多,如果油箱油量不足,油面太低,油泵吸油管浸入油中太短,在吸油过程中,吸油口处形成漩涡,空气就有可能随油液进入液压系统中。回油管在油面以上,没有浸在油液内时,回油冲击油面或油箱壁,使空气与油液混在一起,也容易被油液带入液压系统中。因此,必须经常注意油箱内油面的高度,保持有足够的油量。

(2) 应特别注意油泵至油箱吸油管路的密封。液压系统的吸油管路经常处于低压情况下工作,形成部分真空现象。如果液压系统中的密封元件密封性能不好,管接头以及液压元件接合面处的螺钉没有拧紧时,空气就会从这些地方进入液压系统。因此,应注意管道及液压元件的密封,失效的密封装置应及时更换。管接头螺帽及各接合面的紧固螺钉应及时拧紧。

液压系统进入空气后,要及时排出。在工作开始前应打开排气螺塞,排出空气。在更换油液后,使油缸往复运动数次,以便排除空气。排气后要再次检查油箱中的油面高度,不足时添加到所要求的油位。

5. 防止水进入液压系统

因为水混入液压系统中,会使油液产生乳化,降低油的润滑性能,增加酸值,因而缩短了液压元件及油液的使用寿命。

6. 液压系统不应在超载情况下工作

虽然,液压系统有安全阀起安全保护作用,但是,超负荷工作时,安全阀经常处于开启状态,易使油温升高,产生不良影响。

油泵在起动、停止时,不要带负荷;否则加速油泵的磨损。

7. 正确操纵换向阀手柄

正确操纵换向阀手柄,应当动作敏捷,轻击快推,不准在过渡位置上停留,否则滑阀将把从油泵来的油路封闭,使油压增高。当手柄扳到预定位置后,应立即放手。

10.2 液压系统常见故障分析及排除

液压系统的故障是各种各样的,而产生故障的原因也是多种多样的,因此机械设备上的液压系统出了故障,不可能将所有元件都拆下来检查,也不能盲目地乱拆乱查,而是要根据故障现象,采用一定的方法,分析产生故障的原因,有针对性地采取措施,排除故障。

10.2.1 液压系统故障的特点

1. 故障的多样性和复杂性

液压设备出现的故障是多种多样的,通常又是几个故障同时出现,例如系统的压力不稳定时,就常常伴有振动和噪声故障一起发生。另外,液压系统同一故障引起的原因可能有多个,而同一原因又可引发多种故障。例如液压泵、溢流阀、液压油的黏度以及系统泄漏等都会引起液压系统的压力达不到要求;同样是系统吸入空气,严重时会使液压泵吸不上油,较轻时会引起流量、压力波动等。

2. 故障的隐蔽性

液压元件的内部结构和工作状态不能从外表直接观察,压力油又是在系统的管道内,这就使液压系统的故障具有隐蔽性,不易观察和发现。

3. 故障产生的偶然性与必然性

系统中的故障有时是偶然发生的,如油液中的污物偶然堵死溢流阀的阻尼孔或卡死换向阀的阀芯,使系统突然失压或不能换向;有时是必然发生的,如油液黏度低引起的系统泄漏,液压泵内部间隙大,内泄漏增加,导致泵的容积效率下降等。

4. 故障的产生与使用条件密切相关性

例如环境温度低,使液压油的黏度增大,引起液压泵吸油困难。反之,若环境温度高,液压油黏度要下降,会引发泄漏和压力不足等故障。

5. 故障难于分析、判断而易于处理

液压系统出现故障,与机械传动和电气传动相比,分析判断比较困难。一旦故障部位确定,造成原因查明,排除和处理相对来说是容易的。

10.2.2 液压系统故障分析的一般方法

1. 直观检查法

直观检查法,就是凭人的五官感觉和日常经验来分析液压设备是否存在故障、故障部位以

及原因的一种诊断方法,具体概括如下:

(1) 看　用视觉来判别液压系统的工作是否正常。即看执行机构运动速度有无变化;看液压系统各测压点压力有无波动现象;观察油液是否变质,油量是否充足;看管接头、接合面、液压泵轴伸出处和液压缸活塞杆伸出处是否泄漏;看运动部件有无爬行现象和元件有无振动现象;看加工出的产品质量等。

(2) 听　用听觉来判别液压系统的工作是否正常。听液压泵和系统工作时的噪声是否过大,溢流阀等元件是否有尖叫声;听液压缸换向时冲击声是否过大;听油路板或集成块内是否有微细而连续不断的泄漏声。

(3) 摸　用触觉来判别液压系统的工作是否正常。摸泵、油箱和阀体等温度是否过高;摸运动部件和管子有无振动;用手试一试挡铁、微动开关等的松紧程度。

(4) 嗅　闻一闻油液是否有变质异味。

(5) 阅　查阅技术资料及有关故障分析与修理记录和保养记录等。

(6) 问　询问设备操作者,了解设备平时工作状况。

直观检查法虽然简单,但却是较为可行的一种方法,特别是在工作现场,缺乏完备的仪器、工具的情况下更为有效。只要逐步积累经验,运用起来就会更加自如。因此,在简易条件下,更应多采用这样方法。

2. 逻辑分析法

逻辑分析法主要是根据液压系统工作基本原理进行逻辑推理,也是掌握故障判断技术及排除故障最主要的方法。它是根据该设备液压系统组成中各回路内所有液压元件有可能出现的问题导致执行元件故障发生的一种逼近的推理查处法。

采用逻辑分析法诊断液压系统故障通常有两个出发点:一是从主机出发,主机故障也就是指液压系统执行机构工作不正常;二是从系统本身故障出发,有时系统故障在短时间内并不影响主机,如油温变化、噪声增大等。图10-1为液压系统流量不足的逻辑分析诊断框图。

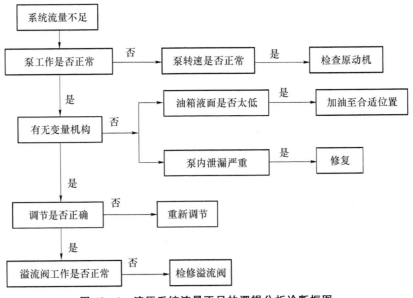

图10-1　液压系统流量不足的逻辑分析诊断框图

3. 对比替换检查法

对比替换检查法是在缺乏测试仪器时检查液压系统故障的一种有效方法,有时应结合替换法进行。一种情况是用两台型号、性能、参数相同的机械进行对比试验,从中查找故障。试验过程中可对机械的可疑元件用新件或完好机械的元件进行替换,再开机试验,如性能变好,则故障即知。否则,可继续用同样的方法或其他方法检查其余部件。另一种情况是目前许多大中型机械的液压系统采用了双泵供油或多泵双回路系统,用对比替换法更为方便,而且现在许多系统的连接采用了高压软管连接,为替换法的实施提供了更为方便的条件。遇到可疑元件,要更换另一回路的完好元件时,不需拆卸元件,只要更换相应的软管接可。

当然,用对比替换法检查故障,由于结构配制、元件储备、拆卸不便等原因,操作比较复杂,但对于阀类体积小、易拆装的元件,采用此法较方便。

实施替换法的过程中一定要注意连接正确,不要损坏周围的其他元件,这样才有助于正确判断故障,而又避免出现人为故障。在没有搞清具体故障所在的部位时,应避免盲目拆卸液压元件总成,否则会降低其性能,甚至出现新的故障。所以在检查过程中,要充分用好对比替换法。

4. 仪器诊断法

仪器诊断法是检测液压系统故障最为准确的方法,主要是通过对系统各部分液压油的压力、流量、油温的测量来判断故障点。其中,压力测量应用较为普遍,而流量大小可通过执行元件动作的快慢做出粗略的判断(但元件内漏只能通过流量测量来判断)。液压系统压力测量一般是在整个液压系统中选择几个关键点来进行(如泵的出口、执行元件的入口、故障可疑元件的入口等部位),对比所测数据与液压系统原理图上标注的相应点的数据,可以判定所测点前后油路上的故障情况。在测量中,通过压力还是流量来判断故障,以及如何确定测量点,要灵活地运用液压传动的两个工作特性来判定,即力(或力矩)是靠液体压力传递,负载运动速度仅与流量有关而与压力无关,且两个工作特性之间具有独立性。

仪表测量检测法虽然可以测知相关点的准确数据,但也存在操作繁琐的问题,主要原因是液压系统所设的测压接头很少,要测某个点的压力或流量一般都要制作相应的测压接头。另外,液压系统原理图上给出的数据也较少。所以,要想顺利地利用测量法进行故障检查必须做好以下几方面工作:一是对所测系统各关键点的压力值有明确的了解,一般在液压系统图上会给出几个关键点的数据,对于没有标出的点,在测量前也要通过计算或分析得出其大概的数值。二是要准备几个不同量程的压力表,以提高测量的准确性,量程过大则测量不准,量程过小则会损坏压力表。三是平时多准备几种常用的测压接头,主要是系统中元件、油管接口连接的需要。四是要注意检查有些执行元件回油压力,这是因为回油压力油路堵塞等原因造成回油压力升高,以致执行元件入口与出口的压力差减小,而使元件工作无力的现象经常会发生。

5. 状态监测法

状态监测用的仪器种类很多,通常有压力传感器、流量传感器、速度传感器、位移传感器和油温监测仪等。把测试到的数据输入计算机系统,计算机根据输入的数据提供各种信息及技术参数,由此判别出某液压元件和液压系统某个部位的工作状况,并可发出报警或自动停机等信号。所以状态监测技术可解决仅靠人的感觉器官无法解决的疑难故障的诊断,并为预知维修提供了信息。

10.2.3 处理液压故障的步骤

1. 熟悉设备性能和液压系统工作原理

在查找故障之前,首先要了解设备的性能,仔细研究液压系统工作原理,不但要弄清各液压元件的性能和其在液压系统中的作用,还要弄清它们之间的相互联系,以及型号、生产厂家和出厂日期等。

2. 搞清全部故障征象

首先到现场观察故障现象,并向操作者询问设备发生故障前后的状况、大概部位和故障现象。如果还能动作,应启动设备,查找故障部位并观察液压系统的压力变化和工作情况,并摸清与故障有关的其他因素以及故障的特点等。

3. 判断故障根本原因

首先应注意到外界因素对系统的影响,在查明确实不是外界原因引起故障的情况下,再集中注意力在系统内部查找原因。其次是在分析判断时,一定要把机械、电气、液压三个方面联系在一起考虑,不能单纯只考虑液压系统。如果确实是液压系统故障,应判断导致故障的根本原因是流量方面的、压力方面的还是方向方面的。

4. 分析造成故障根本原因的可能因素

依据故障分析原则——搞清征象、结合构造、联系原理、具体分析——列出与故障相关的元件清单,进行逐个分析。进行这一步时,一要充分利用判断力,二要注意绝不可遗漏对故障有重大影响的元件。此时应牢记:一个故障现象可能是两种或两种以上的原因所导致的。例如,执行元件速度降低,可能是由于泵件磨损,也可能是由于缸的内泄增大;再如油温过高,可能是油箱内的油量不够,或油液污染堵塞了散热面,也可能是溢流阀的压力调得过高。

5. 拟定故障检查顺序,对元件进行检查,确定故障部位

依据检查故障原则——从简到繁、由表及里、先查两头、后查中间——对清单所列元件进行排序。必要时,列出重点检查的元件和元件的重点检查部位。检查时应判断以下问题:元件的使用和装配是否合适;元件的测量装置、仪器和测试方法是否合适;元件的外部信号是否合适;对外部信号是否响应等。要特别注意某些元件的故障先兆,如温度过高、噪声、振动和外泄漏等,同时准备测量器具等。

6. 对发生故障的元件进行修复或者更换

确定故障部位后,应对故障元件进行修复或更换。故障排除后,在重新启动系统前,必须先认真考虑一下这次故障的原因和结果。例如,故障是由于污染和油液温度过高引起的,则应预料到另外的元件也有出现故障的可能性,并应对隐患采取相应的措施。又如,由于铁屑进入泵内引起泵的故障,在换新泵之前应对系统进行彻底清洗。

故障处理完毕后,应认真地进行定性、定量分析总结,从而提高处理故障的能力,防止以后同类故障的再次发生。

10.2.4 液压系统常见的故障诊断及排除方法

下面介绍液压系统常见故障诊断及排除方法,见表10-1,供处理时参考。

表 10-1 液压系统常见故障及其排除方法

故障现象	产生原因	排除方法
系统无压力或压力不足	溢流阀开启,由于阀芯被卡住,不能关闭,阻尼孔堵塞,阀芯与阀座配合不好或弹簧失效	修研阀芯与壳体,清洗阻尼孔,更换弹簧
	其他控制阀阀芯由于故障卡住,引起卸荷	找出故障部位,清洗或修研,使阀芯在阀体内运动灵活
	液压元件磨损严重,或密封损坏,造成内、外泄漏	检查泵、阀及管路各连接处的密封性,修理或更换零件和密封装置
	液位过低,吸油堵塞或油温过高	加油,清洗吸油管或冷却系统
流量不足	泵转向错误,转速过低或动力不足	检查动力源
	油箱液位过低,油液黏度大,过滤器堵塞引起吸油阻力大	检查液位,补油,更换黏度适宜的液压油,保证吸油管直径
	液压泵转向错误,转速过低或空转磨损严重,性能下降	检察原动机、液压泵及液压泵变量机构,必要时换泵
	回油管在液位以上,空气进入	检查管路连接及密封是否正确可靠
	蓄能器漏气,压力及流量供应不足	检查蓄能器性能与压力
	其他液压元件及密封件损坏引起泄漏	修理或更换损坏的元件
过热	油箱容量设计太小或散热性能差	适当增大油箱容量,增设冷却装置
	油液黏度过低或过高	选择黏度适合的油液
	液压系统背压过高,使其在非工作循环中有大量压力油损失,造成油温升高	改进系统设计,重新选择回路或液压泵
	压力调节不当,选用的阀类元件规格小,造成压力损失增大,导致系统发热	将溢流阀压力调至规定值,重新选用符合系统要求的阀类
	液压元件内部磨损严重,内泄漏大	拆洗、修复或更换已磨损零件
	系统管道太细太长,致使压力损失大	尽量缩短管路长度,适当加大管径,减少弯曲
冲击	蓄能器充气压力不足	给蓄能器充气
	工作压力过高	调整压力至规定值
	先导阀、换向阀制动不灵及节流缓冲慢	减少制动锥斜角或增加制动锥长度,修复节流缓冲装置
	液压缸端部没有缓冲装置	增设缓冲装置或背压阀
	溢流阀故障使压力突然升高	修理或更换
	系统中有大量空气	排除空气

10.3 思考练习题

10-1 正确使用液压系统应注意哪几方面的问题?

10-2 使用液压系统时,防止油温过高应注意哪些问题?

10-3 空气进入液压系统会对系统造成哪些危害?如何预防?

10-4 液压系统故障分析的一般方法有哪些?各有何特点?

10-5 液压油的污染原因主要来自哪几个方面?如何控制液压油的污染?

第 11 章 气压传动概述

11.1 气压传动的工作原理及系统组成

11.1.1 气压传动系统的工作原理

气压传动是以压缩空气为工作介质进行能量传递的一种传动方式。气压传动简称为气动。现以气动剪切机为例,介绍气压传动的工作原理。

图 11-1 是气动剪切机的工作原理图,图示为剪切前的预备状态。

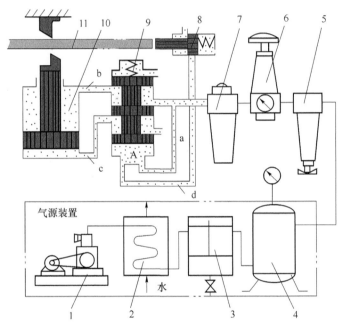

1—空气压缩机;2—后冷却器;3—油水分离器;4—贮气罐;5—分水滤气器;
6—减压阀;7—油雾器;8—行程阀;9—换向阀;10—气缸;11—工料

图 11-1　气动剪切机的工作原理图

空气压缩机 1 产生的压缩空气,经后冷却器 2,油水分离器 3 降温及初步净化后,送入贮气罐 4 备用;压缩空气从贮气罐引出,先经过分水滤气器 5 再次净化,然后经减压阀 6,油雾器 7 到达气控换向阀 9。小部分气体经节流通路 a 进入换向阀 9 的下腔 A,使上腔弹簧压缩,换向阀 9 阀芯处于上端;大部分压缩空气经换向阀 9 后由 b 路进入气缸 10 的上腔,而气缸的下腔经 c 路、换向阀 9 与大气相通,故气缸活塞处于最下端位置。当送料装置将工料 11 送入剪切机并到达规定位置时,工料压下行程阀 8。此时换向阀阀芯下腔压缩空气经 d 路、行程阀 9 排入大气,在弹簧的推动下,换向阀阀芯向下运动至下端;压缩空气经换向阀 9 后由 c 路进入气缸的下腔,上腔经 b 路、换向阀 9 与大气相通,气缸活塞向上运动,剪刃随之上行剪断工料。工料剪下后,即与行程阀脱开,行程阀阀芯在弹簧作用下复位,d 路堵死,换向阀阀芯上移,气缸活塞向下运动,又恢复到剪切前的状态。

由此可见:剪刃克服阻力剪断工料的机械能来自于压缩空气的压力能;负责提供压缩空气的是空气压缩机;气路中的换向阀、行程阀起到改变气体流动方向进而控制气缸运动方向的作用。因此气压传动的工作原理就是利用空气压缩机将原动机输出的机械能转变为空气的压力能,然后在控制元件的控制及辅助元件的配合下,利用执行元件把空气的压力能转变为机械能,从而完成直线或回转运动并对外做功。

11.1.2 气压传动系统的组成

由图 11-1 可见,典型的气压传动系统主要由以下五部分组成:

1. 气源装置

把机械能转换成空气压力能的装置,如空气压缩机。

2. 气动执行元件

将压缩空气的压力能转变为机械能的装置,如做直线运动的气缸和作回转运动的气马达等。

3. 气动控制元件

控制压缩空气的流量、压力、方向以及执行元件工作程序的元件;如各种流量阀、压力阀、方向阀、逻辑元件等。

4. 辅助元件

除上述三种元件以外的其他装置,如油雾器、消声器、散热器、过滤器及管件等。

5. 工作介质

气压传动的工作介质为压缩空气,在气压传动中起传递运动、动力和信号的作用。

11.2 气压传动的优缺点及应用

11.2.1 气压传动的优点

(1) 许多工厂、车间在作业区均备有压缩空气源,既易于贮存,又具有较好的环境适应性。

(2) 采用空气为工作介质,来源经济方便,不污染环境。

(3) 气动和液压传动相比具有动作迅速、反应快、维护简单,管路不易堵塞的特点,且不存在介质变质、补充和更换等问题。

(4) 由于空气流动损失小,压缩空气可集中供气,便于远距离输送。

(5) 气动装置结构简单,质量轻,安装维护简单。

(6) 压力等级低,在危险场所不会引起火灾。

(7) 若系统过载,执行元件会停止或打滑,因而使用安全可靠。

11.2.2 气压传动的缺点

(1) 由于空气具有可压缩性,气缸的动作速度受负载变化的影响较大。

(2) 工作压力较低,气压传动不适用于重载系统。

(3) 有较大的排气噪声。
(4) 因空气无润滑性能,需另加给油装置提供润滑。
(5) 气压传动系统有泄漏,因而有能量损失,应尽可能减少泄漏。

11.2.3 气压传动的应用

气压传动具有节能、高效、廉价、无污染等优点,近年来发展较快,使用的范围和使用量比液压传动更广。具体应用在如下几个方面:

(1) 汽车制造业:焊装生产线、夹具、机器人、输送设备、组装线、涂装线、发动机、轮胎生产装备等方面均使用气压传动。

(2) 生产自动化:机械加工生产线上零件的加工和组装,如工件的搬运、转位、定位、夹紧、进给、装卸、装配、清洗、检测等工序均使用气压传动。

(3) 机械设备:自动喷气织布机、自动清洗机、冶金机械、印刷机械、建筑机械、农业机械、制鞋机械、塑料制品生产线、人造革生产线、玻璃制品加工线等许多场合均使用气压传动。

(4) 电子半导体家电制造行业:例如硅片的搬运、元器件的插入与锡焊,彩电、冰箱的装配生产线均使用气压传动。

(5) 包装自动化:化肥、化工、粮食、食品、药品、生物工程等实现粉末、粒状、块状物料的自动计量包装,以及用于烟草工业的自动化卷烟和自动化包装等许多工序和用于对黏稠液体(如油漆、油墨、化妆品、牙膏等)和有毒气体(如煤气)的自动计量灌装均使用气压传动。

11.3 空气的基本性质

11.3.1 空气的特性

1. 空气的组成

自然界的空气是由多种气体混合而成的,其主要成分是氮气(78.03%)、氧气(20.95%)、氩气(0.93%)、二氧化碳(0.03%)、氢气(0.01%)、其他惰性气体等,另外还有水蒸气、砂土等细小固体。同时空气中还由于烟雾和汽车排气等缘故,大气中还含有亚硝酸、碳氢化合物等物质。

2. 干空气和湿空气

干空气是指完全不含水蒸气的空气,湿空气是指含有水蒸气的空气。大气中的水分含量取决于大气的湿度和温度。

(1) 露　点

在一定的空气压力下,逐渐降低空气的温度,当空气中所含水蒸气达到饱和状态,开始凝结形成水滴时的温度叫做空气在该空气压力下的露点温度。即当温度降至露点温度以下,湿空气中便有水滴析出。降温法清除湿空气中的水分就是利用此原理。

(2) 绝对湿度

每立方米湿空气中含有的水蒸气的质量称为绝对湿度,也就是湿空气的水蒸气密度。绝对湿度只能说明湿空气中所含水蒸气的多少,但不能说明湿空气所具有的吸收水蒸气的能力。为了了解湿空气继续吸收水分的能力和离饱和状态的远近,人们引入相对湿度的概念。

（3）相对湿度

每立方米湿空气中,水蒸气的实际含量(即未饱和空气的水蒸气密度)与同温度下最大可能的水蒸气含量(即饱和水蒸气密度)之比称为相对湿度。气动系统中使用的空气相对湿度越低越好。通常当空气的相对湿度在60%～70%时,人感觉舒适。相对湿度既反映了湿空气的饱和程度,也反映了湿空气离饱和程度的远近。气动技术中规定各种阀的相对湿度应小于95%。

3. 空气的压缩性

一定质量的静止气体由于压力改变而导致气体所占容积发生变化的现象称为气体的压缩性。由于气体比液体容易压缩,所以气体常被称为可压缩流体。气体容易压缩,有利于气体的贮存,但难于实现气缸的平稳运动和低速运动。

4. 空气的黏性

气体在流动过程中产生内摩擦力的性质称为黏性。表示黏性大小的量称为黏度。气体相对于液体而言其黏度要小得多,因此在管道内流动速度相同的条件下,气体相对于液压油流动损失要少得多。

11.3.2 空气的质量等级

随着机电一体化技术的不断发展,气动行业发展很快。在相同产值的情况下,气动元件的使用量及应用范围已远远超过液压元件。气动元件的发展趋势为小型化、轻量化、集成化、低能耗,各种行业也对作业环境有严格的要求以及对污染有严格的控制,这就对压缩空气的质量和净化都提出了更高的要求。不同的气动设备,对空气质量的要求不同。空气质量低劣,会使优良的气动设备频繁出现各种故障,缩短使用寿命,但如对空气质量提出过高要求,则又会增加压缩空气的成本。为此,国际标准化组织专门制定了空气的质量等级标准——ISO 8573·1 标准。该标准对压缩空气中的固体尘埃颗粒度、含水率(以压力露点形式要求)和含油率的要求划分了质量等级,详见表11-1。我国于1991年也制定了等效于ISO 8573的标准——《一般用压缩空气质量等级》(GB/T 13277—91)。

表 11-1 压缩空气的质量等级(ISO 8573·1)

等级	最大粒子		常压露点(最大值)/℃	最大含油量/(mg·m^{-3})
	尺寸/μm	浓度/(mg·m^{-3})		
1	0.1	0.1	−70	0.01
2	1	1	−40	0.1
3	5	5	−20	1.0
4	15	8	+3	5
5	40	10	+7	25
6			+10	
7			不规定	

例如,某气压传动系统要求空气质量等级为233,数字2表示最大粒子为1 μm,中间数字3表示常压露点温度为−20 ℃,最后数字3表示最大含油量为1.0 mg/m^3。

11.4　思考练习题

11-1　填空题

11-1-1 气压传动系统是以_____为工作介质进行能量传递的传动方式。

11-1-2 气压传动系统是由_____、_____、_____、_____、_____所组成。

11-1-3 湿度的表示方法有_____和_____。

11-2　判断题

11-2-1 气压传动具有传递功率小,噪声大等缺点。(　　)

11-2-2 气压传动能使气缸实现准确的速度控制和很高的定位精度。(　　)

11-2-3 压缩空气具有润滑性能。(　　)

11-2-4 绝对湿度表明湿空气所含水分的多少,能反映湿空气吸收水蒸气的能力。(　　)

11-2-5 压缩空气的质量等级越高越好。(　　)

11-3　选择题

11-3-1 气压传动的优点是(　　)。
　　　A. 工作介质取之不尽,用之不竭,但易污染　　B. 气动装置噪声大
　　　C. 执行元件的速度、转矩、功率均可作无级调节　　D. 无法保证严格的传动比

11-3-2 单位湿空气体积中所含水蒸气的质量称为(　　)。
　　　A. 湿度　　　　　　　　　　　　　　　　B. 相对湿度
　　　C. 绝对湿度　　　　　　　　　　　　　　D. 饱和绝对湿度

11-4　问答题

11-4-1 气压传动由哪几部分组成？请说明各部分的作用。

11-4-2 气压传动与液压传动相比较,有何优缺点？

第 12 章 气动元件

12.1 气源装置

气源装置是用来产生具有足够压力和流量的压缩空气并将其净化、处理及储存的一套装置。由空气压缩机产生的压缩空气必须经过降温、净化等一系列处理后才能用于气压传动系统。因此,气源装置除了空气压缩机为其主体外,还包括干燥器、过滤器、油水分离器、冷却器及气罐等气源净化装置,如图 12-1 所示。

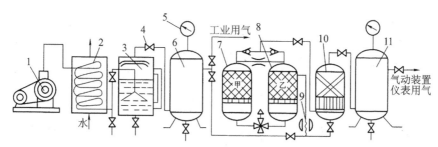

1—空气压缩机;2—后冷却器;3—油水分离器;4—阀门;5—压力表;
6、11—气罐;7、8—干燥器;9—加热器;10—空气过滤器

图 12-1 气源装置组成及分配示意图

12.1.1 空气压缩机

空气压缩机是将电机等装置输入的机械能转变为气体压力能的装置,是气动系统的动力源。

1. 空气压缩机的分类

空气压缩机的种类很多,按国家标准的规定分为容积型和速度型两大类。若按空压机的公称排气压力范围分可分为低压式(0.2~1 MPa)、中压式(1~10 MPa)、高压式(10~100 MPa)和超高压式(>100 MPa)等。

容积型空压机是通过机件的运动,使密封容积发生周期性大小的变化,从而完成对空气的吸入和压缩过程,主要有活塞式、螺杆式、叶片式等不同结构形式。速度型空压机是利用转子或叶轮的高速旋转使空气产生高速度,具有高动能,并使其突然受阻而停滞,将动能转化为压力能,它主要有离心式和轴流式等。

2. 空气压缩机的工作原理

在气压传动中,一般使用容积式空气压缩机,下面介绍容积式空气压缩机中活塞式空气压缩机、叶片式空气压缩机、螺杆式空气压缩机的工作原理。

(1) 活塞式空气压缩机的工作原理

在容积式空气压缩机中,最常用的是活塞式空气压缩机,其工作原理与容积式液压泵一样,如图12-2所示。

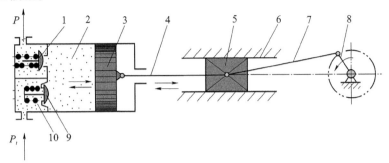

1—排气阀；2—气缸腔；3—活塞；4—活塞杆；
5—十字头；6—滑道；7—连杆；8—曲柄；9—吸气阀；10—弹簧

图12-2 活塞式空气压缩机工作原理

曲柄8在原动机(一般为电动机)带动下做回转运动,通过连杆7和活塞杆4,带动气缸活塞3做往复直线运动。当活塞3向右运动时,气缸腔2因容积增大而形成局部真空,吸气阀9打开,空气在大气压作用下由吸气阀9进入气缸腔内,此过程称为吸气过程；当活塞3向左运动时,吸气阀9关闭,随着活塞的左移,缸内空气受到压缩而使压力升高,在压力达到足够高时,排气阀1即被打开,压缩空气进入排气管内,此过程为排气过程。如此循环往复运动,不断产生压缩空气。图12-2所示为单缸活塞式空气压缩机,大多数空气压缩机是由多缸多活塞组合而成的。

(2) 叶片式空气压缩机工作原理

图12-3所示为叶片式压缩机,当转子旋转时,各叶片主要靠离心作用紧贴定子内壁。转子回转过程中,左半部(输入口)吸气。在右半部,叶片逐渐被定子内表面压进转子沟槽内,叶片、转子和定子内壁围成的容积逐渐减小,吸入的空气逐渐被压缩,最后从输出口排出压缩空气。一般需在输出口安装油雾分离器和冷却器。

(3) 螺杆式空气压缩机工作原理

图12-4所示为螺杆式空气压缩机,两个咬合的螺旋转子以相反方向转动,它们当中的自由空间的容积沿轴向逐渐减小,从而两转子间的空气逐渐被压缩。若转子和机壳之间不相互接触,则不需要润滑,这样的空气压缩机便可输出不含油的压缩空气。空气压缩机可连续输出无脉动的流量大的压缩空气,出口空气温度为60 ℃左右。

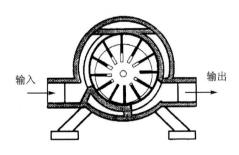

图12-3 叶片式空气压缩机工作原理

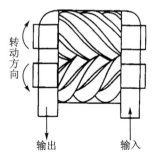

图12-4 螺杆式空气压缩机工作原理

3. 空气压缩机的选用

选择空压机的根据主要是气动系统所需要的工作压力和流量两个主要参数,同时还要兼顾经济性和安全性因素。

目前应用最广泛的是活塞式空气压缩机,其压力范围大,特别适用于压力较高的中小流量场合,而最具发展前途的则为螺杆式和离心式空压机,因其运转平稳,排气均匀。螺杆式适用于低压力、中小流量场合,离心式适用于低压力、大流量场合,而叶片式空压机适用于低、中压力和中小流量场合。

12.1.2 气源净化装置

从空压机输出的压缩空气在到达各用气设备之前,必须将压缩空气中含有的大量水分、油分及粉尘杂质等除去,以得到适当的压缩空气质量,否则会大大降低气动系统工作的可靠性和使用寿命,对气动系统的正常工作造成危害,因此在气动系统中设置净化设备是十分必要的。常见的气源净化装置包括后冷却器、油水分离器、储气罐、干燥器、空气过滤器等。

1. 后冷却器

空气压缩机输出的压缩空气温度可达180 ℃,在此温度下空气中的水分完全呈气态。后冷却器的作用就是将空气压缩机出口的高温空气冷却至40 ℃以下,将大量水蒸气和变质油雾冷凝成液态水滴和油滴,以便将它们清除掉。后冷却器分为风冷式和水冷式两种。

(1) 风冷式后冷却器

风冷式后冷却器如图12-5所示,风冷式后冷却器靠风扇产生的空气吹向带散热片的热气管道降低压缩空气的温度。冷却后的压缩空气出口温度比室温高15 ℃。由于其结构简单,辅助设备少,被广泛用于中小流量的压缩空气系统。

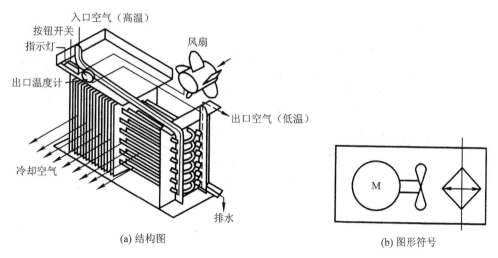

图 12-5 风冷式后冷却器

(2) 水冷式后冷却器

水冷式后冷却器常采用蛇管式或套管式换热装置。图12-6所示为蛇管式后冷却器由空气压缩机排出的热空气由蛇管上部进入,通过管壁与管外的冷却水进行热交换,冷却后由蛇管下部输出。这种冷却器结构简单,使用维修方便,应用广泛。在安装时应注意,压缩空气和水的流动方向相反,冷却后的压缩空气出口温度比室温高 10 ℃。

2. 油水分离器

油水分离器的作用就是分离压缩空气中凝聚的水分、油分等杂质,初步净化压缩空气。结构形式主要有:环形回转式、撞击挡板式、离心旋转式等。

图 12-7 所示为撞击挡板式油水分离器。压缩空气自入口进来后,撞击隔板折回向下,继而又回升向上,形成回转环流,使水滴、油滴和杂质在离心力和惯性力的作用下,从空气中分离析出,并沉降在底部,初步净化的压缩空气从出口送往贮气罐。定期打开底部阀门可排出相关的分离物。为提高油水分离的效果,气流回升后上升的速度不能太快,一般不超过 1 m/s。

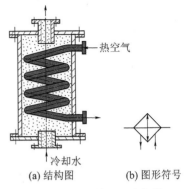

图 12-6 蛇管式后冷却器

3. 贮气罐

贮气罐有卧式和立式之分,是用钢板焊接制成的压力容器,主要作用是贮存一定数量的压缩空气。它也是应急动力源,可解决短时间内用气量大于空气压缩机输出量的矛盾。它能消除空气压缩机排气时的压力脉动,保证供气的连续性、稳定性,并能进一步分离压缩空气中的油分、水分。气罐上必须装有安全阀、压力表,且安全阀与气罐之间不得再装其他阀。贮气罐最低处应设有排水阀,定期排水。

图 12-8 所示为立式贮气罐的结构示意图和图形符号。

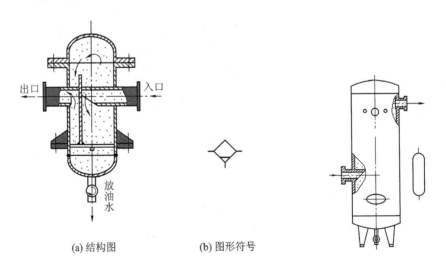

图 12-7 撞击式油水分离器   图 12-8 立式贮气罐

4. 空气干燥器

从空压机输出的压缩空气经过后冷却器、油水分离器和贮气罐的初步净化后已能满足一般气动系统的使用要求,但还不能满足精密机械仪表装置的要求,因此需要进一步净化处理。

而空气干燥器的作用就是进一步吸收和排除其中的水分以满足精密气动装置用气的要求,使湿空气变成干空气。它只能清除水分,不能清除油分。

压缩空气的干燥方法主要有机械法、离心法、冷冻法、吸附法等。目前工业上常用的是冷冻法和吸附法。

(1) 冷冻式干燥器

它是使压缩空气冷却到一定的露点温度,然后析出相应的水分,使压缩空气达到一定的干燥度。此方法适用于处理低压大流量并对干燥度要求不高的压缩空气。压缩空气的冷却可采用冷冻设备,也可采用制冷剂直接蒸发或采用冷却液间接冷却的方法。

(2) 吸附式干燥器

它主要是利用硅胶、活性氧化铝、焦炭、分子筛等物质表面能吸附水分的特性来消除水分的。由于水分和干燥剂间没有化学反应,所以不需要更换干燥剂,但必须定期除去吸附剂中的水分,恢复干燥状态。此过程又被称为吸附剂的再生。

5. 空气过滤器

空气过滤器又称分水滤气器,或二次过滤器。它安装在气动系统的入口处,其主要作用是分离水分,过滤杂质。过滤的原理是根据固体物质和空气分子的大小和质量不同,利用惯性、阻隔和吸附的办法将灰尘和杂质与空气分离。空气过滤器与减压阀、油雾器称为气动三大件,又称气动三联件。

图 12-9 所示为空气过滤器的结构简图、图形符号和实物图。压缩空气从输入口进入后,沿旋风叶子强烈地旋转,夹在空气中的水滴、油滴和杂质在离心力的作用下分离出来,沉积在存水杯底,同时为防止气流旋涡卷起存于杯中的污水,在滤芯下部设有挡水板,而气体经过中间滤芯时,又将其中微粒杂质和雾状水分滤下,沿挡水板流入杯底。洁净空气经出口输出。为保证空气过滤器的正常工作,应及时打开放水阀,放掉存水杯中的污水。

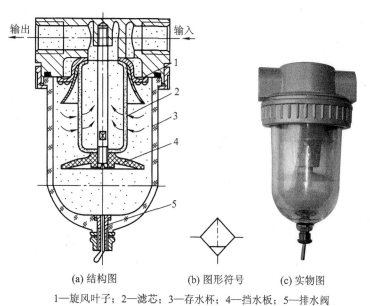

(a) 结构图　　(b) 图形符号　　(c) 实物图

1—旋风叶子;2—滤芯;3—存水杯;4—挡水板;5—排水阀

图 12-9　空气过滤器

空气过滤器必须垂直安装。压缩空气的进出方向不能颠倒,同时应定期清洗或更换滤芯。

12.2 辅助元件

12.2.1 油雾器

油雾器是气压系统中一种特殊的注油装置。其作用就是把润滑油雾化后经压缩空气携带进入系统中需要润滑的部位。用这种方法加油具有润滑均匀、稳定,耗油量少和不需要大的贮油设备等特点。

图 12-10 所示为油雾器的结构图、图形符号和实物图。压缩空气从气流入口 1 进入,大部分气体从主气道流出,一小部分气体通过小孔 2 经特殊单向阀 10 进入贮油杯 5 的上腔 A,此时特殊单向阀在压缩空气和弹簧双重作用下处在中间位置,因此经 10 流进的压缩空气使杯中油面受压,迫使贮油杯中的油液经吸油管 11、单向阀 6 和可调节节流阀 7 滴入透明的视油器 8 内,然后再滴入喷嘴小孔 3,被主管道通过的气流引射出来,雾化后随气流由出口 4 输出,送入气动系统。透明的视油器 8 可供观察滴油情况,上部的节流阀 7 可用来调节滴油量。

这种油雾器可以在不停气的情况下加油。实现不停气加油的关键零件是特殊单向阀,其工作情况如图 12-10 所示。

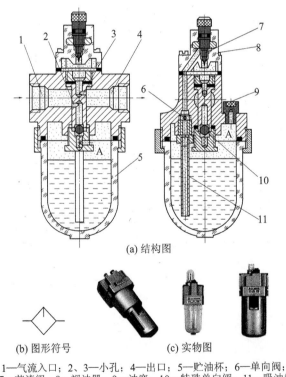

(a) 结构图

(b) 图形符号　　(c) 实物图

1—气流入口；2、3—小孔；4—出口；5—贮油杯；6—单向阀；
7—节流阀；8—视油器；9—油塞；10—特殊单向阀；11—吸油管

图 12-10　油雾器

图 12-11(a)所示为没有气流输入时的情况,阀中的弹簧把钢球顶起,顶住加压通道。

图 12-11(b)所示为正常工作状态,压缩空气推开钢球,加压通道畅通,气体进入油杯加压,但足够刚度的弹簧使钢球悬浮于中间位置,特殊单向阀处于打开状态。

图 12-11(c)所示,当进行不停气加油时,首先拧松油雾器加油孔的油塞 9,使油杯中气压立即降至大气压。此时单向阀的钢球由中间工作位置被压至最下端,封住了油杯的进气道,单向阀处在截止状态,压缩空气无法进入油杯上腔,因而不会使油杯中的油液因高压气体流入而从加油孔中喷出。此外,由于单向阀 6 的作用,压缩空气也不能从吸油管倒流进入油杯。因此可以在不停气源的情况下实现往杯中加油。

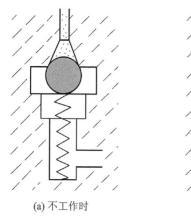 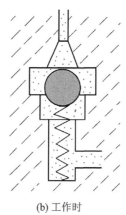 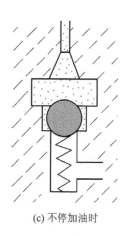

(a) 不工作时　　　　　　(b) 工作时　　　　　　(c) 不停加油时

图 12-11　特殊单向阀的工作情况

油雾器在使用中常与空气过滤器和减压阀一起构成气动三联件,安装时应尽量垂直靠近换向阀,进出气口不能装错,并要保持正常的油面,油面不能过高或过低。

12.2.2　消声器

消声器的作用是消除或减弱压缩空气在高速通过气动元件排到大气时产生的强烈的噪声污染。一般在气动系统的排气口,尤其是在换向阀的排气口应安装消声器。

目前使用的消声器种类繁多,常用的有吸收型消声器、膨胀干涉型消声器、膨胀干涉吸收型消声器和集中排气法消声器等。

1. 吸收型消声器

吸收型消声器的吸声材料大多使用聚氯乙烯纤维、玻璃纤维、烧结铜珠等,其结构如图 12-12 所示。当有压气体通过消音器排出时,引起吸音材料细孔和狭缝中空气的振动,使一部分声能由于摩擦转换成热能,从而降低了噪声。这种消声器适合一般的气动系统。

2. 膨胀干涉型消声器

膨胀干涉型消声器的直径比排气孔大,气流在里面扩散、碰壁反射,相互干涉,降低了噪声强度。它主要用于消除中、低频噪声。

3. 膨胀干涉吸收型消声器

图 12-13 所示为膨胀干涉吸收型消声器。它是在膨胀干涉型消声器的壳体内表面敷设吸声材料而制成的,其入口开设了许多中心对称的斜孔,使得高速进入消声器的气流被分成许多小流束进入无障碍扩张室 A,气流流速大大降低,碰壁后反射到 B 室,气流束的相互撞击、干

涉使噪音减弱,其效果好于前两种。

选择消声器时要注意排气阻力不能太大,否则会影响控制阀切换速度。

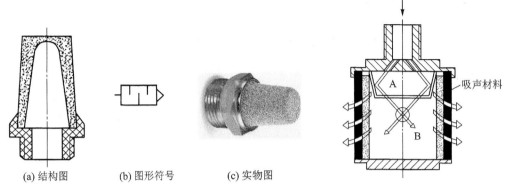

图 12-12 吸收型消声器　　　　　图 12-13 膨胀干涉吸收型消声器

12.3 气动执行元件

气动执行元件是以压缩空气为动力源,将气体的压力能再转换为机械能的装置,用来实现所要求的动作,它主要有气缸和气马达。气缸作直线运动或往复摆动,气马达则作旋转运动。

12.3.1 气 缸

1. 气缸的分类

(1) 按压缩空气对活塞端面作用力的方向分为:单作用气缸和双作用气缸。

(2) 按气缸的结构特征可分为:活塞式气缸、柱塞式气缸、薄膜式气缸、叶片式摆动气缸、齿轮齿条式摆动气缸等。

(3) 按功能可分为:普通气缸和特殊气缸。普通气缸是指活塞式气缸,常用于无特殊要求的场合,而特殊气缸则用于有特殊要求的场合,如:缓冲气缸、摆动气缸、冲击气缸、气-液阻尼缸等。

2. 常见气缸的工作原理及用途

(1) 单作用气缸

图 12-14 为单作用气缸的结构简图。压缩空气只从右侧进入气缸,推动活塞输出驱动力,另一侧靠弹簧力推动活塞返回。部分单作用气缸靠活塞和运动部件的自重或外力返回。

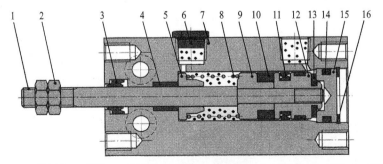

1—活塞杆；2—螺母；3—密封圈；4—轴承；5—弹簧座；6—消声器；7—缸筒；8—弹簧；
9—磁铁座；10—磁铁；11—密封圈；12—活塞；13—防撞垫片；14—密封圈；15—端盖；16—卡簧

图 12-14 单作用气缸

该气缸结构简单,由于只需向一端供气,耗气量小,随压缩行程的增大,复位弹簧的反作用力亦随之增大,因此活塞的输出力反而减小,同时因缸体内安装了弹簧,缩短了缸筒的有效行程。因此该气缸一般用于行程短,对输出力和运动速度均要求不高的场合。

(2) 双作用气缸

图 12-15 为双作用气缸的结构简图。当右侧进气,左侧排气时,压缩空气作用在活塞右侧面积上的作用力大于作用在活塞左侧面积上的作用力及摩擦力等反向作用力时,压缩空气推动活塞向左移动,活塞杆向左伸出。反之,当左侧进气,右侧排气,压缩空气推动活塞向右移动,使活塞和活塞杆缩回到初始位置。由于没有复位弹簧,双作用气缸可获得更长的有效行程和稳定的输出力。双作用气缸是利用压缩空气交替作用于活塞上而实现伸缩运动的,回缩时压缩空气的有效作用面积较小,因而产生的力要小于伸出时产生的推力。

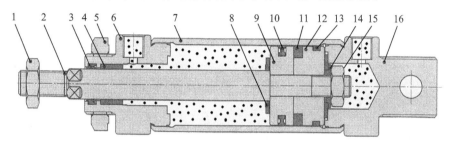

1、5—螺母;2—活塞杆;3—密封圈;4—轴承;6—前盖;7—缸筒;8—防撞垫片;9—活塞;
10—活塞密封圈;11—磁铁;12—磁铁座;13—耐磨环;14—垫圈;15—螺母;16—后盖

图 12-15 双作用气缸

(3) 摆动气缸

摆动气缸是一种在一定角度范围内做往复摆动的气动执行元件,多用于物体的转位、工件的翻转、阀门的开闭等场合。

图 12-16 所示为叶片式摆动气缸的结构原理图。它由叶片轴转子、定子、缸体和前后端盖等部分组成。定子和缸体固定在一起,叶片和转子连在一起。

图 12-16(a)为单叶片式摆动气缸。当压缩空气作用在定子左路气路时,定子右路实现排气,叶片就会带动转子向逆时针方向转动;改变气流方向就能实现叶片的反向转动。该气缸结构紧凑,工作效率高,常用于工件的分类、翻转、夹紧。

图 12-16(b)为双叶片式摆动气缸。它输出转角较小,只能实现小于 180°的摆动,但输出力矩大。

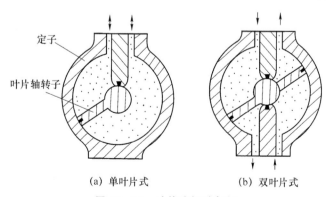

(a) 单叶片式　　(b) 双叶片式

图 12-16 叶片式摆动气缸

(4) 薄膜式气缸

图 12-17 为薄膜式气缸的结构原理图。薄膜式气缸是利用压缩空气使膜片变形来带动活塞杆做直线运动的气缸。它由缸体、膜片、膜盘和活塞杆等主要零件组成。薄膜式气缸的膜片可以做成盘形膜片和平膜片两种形式。膜片材料为夹织物橡胶、钢片或磷青铜片。常用厚度为 5~6 mm 的夹织物橡胶,金属膜片只用于行程较小的薄膜式气缸中。

(5) 气-液阻尼缸

气-液阻尼缸是由气缸和液压缸组合而成,它以压缩空气为能源,利用油液的不可压缩性和可控性好来获得活塞的平稳运动和调节活塞的运动速度。它与气缸相比,传动平稳,停位精确,噪声小;与液压缸相比,它无须液压泵,经济性好,这种气缸同时具有液压和气压传动的优点因而应用广泛,特别是在机床和切削加工的驱动装置中,它能克服普通气缸在负载变化大时容易产生的爬行现象,可以满足驱动刀具进行切削加工的要求。

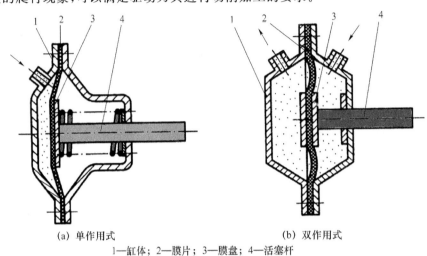

(a) 单作用式　　　　　　(b) 双作用式
1—缸体；2—膜片；3—膜盘；4—活塞杆

图 12-17　薄膜式气缸

图 12-18(a)所示为串联式气-液阻尼缸原理图。它的液压缸和气缸共用同一缸体,两活塞固联在同一活塞杆上。当气缸右腔供气左腔排气时,活塞杆向左伸出的同时带动液压缸活塞左移,此时液压缸左腔排油经节流阀流向右腔,对活塞杆的运动起到阻尼作用。调节节流阀便可控制排油速度,由于两活塞固联在同一活塞杆上,所以也控制了气缸活塞的左行速度。反向运动时,因单向阀开启,活塞杆可快速缩回,液压缸无阻尼。油箱的作用主要为克服液压缸两腔面积差和补充泄漏用。串联式气-液阻尼缸的缸体较长,加工安装时对同轴度要求较高,并有气缸和液压缸之间的油气互窜现象。

图 12-18(b)所示为并联式气-液阻尼缸。它由气缸和液压缸并联而成。它的缸体短,结构紧凑,清除了气缸与液压缸之间窜油窜气现象。但由于气缸与液压缸不在同一轴线上,运动时易产生附加力矩,会增加导轨磨损和产生爬行现象。安装时,对其平行度要求较高。

3. 气缸的使用要求

气缸的使用要求如下：

(1) 气缸为取得良好使用效果应符合气缸的正常工作条件。如环境温度范围 -35~80 ℃,工作压力为 0.4~0.6 MPa 等。

(2) 安装时要注意负载方向应与气缸轴线一致,活塞杆不允许承受偏载或径向负载。

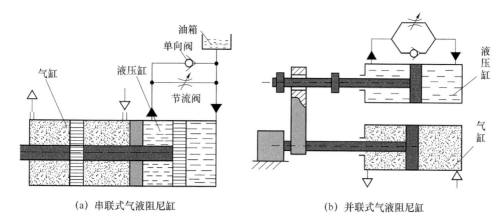

(a) 串联式气液阻尼缸　　　　　(b) 并联式气液阻尼缸

图 12-18　气液阻尼缸

（3）在行程中负载有变化时,要使用输出力有足够余量的气缸,并要附加缓冲装置。

（4）应在气缸进气口设置油雾器,以给予气缸必要的润滑。不允许用油润滑场合,可选用无油润滑气缸。

12.3.2　气动马达

气动马达是将压缩空气的压力能转换成机械能的能量转换装置,其作用相当于电动机或液压马达,即输出转速和转矩驱动机构做旋转运动。

1. 气动马达工作原理

图 12-19 所示为叶片式气动马达工作原理示意图。压缩空气从 A 口进入定子腔后,一部分进入叶片底部,将叶片推出,使叶片在气压推力和离心力共同作用下抵在定子内壁上;另一部分进入密封工作腔作用在叶片的外伸部分产生力矩。由于叶片外伸面积不等,转子受到不平衡力矩而产生逆时针旋转。做功后的气体由定子孔 C 排出,剩余气体经 B 孔排出。改变压缩空气输入的进气孔,气动马达则产生反向旋转。

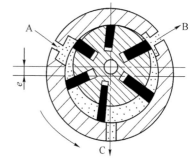

图 12-19　叶片式气动马达

2. 气动马达的特点

（1）工作安全,具有防爆性能,工作中不产生火花,因而适用于有爆炸、高温、多尘场合,并能用于空气极为潮湿的环境,无漏电的危险。

（2）启动力矩较高,它能长期满载工作,温升小,具有过载保护作用。

（3）可实现无级调速,换向容易,操作简便,能正反向旋转。

（4）与电动机相比,单位功率尺寸小,质量轻,适于安装在位置狭小及手提工具场合。

（5）气动马达的缺点主要为输出功率小,耗气量大,效率低,噪声大,易振动等。

3. 气动马达的选择及使用要求

（1）应从负载的状态要求选用合适的气马达。叶片式气马达适用于低转矩、高转速场合,如手提工具、复合工具、传递带、升降机等启动转矩小的中小功率机械装置中;活塞式气马达适用于中、高转矩,中低转速的场合,如起重机、绞车等载荷较大且启动停止特性要求高的机械装置中;薄膜式气马达则适用于高转矩低转速的小功率机械装置中。

(2) 气动马达转速高,使用中要注意给予充分的润滑。在气马达的换向阀前应安装油雾器以进行不间断的润滑。

12.4 气动控制元件

气动控制元件是用来控制和调节压缩空气的压力、流量和流动方向或发送信号的元件。它分为压力控制阀、流量控制阀和方向控制阀三大类。此外,还有通过控制气流方向和通断以实现各种逻辑功能的气动逻辑元件等。

12.4.1 方向控制阀

能改变气体流动方向或通断的控制阀称为方向控制阀。如向气缸一端进气,并从另一端排气,再反过来,从另一端进气,一端排气,这种流动方向的改变,便要使用方向控制阀。方向控制阀包括单向型控制阀和换向型控制阀。

1. 单向型控制阀

单向型控制阀中包括单向阀、或门型梭阀、与门型梭阀和快速排气阀等。

(1) 单向阀

单向阀是用来控制气流方向,使之只能单向通过的方向控制阀。单向阀的工作原理,结构和图形符号与液压阀中的单向阀基本相同,只是在气动单向阀中阀芯和阀座之间有一层软质密封的胶垫。

(2) 或门型梭阀

或门型梭阀的结构相当于两个单向阀的组合,因其阀芯像织布梭子一样来回运动,因此称之为梭阀。图 12-20 所示为或门型梭阀的工作原理图。当输入口 P_1 进气时,将阀芯推向右端,通路 P_2 被关闭,于是气流从 P_1 进入通路 A,见图 12-20(a)所示;当 P_2 输入压缩空气时,则气流从 P_2 进入 A,见图 12-20(b)所示;若 P_1、P_2 同时进气,则哪端压力高,A 就与哪端相通,另一端则自动关闭。图 12-20(c)为其图形符号。

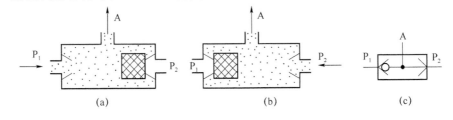

图 12-20 或门型梭阀

(3) 与门型梭阀

与门型梭阀又称双压阀,它有两个输入口,一个输出口。只有当输入口 P_1、P_2 同时都有输入时,A 才会有输出,具有逻辑上"与"的功能。

图 12-21 所示为与门型梭阀的一个实际应用实例。行程阀 1 为工件定位信号,行程阀 2 是夹紧工件信号。只有当两个信号同时存在时,与门型梭阀 3 才有输出,使换向阀 4 切换到右位,钻孔缸 5 进给,开始钻孔。

(4) 快速排气阀

快速排气阀一般安装在换向阀和气缸之间,其作用是使气动元件或装置快速排气。通常气缸排气时,气体是从气缸经过管路由换向阀的排气口排出的。若从气缸到换向阀的距离较长,而换向阀的排气口又小时,排气时间就长,气缸动作速度就慢。此时若采用快排阀,则气缸内的气体就直接由快排阀排往大气中,这样气缸的运动速度较原来相应提高了四至五倍。

膜片式快排阀的结构原理如图 12-22(a)所示。当压缩空气进入进气口 P 时,膜片向下变形,打开 P 与 A 的通路,同时关闭排气孔 T;当 P 口没有压缩空气进入时,在 A 口和 P 口压差作用下,膜片向上恢复,关闭 P 口,使 A 口通过排气孔 T 迅速排向大气。快速排气阀的图形符号见图 12-22(b),实物图见图 12-22(c)。

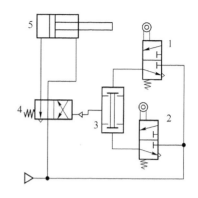

图 12-21　与门型梭阀的应用回路

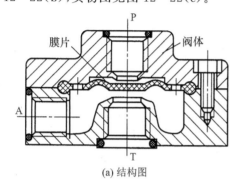 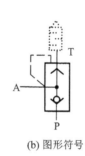 

(a) 结构图　　　　　(b) 图形符号　　　(c) 实物图

图 12-22　快速排气阀

2. 换向型控制阀

换向型控制阀的作用就是通过改变压缩空气的流动方向,从而改变执行元件的运动方向。根据控制方式可分为气压控制、电磁控制、机械控制、手动控制和时间控制等。

(1) 气压控制换向阀

气压控制换向阀是利用气体压力使主阀芯运动从而使气体改变流向的。按控制方式可分为加压控制、卸压控制、差压控制和延时控制等。常用的是加压和差压控制。加压控制是指加在阀芯上的控制信号的压力值是渐升的,当控制信号的气压增加到阀的切换动作时,阀便换向,它有单气控和双气控之分;差压控制则是利用控制气压在阀芯两面积不等的控制活塞上产生推力差,从而使阀换向的一种控制方式。

图 12-23 为二位三通单气控加压式换向阀的工作原理图。图 12-23(a)为无控制信号 K 时的状态,阀芯在弹簧和 P 腔气压作用下,P、A 断开,A、T 接通,阀处于排气状态;图 12-23(b)为有加压控制信号 K 时的状态,阀芯在控制信号 K 的作用下向下运动,A、T 断开,P、A 接通,阀处于工作状态。

(2) 电磁控制换向阀

气压传动中的电磁换向阀与液压传动一样,是由电磁铁通电,对衔铁产生吸力,该电磁力使阀发生切换从而改变气流方向。它按控制方式可分为直动式电磁阀和先导式电磁阀。

图 12-24 所示为双电控直动式电磁阀的动作原理图,它是二位五通电磁换向阀。如图 12-24(a)所示,电磁铁 1 通电,电磁铁 2 断电时,阀芯 3 被推到右位,A 口有输出,B 口排

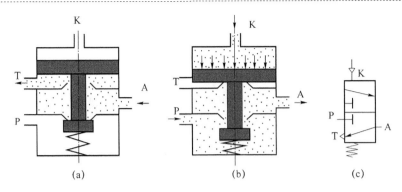

图 12-23 二位三通单气控加压式换向阀

气;电磁铁 1 断电,阀芯位置不变,即具有记忆能力。如图 12-24(b)所示,电磁铁 2 通电,电磁铁 1 断电时,阀芯被推到左位,B 口有输出,A 口排气;若电磁铁断电,压缩空气通路不变。图 12-24(c)为该阀的图形符号。这种阀的两个电磁铁只能交替得电工作,不允许同时通电,否则会产生误动作。

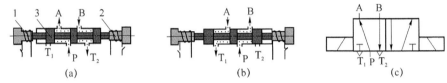

图 12-24 双电控直动式电磁换向阀

12.4.2 压力控制阀

气动系统中调节和控制压力大小的控制元件称为压力控制阀,它主要包括减压阀(调压阀)、安全阀(溢流阀)、顺序阀等。

1. 减压阀

减压阀的作用就是降低来自于空气压缩机的压力,以将入口处空气压力调节到每台气动装置实际需要的压力,并保持该压力的稳定。按调节压力方式不同,减压阀有直动型和先导型两种。

图 12-25 所示为 QTY 型直动式减压阀的结构图和图形符号。工作原理为:阀处于工作状态时,压缩空气从左侧入口流入,经阀口 11 后再从阀出口流出。当顺时针旋转手柄 1,压缩调压弹簧 2、3 推动膜片 5 下凹,再经过阀杆 6 带动阀芯 9 下移,打开进气阀口 11,压缩空气通过阀口 11 的节流作用,使输出压力低于输入压力,实现了减压作用。同时,有一部分气流经阻尼孔 7 进入膜片室 12,在膜片下部产生一向上的推力。当推力与弹簧的作用相互平衡后,阀口开度稳定在某一值上,减压阀就输出一定压力的气体。阀口 11 开度越小,节流作用越强,压力下降也越多。

若输入压力瞬时升高,经阀口 11 以后的输出压力也随之升高,膜片气室内的压力升高,原有平衡被打破,膜片 5 上移,这样有部分气流经溢流孔 4 和排气口 13 排出。在膜片上移的同时,阀芯 9 在复位弹簧 10 的作用下也随之上移,进气阀口 11 的开度减小,节流作用加大,输出压力下降,直至膜片两侧作用力重新达到平衡为止,输出压力基本上又回到原数值上。相反,输入压力下降时,进气节流阀开度增大,节流作用减小,输出压力上升,使输出压力基本回到原数值上。

要按气流的方向和阀体上箭头方向安装减压阀,注意不能装反。安装时最好手柄在上,以便于操作。调压时应从低向高调,直至达到所要求的调压值为止。减压阀不用时应放松手柄,以免膜片受压变形。

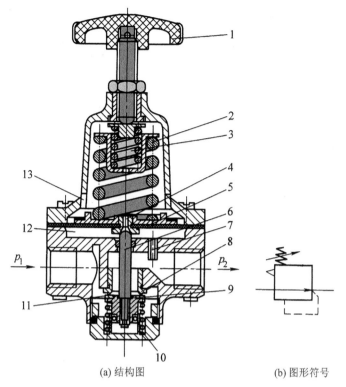

(a) 结构图　　　　　　　　　(b) 图形符号

1—手柄；2、3—调压弹簧；4—溢流孔；5—膜片；6—阀杆；7—阻尼孔；
8—阀座；9—阀芯；10—复位弹簧；11—阀口；12—膜片室；13—排气口

图 12-25　QTY 型直动式减压阀

2. 溢流阀

溢流阀的作用是当气路压力超过调定值时，便自动排气，使系统的压力下降，以保持进口压力为调定值。溢流阀是一种用于维持回路中空气压力恒定的压力控制阀；而安全阀与溢流阀在结构和功能方面相类似，区别在于它是一种防止系统过载，保证安全的压力控制阀。

图 12-26 所示为直动式溢流阀的工作原理图。阀的输入口与控制系统相连，当系统压力低于此阀的调定压力时，弹簧力使阀芯紧压在阀座上，如图 12-26(a) 所示。当系统压力大于此阀的调定压力时，则阀芯开启，压缩空气从 R 口排放到大气中，如图 12-26(b) 所示。此后当系统中的压力降低到阀的调定值时，阀门关闭，并保持密封状态。

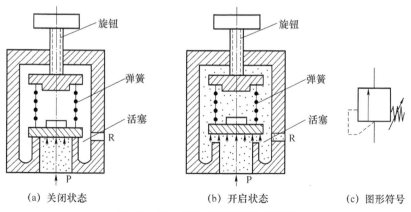

(a) 关闭状态　　　　(b) 开启状态　　　　(c) 图形符号

图 12-26　直动式溢流阀工作原理

3. 顺序阀

顺序阀是依靠气压的大小来控制气动回路中各元件动作先后顺序的压力控制阀。

顺序阀常与单向阀并联结合成一体,称为单向顺序阀。图 12-27 所示为其工作原理图。当压缩空气由 P 口进入阀左腔 4 后,作用在活塞 3 上的力小于调压弹簧 2 上的力时,阀处于关闭状态。而当作用于活塞上的力大于弹簧力时,活塞被顶起,压缩空气经阀左腔 4 流入阀右腔 5 由 A 口流出,然后进入其他控制或执行元件,此时单向阀关闭。当切换气源时(如图 12-27(b) 所示),阀左腔 4 压力迅速下降,顺序阀关闭,此时阀右腔 5 压力高于阀左腔 4 的压力,在气体压力差作用下,打开单向阀,压缩空气就由阀右腔 5 经单向阀 6 流入阀左腔 4 向外排出。

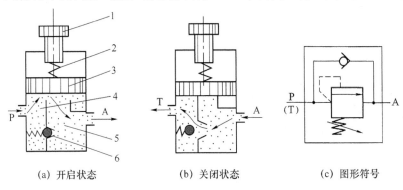

(a) 开启状态　　　(b) 关闭状态　　　(c) 图形符号

1—调压手柄；2—调压弹簧；3—活塞；4—阀左腔；5—阀右腔；6—单向阀

图 12-27　单向顺序阀的工作原理

12.4.3　流量控制阀

气压传动中的流量控制阀是通过改变阀的通流面积来调节压缩空气的流量,从而控制气缸运动速度、换向阀的切换时间和气动信号传递速度。流量控制阀包括节流阀、单向节流阀、排气节流阀和行程节流阀等。

1. 节流阀

节流阀的作用是通过改变阀的通流面积来调节流量。

图 12-28 所示是节流阀的结构原理图和图形符号。压缩空气从右侧口输入,气流通过节流通道自下端口输出。旋转阀芯螺杆,就可改变节流口的开度,从而改变阀的通流面积。

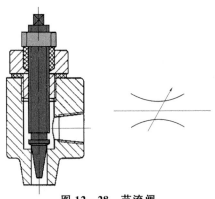

图 12-28　节流阀

2. 排气节流阀

图 12-29 是排气节流阀的结构图、图形符号和实物图。它是由节流阀和消声器组合而

成,常安装在气动装置的排气口上,通过控制排入大气中的气体流量来改变执行机构的运动速度,并通过消声器以减少排气噪声和防止不洁气体通过排气孔污染气路中的元件。

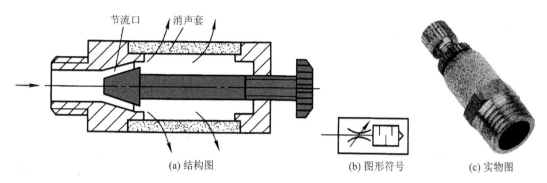

图 12-29　排气节流阀

12.5　气动逻辑元件

气动逻辑元件是以压缩空气为工作介质,利用元件的动作改变气流方向以实现一定逻辑功能的流体控制元件。它与气动方向控制阀所不同的是输出的功率较小,尺寸较小。气动逻辑元件种类多,按工作压力分为高压、低压、微压三种。按结构分为截止式、膜片式、滑阀式和球阀式等几种类型。下面仅对高压截止式逻辑元件作一简单介绍。

高压截止式逻辑元件是依靠控制气压信号推动阀芯或通过膜片变形来推动阀芯动作,改变气流的流动方向以实现一定功能的逻辑阀。其特点是行程小、流量大、工作压力高、负载能力强、对气源净化要求低,系统调试简单,可在恶劣环境下使用。

12.5.1　"是门"和"与门"元件

图 12-30 所示为"是门"与"与门"元件的结构简图。P 为气源口,a 为信号输入口,S 为输出口。当 a 无信号,阀片 1 在弹簧及气源压力作用下上移。关闭阀口,封住 P 到 S 的通路,S 无输出;当 a 有信号,膜片在输入信号作用下,推动阀芯 3 下移,封住 S 与排气孔通道,同时接通 P 到 S 通路,S 有输出。元件的输入和输出始终保持相同状态。当气源口 P 改成信号口 b 时,则为"与门"元件,即只有当 a 和 b 同时有输入信号时,S 才有输出,否则 S 无输出。

12.5.2　"或门"元件

图 12-31 所示为"或门"元件结构图。当只有 a 信号输入时,阀片 1 被推动下移,打开上阀口,接通 a 至 S 通路,S 有输出。类似地,当只有 b 信号输入时,b 至 S 通路接通,S 也有输出。显然当 a 和 b 均有信号输入时,S 定有输出,显示活塞 3 用于显示输出的状态。

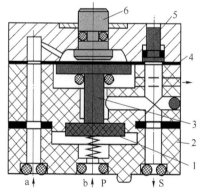

1—阀片；2—阀体；3—阀芯；
4—膜片；5—显示活塞；6—手动按钮

图 12-30　"是门"与"与门"元件结构

12.5.3 "非门"与"禁门"元件

图 12-32 所示为"非门"和"禁门"元件结构图。图中 a 为信号输入口,S 为信号输出口,P 为气源口。在 a 无信号输入时,阀片 1 在气源压力作用下上移,开启下阀口,关闭上阀口,接通 P 至 S 通路,S 有输出。当 a 有信号输入时,膜片 6 在输入信号作用下,推动阀杆 3 及阀片 1 下移,开启上阀口。关闭下阀口,S 无输出。此时为"非门"元件。若将气源口 P 改为信号口 b 时,该元件就为"禁门"元件。在 a、b 均有输入信号时,阀片 1 及阀杆 3 在 a 输入信号作用下,封住 b 口,S 无输出;在 a 无信号输入,而 b 有输入信号时,S 就有输出。即 a 输入信号对 b 输入信号起到"禁止"作用。

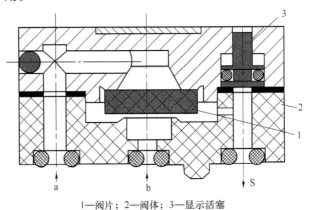

1—阀片;2—阀体;3—显示活塞

图 12-31 "或门"元件

12.5.4 "或非"元件

图 12-33 所示为"或非"元件原理图。P 为气源口,S 为输出口;a、b、c 为三个信号输入口。

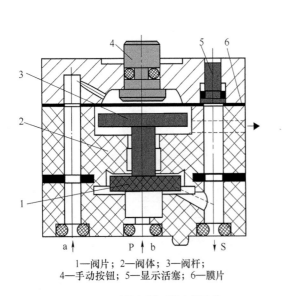

1—阀片;2—阀体;3—阀杆;
4—手动按钮;5—显示活塞;6—膜片

图 12-32 "非门"与"禁门"元件

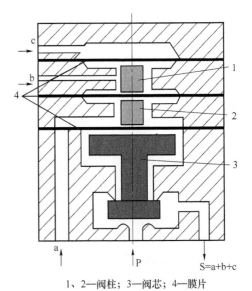

1、2—阀柱;3—阀芯;4—膜片

图 12-33 "或非"元件工作原理

当三个输入口均无信号输入时,阀芯 3 在气源压力作用下上移,开启下阀口,接通 P 至 S 通路,S 有输出。三个输入口只要有一个口有信号输入,都会使阀芯下移关闭下阀口,截断 P 至 S 通路,S 无输出。

12.5.5 "双稳"记忆元件

图 12-34 所示为"双稳"元件原理图。当 a 有控制信号输入时,阀芯 2 带动滑块 4 右移,接通 P 至 S_1 通路,S_1 有输出,而 S_2 与排气口 T 相通无输出。此时"双稳"处在"1"状态,在 b 输入信号到来之前,a 信号虽消失,阀芯 2 仍总是保持在右端位置。当 b 有输入信号时,P 至 S_2 相通,S_2 有输出,S_1 至 T 相通,此时元件置于"0"状态。b 信号消失后,在 a 信号未到来前,元件一直保持此种状态。"双稳"元件又称记忆元件,它在逻辑回路中担当着重要的作用。

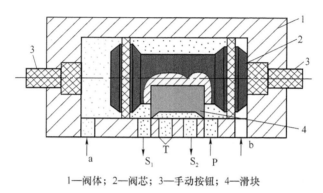

1—阀体;2—阀芯;3—手动按钮;4—滑块

图 12-34 "双稳"元件原理图

12.6 技能训练 气动元件拆装与结构观察

1. 训练目的

(1) 进一步理解常用气动元件的工作原理、结构特点和应用。
(2) 会识别常见气动元件,学会常用气动元件正确的拆装方法。

2. 训练设备和工具

(1) 实物:各种常用的气动元件(建议选择小型活塞式空气压缩机、气动三联件和活塞式气缸)。
(2) 工具:内六角扳手、耐油橡胶板、油盆及钳工常用工具。

3. 训练内容与注意事项

(1) 气动元件识别(实物或教具模型)

识别空气压缩机、后冷却器、油水分离器、贮气罐、空气干燥器、空气过滤器、油雾器、消声器、活塞式气缸、柱塞式气缸、薄膜式气缸、叶片式摆动气缸、气动马达、各种方向控制阀、减压阀、溢流阀、顺序阀、节流阀、排气节流阀等气动元件。

(2) 活塞式空气压缩机的拆装(结构与原理参见图 12-2)

① 首先按先外后内顺序拆卸,并将零件标号,按顺序摆放,最后按先内后外顺序正确

安装。

②注意零件之间的连接关系及结构特点。

③对某些零件要进行清洗、涂油后再安装。

④注意对吸气阀、排气阀的清洁,以防堵塞。

⑤对装有卸荷装置的空压机,应按规定要求装配和调整。

(3) 空气过滤器的拆装(结构与原理参见图12-9)

注意过滤器滤芯的清洗及壳体下端排水口的畅通。

(4) 油雾器的拆装(结构与原理参见图12-10)

①注意油雾器喷嘴杆上两孔的畅通。

②注意截止阀和节流阀的装配和调节。

③保持油杯和视油器清洁,以便观察。

(5) 气动控制阀的拆装

①参照所选的方向控制阀、压力控制阀、流量控制阀的结构原理图,进行拆卸。

②观察所拆卸的气动控制阀各组成部分的结构和作用。

③清洗气动控制阀各组成部分的元件。

④组装所拆卸的气动控制阀。

(6) 气缸拆装

①注意气缸密封装置的拆卸和安装,连接缸体与缸盖的螺栓应按规定扭矩拧紧。

②对设有缓冲装置的气缸,应注意缓冲装置的装配和调整。

(7) 注意事项

①零件按拆下的先后顺序摆放。

②切勿将零件表面,特别是零件配合表面磕碰划伤。

12.7 思考练习题

12-1 填空题

12-1-1 气源净化装置的作用是_____。

12-1-2 通常根据气动系统所需要的_____和_____两个参数来选用空压机的型号。

12-1-3 _____可以用来清除水分,但不能清除油分。

12-1-4 _____、_____和_____称为气动三联件。

12-1-5 气缸用于实现_____或_____。

12-1-6 气马达用于实现连续的_____。

12-1-7 气液阻尼缸是由_____和_____组合而成,以_____为能源,以_____作为控制调节气缸速度的介质。

12-1-8 快速排气阀应安装在_____和_____之间。

12-1-9 气压控制换向阀按控制方式分为_____、_____、_____、_____。

12-1-10 流量控制阀是通过_____来调节压缩空气的流量从而控制气缸的运动速度。

12-2 判断题

12-2-1 由空气压缩机产生的压缩空气一般不能直接用于气压系统。(   )

12-2-2 空气压缩机工作原理与液压泵相似,通过吸、排气向系统连续供气。(   )

12-2-3 油水分离器的作用是将压缩空气中的水分、油分和灰尘等杂质分离出来,初步净化压缩空气。(   )

12-2-4 为防止油杯中的油液喷出,油雾器必须在停气的情况下进行加油。(   )

12-2-5 一般在换向阀的排气口应安装消声器。(   )

12-2-6 叶片式气马达适用于高转矩、低转速的场合。(   )

12-2-7 气压传动中,用流量控制阀来调节气缸的运动速度,其稳定性好。(   )

12-2-8 气马达与电动机和液压马达相同,均可实现回转运动。(   )

12-2-9 气动系统的压力是由溢流阀决定的。(   )

12-2-10 安全阀即溢流阀,在系统正常工作时处于常开的状态。(   )

12-2-11 差压控制是利用控制气压作用在阀芯两端相同面积上所产生的压力差使阀换向的一种方式。(   )

12-2-12 气动逻辑元件的尺寸较大,功率较大。(   )

12-3 选择题

12-3-1 以下不是贮气罐的作用是(   )。
　　　A. 稳定压缩空气的压力　　　　　　B. 储存压缩空气
　　　C. 分离油水杂质　　　　　　　　　D. 滤去灰尘

12-3-2 不属于气源净化装置的是(   )。
　　　A. 后冷却器　　　　　　　　　　　B. 减压阀
　　　C. 除油器　　　　　　　　　　　　D. 空气过滤器

12-3-3 要分离压缩空气中的油雾,需要使用(   )。
　　　A. 空气过滤器　　　　　　　　　　B. 干燥器
　　　C. 油雾器　　　　　　　　　　　　D. 油雾过滤器

12-3-4 气动三大件的正确安装顺序为(   )。
　　　A. 油雾器→空气过滤器→减压阀　　 B. 减压阀→油雾器→空气过滤器
　　　C. 空气过滤器→减压阀→油雾器　　 D. 空气过滤器→油雾器→减压阀

12-3-5 为了使活塞运动平稳,普遍采用了(   )气缸。
　　　A. 活塞式　　　　　　　　　　　　B. 膜片式
　　　C. 叶片式　　　　　　　　　　　　D. 气液阻尼缸

12-3-6 能把压缩空气的能量转化为活塞高速运动能量的是(   )。
　　　A. 摆动气缸　　　　　　　　　　　B. 膜片气缸
　　　C. 冲击气缸　　　　　　　　　　　D. 气液阻尼缸

12-3-7 以下不属于方向控制阀的是(   )。
　　　A. 或门型梭阀　　　　　　　　　　B. 与门型梭阀
　　　C. 快速排气阀　　　　　　　　　　D. 排气节流阀

12-3-8 气动系统的调压阀通常是指(   )。

A. 溢流阀　　　　　　　　　　　B. 安全阀
C. 减压阀　　　　　　　　　　　D. 顺序阀

12-4　问答题

12-4-1　气源装置是由哪几部分组成？各自作用是什么？

12-4-2　为何空压机出口处需要安装后冷却器？

12-4-3　经过多次过滤的压缩空气为何还需要使用干燥器？

12-4-4　油雾器为什么可以在不停气的状态下加油？

12-4-5　简述薄膜式气缸的工作原理。

12-4-6　气马达与液压马达相比有何异同？

12-4-7　气动减压阀有何作用？

12-4-8　快速排气阀为什么能快速排气？

12-4-9　气动溢流阀和安全阀有何区别与联系？

12-4-10　什么是气动逻辑元件？试述"是""与""非""或"的概念。

第 13 章 气动基本回路及应用实例

13.1 气动基本回路

气动基本回路是由有关气动元件组成的,能完成某种特定功能的气动回路。

13.1.1 方向控制回路

方向控制回路是用气动换向阀控制压缩空气的流动方向,来实现控制执行机构运动方向的回路,简称换向回路。

1. 单作用气缸换向回路

图 13-1(a)只用一个二位三通阀,当有控制信号时,活塞杆伸出,无控制信号时,活塞杆在弹簧力作用下退回。图 13-1(b)中串联一个二位二通阀,可使气缸在行程途中任意位置停止。即有信号 b 则活塞停止运动,消除信号 b,活塞则继续运动。当然源于空气的可压缩性,其定位精度较差。

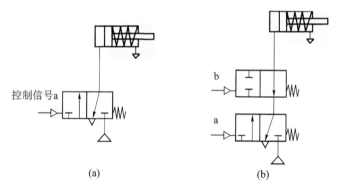

图 13-1 单作用气缸换向回路

2. 双作用气缸换向回路

图 13-2 为二位三通电磁阀控制的换向回路。当电磁铁 1Y、2Y 均不通电时,活塞杆后退。电磁铁 1Y 通电,电磁铁 2Y 不通电,则形成差动回路,使活塞杆快速外伸。电磁铁 1Y、2Y 同时通电时,活塞杆慢速外伸。

图 13-3 为二位五通阀控制的换向回路。

图 13-3(a):当按下手动二位三通阀时,由手动阀控制的气流推动二位五通气控换向阀换向,气缸活塞杆外伸。松开手动换向阀,则活塞杆返回。

图 13-3(b):主阀二位五通换向阀由两个小流量二位三通阀控制。

上述换向回路不适用于活塞在行程途中有停止运动的场

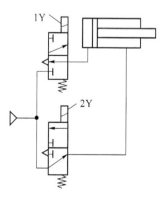

图 13-2 二位三通阀换向回路

合。若要满足活塞中途停止的要求,则可采用三位五通阀控制的换向回路。

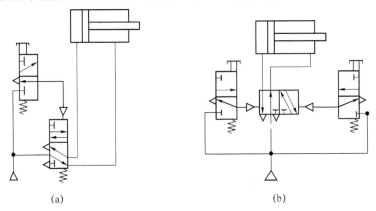

图 13-3 二位五通阀换向回路

13.1.2 压力控制回路

对系统压力进行调节和控制的回路称为压力控制回路。

1. 工作压力控制回路

图 13-4 所示为工作压力控制回路,它的作用在于使系统保持正常的工作,维持稳定的性能,从而达到安全、可靠、节能的目的。从空气压缩机输送过来的压缩空气经空气过滤器 1→减压阀 2→油雾器 3,供给气动设备使用。通过调节调压阀就能获得所需的工作压力。油雾器主要用于对气动换向阀和执行元件进行润滑。在某些不需要润滑的气动系统中,则可不用油雾器。

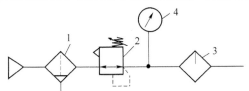

1—空气过滤器;2—调压阀;3—油雾器;4—压力表

图 13-4 压力控制回路

2. 双压驱动回路

图 13-5 所示为采用带单向减压阀的双压驱动回路。当电磁阀 1 通电时,系统采用正常压力驱动活塞杆伸出,对外做功;当电磁阀 1 断电时,压缩空气经单向减压阀 2 中的减压阀进入气缸有杆腔,以较低的压力驱动气缸缩回,从而可达到节省耗气量的效果。这种双压驱动回路就是通过提供两种不同的压力来驱动双作用气缸在不同方向上的运动。

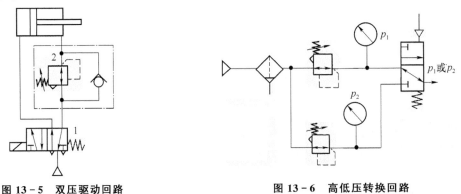

图 13-5 双压驱动回路　　　　图 13-6 高低压转换回路

3. 高低压控制转换回路

图 13-6 所示为高低压转换控制回路。原理是采用两个减压阀调定两种不同的压力 p_1、p_2，再由二位三通阀 3 转换，以满足气动设备所需的高压或低压要求。

4. 增压回路

图 13-7 所示是增压控制回路。在电磁换向阀通电后，压缩空气进入气液转换器，工作缸动作。当活塞前进到某一位置，触动二位三通行程阀时，该阀切换到左位，于是压缩空气进入气液增压器，增压器动作。同时，二位二通阀换向（处于下位），气液转换器到增压器的油路被切断，高压油作用于工作缸进行增压。当电磁阀复位时，压缩空气作用于增压器及工作缸的回程侧，使之分别返回。

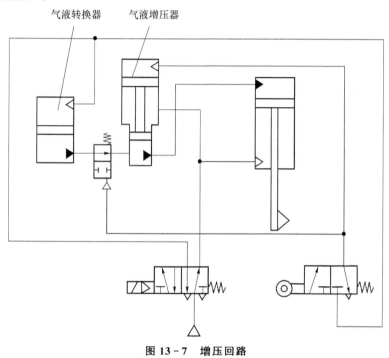

图 13-7 增压回路

13.1.3 速度控制回路

速度控制回路就是利用流量控制阀来改变进排气管路的通流面积实现调节或改变执行元件工作速度的目的。

1. 单作用气缸速度控制回路

图 13-8 为单作用气缸速度控制回路原理图。图 12-8(a)可以进行双向速度调节，图 12-8(b)通过采用快速排气阀可实现快速返回，但返回速度不能调节。

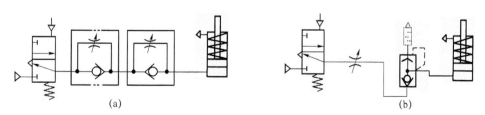

图 13-8 单作用气缸速度控制回路

2. 双作用气缸速度控制回路

图 13-9(a)为进口节流调速回路。活塞的运动速度依靠进气侧的单向节流阀进行调节。此回路承载能力大,但不能承受负值负载,运动平稳性差,受外载荷变化影响大。适用于对速度稳定性要求不高的场合。

图 13-9(b)为出口节流调速回路。活塞的运动速度可依靠排气侧的单向节流阀进行调节。运动平稳性好,可承受负值负载,受外载荷变化影响小。

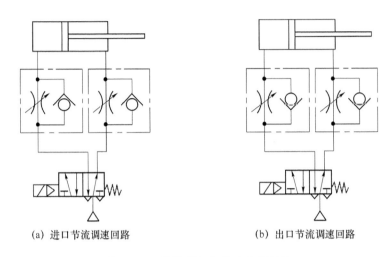

(a) 进口节流调速回路　　(b) 出口节流调速回路

图 13-9　双作用气缸速度控制回路

3. 气液转换速度控制回路

为实现低速和平稳的进给运动,可使用气液转换器或气液阻尼缸,通过调节油路中的节流阀开度来控制活塞运动的速度。

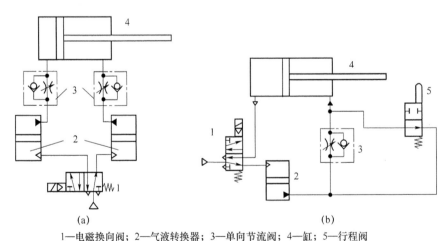

1—电磁换向阀；2—气液转换器；3—单向节流阀；4—缸；5—行程阀

图 13-10　采用气液转换器的速度控制回路

图 13-10(a)为采用气液转换器的双向调速回路。从电磁换向阀 1 流出的压缩空气经气液转换器 2 转换为油压,推动液压缸 4 作前进或后退运动。两个节流阀 3 串联在油路中,分别

控制液压缸活塞进退时的速度。此回路容易控制所需速度,调速精度高,运动平稳。

图 13-10(b)为采用气液转换器并能实现快进→慢进→快退的速度控制回路。当电磁换向阀 1 通电时,缸 4 左腔进气,右腔油经阀 5 快速排油至气液转换器 2,活塞杆快速前进。当活塞杆的挡块压下行程阀 5 后,油路被切断,右腔油只能经单向节流阀 3 流到 2。此时活塞杆作慢速进给运动,调节单向节流阀 3 的开度可得到所需的进给速度。当阀 1 复位后,经气液转换器 2,油液经单向节流阀 3 中的单向阀快速流入缸 4 右腔,同时缸 4 左腔压缩空气迅速从阀 1 排空,活塞杆快速退回。

13.1.4 位置控制回路

位置控制回路的作用在于控制执行元件在预定或任意位置停留。

图 13-11(a)为采用机械挡块辅助定位的控制回路。此回路结构简单,但有冲击和振动,定位精度取决于挡块的机械加工精度。适用于惯性负载较小,运动速度不快的场合。

图 13-11(b)为采用气液转换器的位置控制回路。当液压缸运动到指定位置时,控制信号使三位五通电磁阀和二位二通电磁阀均断电,液压缸两腔的液体被封闭,液压缸停止运动。利用气液转换的控制方式能获得高精度的位置控制效果。

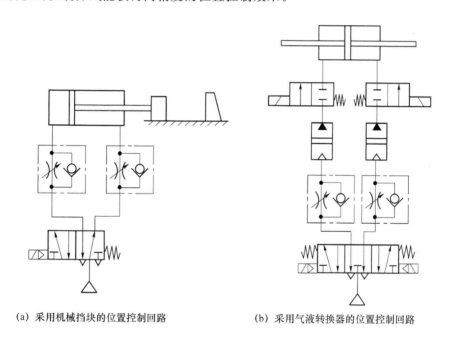

(a) 采用机械挡块的位置控制回路　　(b) 采用气液转换器的位置控制回路

图 13-11　位置控制回路

13.1.5 往复动作回路

图 13-12 所示为常用的往复动作回路。它可使执行元件按要求完成所需的往复运动。按下阀 1,阀 3 切换到左位,活塞右行。当活塞杆运行至行程阀 2 所在位置时,阀 3 复位,活塞自动返回,完成了一次往复运动。

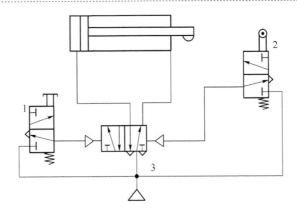

图 13-12 往复动作回路

13.1.6 安全保护回路

由于气动执行机构快速运动或出现过载以及气压的突然降低,均会危及操作人员和设备的安全,因此气动系统中应设有各种安全保护回路。

1. 过载保护回路

图 13-13(a)所示为过载保护回路。活塞在向右运动过程中,若遇到障碍而出现过载后,气缸左腔压力将升高,当超过顺序阀 3 的压力后,经顺序阀 3 的气路被打开,使阀 1 和阀 2 换向,活塞立即向左退回,阀 4 随之复位。待排除障碍后,按手动阀 1,活塞重新向右运动。

2. 互锁回路

图 13-13(b)所示为一个保证只有一个气缸动作的互锁回路。回路中主要利用梭阀 V_1、V_2、V_3 及换向阀 V_4、V_5、V_6 进行互锁。如阀 V_7 被切换,则其输出使阀 V_4 也换向,使气缸 A 活塞杆伸出;与此同时,缸 A 的进气管路的空气使梭阀 V_1、V_2 动作,锁住阀 V_5、V_6,所以此时阀 V_8、V_9 即使均有输入信号,气缸 B 和 C 也不会动作。只有阀 7 复位后,才能使其他气缸动作。

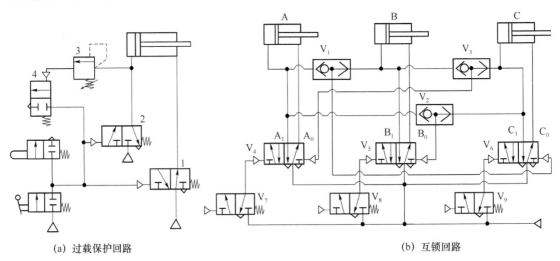

(a) 过载保护回路　　　　　　　　　　　　(b) 互锁回路

图 13-13 安全保护回路

13.2 气压传动应用举例

气压传动技术在现代工业的各个领域应用越来越普及,并日益受到人们的重视。尤其是气压传动在小型化、集成化、无油化方面发展迅速,其工作可靠性,元件使用寿命以及电气一体化程度上均得到很大的提高。

13.2.1 工件夹紧气压传动系统

图 13-14 所示是机械加工自动线和组合机床中常用的工件夹紧气压传动系统,其工作原理为:当工件放到指定位置后,气缸 A 的活塞杆向下伸出,将工件定位锁紧;此时两侧气缸 B、C 的活塞杆同时伸出,从两侧面压紧工件。其气压传动工作过程如下:当用脚踏下脚踏换向阀 1 后,压缩空气经单向节流阀进入气缸 A 的无杆腔,夹紧头下降至锁紧位置后使机动行程阀 2 动作,切换到左位。此时压缩空气经单向节流阀 5 进入中继阀 6 的右侧,使阀 6 切换到右位(调整阀 5 中的节流阀开口可以控制阀 6 的延时接通时间),压缩空气经阀 6 通过主控阀 4 的左位进入气缸 B 和 C 的无杆腔,两气缸同时伸出夹紧工件。然后开始机械加工,与此同时,流过主控阀 4 的压缩空气的一部分经单向节流阀 3 进入主控阀 4 的右端,待机械加工完成后(时间由阀 3 中节流阀控制),使主控阀 4 换向到右位,两气缸 B 和 C 返回。在两气缸返回的过程中,有杆腔的压缩空气使脚踏换向阀 1 复位,气缸 A 返回。此时由于机动行程阀 2 复位(右位),所以中继阀 6 也自动复位,气缸 B 和 C 的无杆腔通大气,主控阀 4 也自动复位。于是完成了从缸 A 活塞杆伸出压下→夹紧缸 B、C 活塞杆伸出夹紧→夹紧缸 B、C 活塞杆缩回松开→缸 A 活塞杆缩回松开这样一个动作循环。该气压系统只有再踏下脚踏换向阀 1 后才能开始下一个循环。

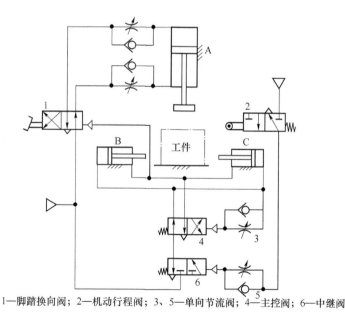

1—脚踏换向阀;2—机动行程阀;3、5—单向节流阀;4—主控阀;6—中继阀

图 13-14 工件夹紧气压传动系统原理图

13.2.2 数控加工中心气动换刀系统

图 13-15 所示为某数控加工中心气动换刀系统原理图。该系统在换刀过程中能实现主轴定位,主轴松刀、拔刀,向主轴锥孔吹气和插刀动作。

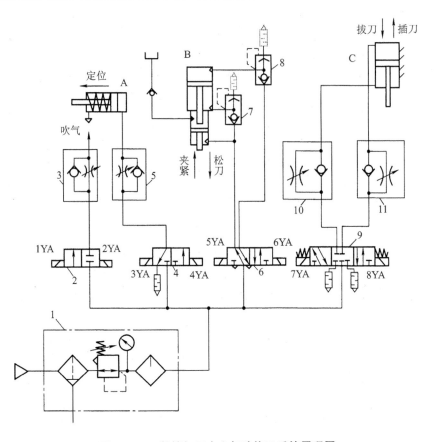

图 13-15 数控加工中心气动换刀系统原理图

其工作原理如下:当数控系统发出换刀指令时,主轴停止旋转,同时 4YA 通电,压缩空气经气动三联件 1、换向阀 4、单向节流阀 5 进入主轴定位缸 A 的右腔,缸 A 的活塞左移,使主轴自动定位。定位后压下无触点开关,使 6YA 通电,压缩空气经换向阀 6、快速排气阀 8 进入气液增压器 B 的上腔。增压腔的高压油使活塞伸出,实现主轴松刀。同时 8YA 通电,压缩空气经换向阀 9、单向节流阀 11 进入缸 C 的上腔,缸 C 下腔排气,活塞下移实现拔刀。由回转刀库交换刀具,同时 1YA 通电,压缩空气经换向阀 2、单向节流阀 3 向主轴锥孔吹气。稍后,1YA 断电,2YA 通电,停止吹气。8YA 断电,7YA 通电,压缩空气经换向阀 9、单向节流阀 10 进入缸 C 的下腔,活塞上移,完成插刀动作。6YA 断电,5YA 通电,压缩空气经阀 6 进入气液增压器 B 的下腔,活塞返回,主轴上的机构使刀具自动夹紧。4YA 断电,3YA 通电,缸 A 活塞在弹簧作用下复位,回复到开始状态,此时整个换刀的过程全部结束。

13.2.3 公共汽车车门气压传动系统

采用气动控制的公共汽车车门,在司机座位和售票员座位处都装有气动开关,司机和售票员都可以开关车门,且当车门在关闭过程中遇到障碍时,能使车门再自动开启,起安全保护作用。公共汽车车门气压传动系统工作原理如图13-16所示。该系统主要由一个气源装置、一个气缸、一个气压控制换向阀、一个机动换向阀、二个单向节流阀、三个或门型梭阀、四个按钮换向阀等气动元件组成。车门的开关靠气缸12来实现，气缸由气控换向阀9来控制。而气控换向阀又由1、2、3、4四个按钮式换向阀操纵，气缸运动速度的快慢由单向节流阀10或11来调节。通过阀1或阀3使车门开启，通过阀2或阀4使车门关闭。起安全保护作用的机动控制换向阀5安装在车门上。

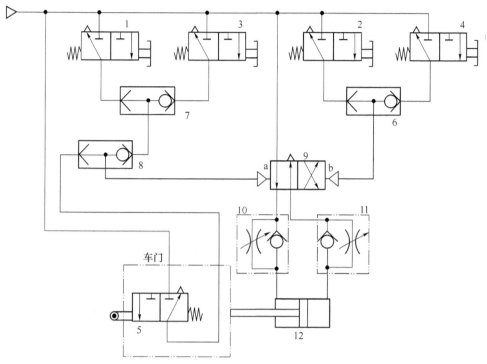

1、2、3、4—按钮换向阀；5—机动换向阀；6、7、8—或门型梭阀；
9—气压控制换向阀；10、11—单向节流阀；12—气缸

图 13-16　公共汽车车门气压传动系统原理图

公共汽车车门气压传动系统工作过程为：当操纵手动阀1或阀3时，压缩空气便经阀1或阀3到梭阀7和8，进到阀9的a侧，推动阀9的阀芯向右移动，使阀9处于左位。另一路压缩空气便经阀9左位和阀10中的单向阀到气缸有杆腔，推动活塞而使车门开启。当操纵阀2或阀4时，压缩空气则经阀6到阀9的b侧，使阀9处于右位，另一路压缩空气则经阀9右位和阀11中的单向阀到气缸的无杆腔，使车门关闭。车门在关闭过程中若碰到障碍物，便推动机动阀5，使压缩空气经阀5→阀8→阀9的a端，使车门重新开启。但是，若阀2或阀4仍然保持按下状态，则阀5起不到自动开启车门的安全作用。

13.3　气动系统的使用与维护

13.3.1　气动系统的使用

1. 气动系统使用的注意事项

（1）气压系统使用前后均要放掉系统中的冷凝水。

（2）定期给油雾器加油。

（3）时刻注意压缩空气的清洁度，要做到定期清洗空气过滤器的滤芯。

（4）开车前应检查好各调节手柄是否处在正确位置，行程阀、行程开关及挡块的位置是否准确与牢固。要对导轨、活塞杆等配合表面分别进行仔细擦拭。

（5）设备长期不用时，应放松各手柄，防止因弹簧长期受压而影响其调节能力。

（6）熟悉各元件控制机构的操作特点，注意调节手柄的旋向与压力或流量变化的关系，避免因调节错误而造成事故。

2. 压缩空气的污染及防护方法

压缩空气的质量对气动系统性能的影响极大，若不采取有效措施防止其污染，则将使气压系统无法正常工作。压缩空气的污染主要来自于水份、油份和粉尘，因此应从以下三个方面加以防护。

（1）水份：空气压缩机吸入的是湿空气，经压缩后再度冷却时就要析出冷凝水。若不对冷凝水及时清除，就会使后续管道和气动元件发生锈蚀现象，影响其使用性能。有效的方法就是及时排除各排水阀中的冷凝水；保持自动排水器、干燥器的正常工作；定期清洗空气过滤器、自动排水器等元件。

（2）油份：油份是由空气压缩机使用的一部分润滑油呈雾状混入压缩空气中形成的，并随压缩空气一起输送出去。它会使密封件变形，造成空气泄漏，加大摩擦阻力，引起各种控制元件和执行元件动作不良，而且还会污染环境。

清除油份的方法：较大的油份颗粒通过除油器和空气过滤器的分离作用同压缩空气分开，再从设备底部排污阀排出；较小的油份颗粒则可通过活性炭或使用多孔滤芯加以清除。

（3）粉尘：粉尘侵入到压缩空气中会引起气动元件的运动件卡死，动作失灵，元件加速磨损，也会造成气体泄漏，导致各种故障的产生，严重影响气动系统的使用性能。

防止粉尘侵入空压机的有效方法就是经常清洗空气压缩机的预过滤器，定期清洗和及时更换空气过滤器的滤芯等。

3. 密封问题

气动系统中的各种气动控制元件和气动执行元件都大量存在着密封问题。有了密封件，才能防止压缩空气在元件中的内泄漏和向元件外的外泄漏，才能防止杂质从外部侵入气动系统内部。因此密封性能的好坏直接影响气压系统的使用。要想密封性能好，就要合理选择密封件的结构，同时也要合理选择密封材料。密封材料的质量也是影响密封效果的主要因素。

13.3.2 气动系统的维护

气动系统的维护工作十分重要和必要，它可以有效减少气动故障的发生，延长系统的使用寿命。设备上气动系统维护保养的原则为：熟悉元件的原理、构造、性能和特征；检查元件的使用条件是否合适；掌握元件的使用方法及注意事项；掌握与元件寿命相关的使用条件；了解故障易发部位并找出相应的发现和预防方法；定期进行检修，预防故障发生；正确迅速地修理各种故障，并尽可能降低备件的费用等。维护工作可分为经常性维护和定期维护两种。

1. 经常性维护工作

经常性维护工作是每天必须进行的维护工作。它主要的任务就是冷凝水排放、润滑油的检查和管理好空气压缩机系统。

首先整个气压系统在作业结束后要及时排放掉各处的冷凝水，以防冬天时冷凝水结冰，并且在气动装置每天运转前，也应排空剩余在管道中的冷凝水。其次要重视气动系统中的润滑问题,一方面要选择好合适的润滑油,通常高温环境选用高黏度润滑油,低温环境选用低黏度润滑油,若温度过低,还应在油杯内加装加热器;另一方面要注意提供足够的供油量,一般以每 $10 m^3$ 自由空气供给 $1 mL$ 的油量为基准,要注意及时检修和更换油雾器。还要加强对空气压缩机系统的日常管理,注意观察后冷却器的工作是否正常、空气压缩机有无异常声音和发热现象、润滑的油位是否正常等。

2. 定期维护工作

定期维护工作可以是每周、每月或每季度进行的维护工作。

(1) 每周维护工作主要为漏气检查和油雾器管理。漏气检查应安排在气动装置已停止工作但管道内还有一定压力的空气,通过倾听漏气的声音来查知何处存有泄漏,再加以相应的处理。油雾器一般一周补油一次,并要注意观察油量减少情况。若耗油量太少,应重新调整滴油量,调整后滴油量仍少,则应检查油雾器进出口方向是否安装错误或油道是否堵塞或所选油雾器规格是否合适等。

(2) 每月或每季度的维护工作应比每日每周的维护工作更加仔细,主要内容为:仔细检查各处泄漏情况,紧固松动的螺钉和管接头,检查换向阀排出空气的质量,检查各调节部分的灵活性、指示仪表的准确性、电磁阀切换动作的可靠性、气缸活塞杆的质量好坏等。

检查漏气采用在各检查点涂肥皂液的方法较为有效。检查换向阀排出空气的质量主要通过检查排气中润滑油量是否适度、是否含有冷凝水、是否有漏气三个方面来定夺。要确认各种安全阀、气动控制阀动作的可靠性。通过电磁阀的反复切换,从切换声音来判别其工作是否正常,并要仔细观察露在外面的气缸活塞杆有否被划伤、腐蚀、发生偏磨等情况。

气动系统的维修周期通常根据系统使用频度、气动装置的重要性、日常与定期维护状况来确定,一般每年大修一次。所有的维护工作应有相关的记录,以利于设备的管理、故障的诊断和处理。

13.3.3 气动系统常见故障原因与排除方法

气动系统中的控制元件、执行元件、辅助元件等均会发生各种故障,这就需要设备维修人员仔细分析故障现象,找出故障产生的原因,只有对症下药,才能排除故障。

气动系统主要元件的常见故障现象、产生原因及其排除方法列于表 13-1~表 13-6。

表 13-1 减压阀的故障及排除

故障现象	产生原因	排除方法
出口压力升高	1. 复位弹簧损坏	1. 更换弹簧
	2. 阀座上有异物、伤痕	2. 清洗或更换阀座
	3. 阀座上密封垫剥离	3. 调换密封圈
压力降很大	1. 阀口径小	1. 使用口径大的减压阀
	2. 阀下部积存冷凝水	2. 排除积水
	3. 阀内混入异物	3. 清洗阀
	4. 调压弹簧损坏	4. 更换弹簧
阀体漏气	1. 密封件损坏	1. 更换密封件
	2. 弹簧松弛	2. 调整弹簧
阀的溢流孔处泄漏	1. 溢流阀座有伤痕	1. 更换溢流阀座
	2. 膜片破裂	2. 更换膜片
	3. 出口侧背压增加	3. 检查出口侧的回路

续表 13-1

故障现象	产生原因	排除方法
溢流口不溢流	1. 溢流孔堵塞	1. 清洗并检查过滤器
	2. 溢流孔处橡胶垫太软	2. 更换橡胶垫
输出压力波动大	减压阀或进出口配管通径选用过小	应根据最大输出流量选用阀或配管
输出压力变化不均匀	1. 弹簧错位或弹力减弱	1. 更换弹簧
	2. 进气阀芯或阀座间导向不良	2. 更换阀芯
	3. 耗气量变化引起阀产生共振	3. 稳定耗气量的变化

表 13-2 溢流阀的故障及排除

故障现象	产生原因	排除方法
压力超过调定值仍未溢流	阀内的孔堵塞，阀内导向部分有异物	清洗
压力虽未超过调定值但溢流口处已有空气溢出	1. 阀内进入杂质	1. 清洗阀
	2. 阀座损伤	2. 更换阀座
	3. 调压弹簧损坏	3. 更换弹簧
压力调不高	1. 弹簧损坏	1. 更换弹簧
	2. 膜片漏气	2. 更换膜片
溢流时发生振动	1. 压力上升速度慢，溢流阀放出流量多	1. 出口处安装针阀，使微调溢流量与压力上升相匹配
	2. 从气源到溢流阀间被节流，阀前部压力上升慢	2. 增大气源到溢流阀间的管道通径

表 13-3 方向阀的故障及排除

故障现象	产生原因	排除方法
不能换向	1. 阀的滑动阻力大，润滑不良	1. 进行润滑
	2. 密封圈变形	2. 更换密封圈
	3. 杂质卡住滑动部分	3. 消除杂质
	4. 弹簧损坏	4. 调换弹簧
	5. 膜片破裂	5. 更换膜片
	6. 阀操纵力小	6. 检查调整阀操纵部分
	7. 阀芯放气小孔被堵	7. 清洗阀
电磁铁有蜂鸣声	1. 活动铁芯铆钉脱落，铁芯叠层分开不能吸合	1. 更换活动铁芯
	2. 电磁铁不能压到底	2. 校正电磁铁高度
	3. 电源电压低于额定电压	3. 调整电源电压
	4. 杂质进入铁芯滑动部分，使活动铁芯不能紧密接触	4. 清除杂质
	5. 外部导线拉得太紧	5. 加长导线长度
阀产生振动	1. 压缩空气压力过低	1. 提高控制压力
	2. 电源电压低于额定电压	2. 提高电源电压
线圈烧毁	1. 环境温度高	1. 在产品规定的温度范围内使用
	2. 换向过于频繁	2. 改用高频阀
	3. 阀和铁芯间混有杂质，使铁芯不能紧密吸合	3. 清除杂质
	4. 吸合时电流过大，引起温升提高，导致绝缘损坏而短路	4. 用气控阀代替电磁阀
	5. 线圈电压不匹配	5. 使用匹配电源电压和线圈

表 13-4 气缸的故障及排除

故障现象		产生原因	排除方法
外泄漏	活塞杆处	1. 活塞杆有伤痕	1. 更换活塞杆
		2. 活塞杆与导向套配合处有杂质	2. 清除杂质,安装防尘
		3. 导向套与活塞杆密封圈磨损	3. 更换导向套和密封圈
	缸体与端盖处	1. 密封圈损坏	1. 更换密封圈
		2. 固定螺钉未紧固	2. 紧固螺钉
	缓冲阀处	密封圈损坏	更换密封圈
内泄漏		1. 活塞密封圈损坏	1. 更换密封圈
		2. 活塞被卡住	2. 重新安装,消除活塞偏载
		3. 活塞配合面有缺陷	3. 更换相关零件
		4. 杂质挤入密封面	4. 清除杂质
爬行		1. 工作压力低于最低使用压力	1. 提高工作压力
		2. 气缸内泄漏大	2. 改善内泄漏
		3. 气动回路中耗气量变化大	3. 增设气罐
		4. 负载过大	4. 增大缸径
动作不平稳		1. 润滑不良	1. 检查油雾器工作情况
		2. 气压系统有冷凝水及杂质	2. 加强过滤,消除水分杂质
		3. 气压不足	3. 检查空压机、密封件、减压阀、管路等气动系统工作元件
		4. 外负载变化过大	4. 提高使用压力或增大缸径
动作速度太快		1. 速度控制阀选择不合理	1. 选用调节范围合适的速度控制阀
		2. 回路设计得不够合理	2. 选用气液阻尼缸或气液转换器
动作速度太慢		1. 气压不足	1. 提高压力
		2. 负载过大	2. 提高使用压力或增大缸径
		3. 速度控制阀开度太小	3. 调整速度控制阀开度
		4. 气缸摩擦力增大	4. 改善润滑
		5. 缸筒或活塞密封圈损坏	5. 更换密封圈
缓冲效果差		1. 缓冲处的密封圈密封性能差	1. 更换密封圈
		2. 气缸运作速度太快	2. 调节缓冲机构
		3. 调节螺钉损坏	3. 更换调节螺钉
不动作		1. 外负载太大	1. 提高压力,加大缸径
		2. 有横向载荷	2. 使用导轨消除
		3. 安装时同轴度差	3. 提高安装配合精度
		4. 活塞杆与缸筒损伤、锈蚀而卡住	4. 更换相关零件
		5. 润滑不良	5. 调整好供油量,检查油雾器
		6. 混入杂质	6. 检查清洗气源净化装置

表 13-5 空气过滤器的故障及排除

故障现象	产生原因	排除方法
压力降过大	1. 滤芯过滤精度过高	1. 更换适当的滤芯
	2. 滤芯网眼堵塞	2. 用净化液清洗滤芯
	3. 过滤器的公称流量过小	3. 采用公称流量大过滤器
输出端流出冷凝水	1. 未及时排除冷凝水	1. 定期排水或安装自动排水器
	2. 自动排水器有故障	2. 及时修理或更换
	3. 超出过滤器的流量范围	3. 使用大规格的过滤器
输出端出现异物	1. 过滤器滤芯损坏	1. 更换滤芯
	2. 滤芯密封不良	2. 更换滤芯密封垫
	3. 用有机溶剂清洗滤芯	3. 改用清洁热水或煤油清洗
漏气	1. 密封不良	1. 更换密封件
	2. 排水阀自动排水失灵	2. 修理或更换
塑料水杯破损	1. 在有机溶剂的环境中使用	1. 使用不受有机溶剂侵蚀的材料
	2. 空压机输出某种焦油	2. 更换空压机润滑油或使用金属杯
	3. 对塑料有害的物质被空压机吸入	3. 使用金属杯

表 13-6 油雾器的故障及排除

故障现象	产生原因	排除方法
不滴油或滴油量太小	1. 油雾器反向安装	1. 改变油雾器安装方向
	2. 通往油杯的空气通道堵塞,油杯未加压	2. 检查修理,加大空气通道
	3. 油道堵塞,节流阀开度不够	3. 检查修理,重新调节节流阀开度
	4. 流量过小,压差不足以形成油滴	4. 换成合适规格的油雾器
油滴数不能减少	节流阀开度太大,油量调节阀失效	调整更换节流阀
漏气	1. 密封不良	1. 更换密封件
	2. 塑料油杯破裂	2. 使用金属杯
	3. 视油玻璃破损	3. 更换视油玻璃
油杯破损	1. 在有机溶剂的环境中清洗	1. 选用耐有机溶剂的油杯或金属杯
	2. 空压机输出某种焦油	2. 更换空压机润滑油或使用金属杯

13.4 技能训练 气动基本回路的安装与调试

1. 训练目的
(1) 了解气动基本回路的组成及工作原理。
(2) 学会气动基本回路设计、元件选择、安装调试方法。

(3) 了解气动回路常见故障和排除方法，学会分析气动回路的性能。

2. 训练设备和工具

气动综合试验台和常用工具。

3. 训练内容与注意事项

(1) 设计下列一个气动回路，要求该回路能够完成一定功能。

① 位置控制回路。

② 顺序动作回路。

③ 往复动作回路。

④ 速度控制回路。

要求设计的气动回路要能够符合规范，安全可靠，并说明功能和特点。

(2) 安装调试所设计的回路

① 设计方案经教师审核后方可安装。

② 要求选取元件、组装回路。

③ 安装完毕后，应仔细校对回路和元件是否有错，经指导教师同意后方可开机调试。

④ 要求自行调试回路、故障排除。

(3) 注意事项

① 安装调试系统时，注意人身安全和设备安全。

② 安装调试系统时，注意不要损坏元件，要节省实训成本。

③ 完毕后整理工具及设备，养成良好的职业素养。

4. 讨 论

(1) 该回路的功能和特点是什么？

(2) 该回路的功能还可以用什么样的回路来实现？

(3) 安装调试气动回路要注意什么事项？

(4) 该回路在使用中要注意哪些问题？

13.5 思考练习题

13-1 填空题

13-1-1 气动回路按功能不同，可以分为_____、_____、_____和_____等基本回路。

13-1-2 利用_____可以构成单作用和双作用执行元件的各种换向控制回路。

13-1-3 速度控制回路是利用_____来改变进排气管路的通流面积以实现速度控制的。

13-1-4 如果要求气动执行元件在运动过程的某个中间位置停下来，则要求气动系统具备_____控制条件。

13-1-5 工作压力控制回路的主要作用是_____。

13-1-6 压缩空气的污染主要来自_____、_____和_____三个方面。

13-1-7 气动系统的维修周期通常根据_____、_____、_____来确定。一般每隔_____大修_____次。

13-1-8 方向阀的故障主要有_____、_____、_____、_____。

13-1-9 气缸出现动作不平稳的主要原因有_____、_____、_____、_____。

13-2 判断题

13-2-1 出口节流调速回路能承受负值负载。(　　)

13-2-2 气液联动速度控制回路具有运动平稳、停止准确、能耗低等特点。(　　)

13-2-3 当需要中间定位时,可采用三通五位阀构成的换向回路。(　　)

13-2-4 气动系统一般不设排气管道。(　　)

13-2-5 经常性维护工作主要包括冷凝水排放、检查润滑油和空压机系统的管理。(　　)

13-2-6 每周维护工作主要内容为漏气检查和油雾器管理。(　　)

13-2-7 检查漏气时,听漏气的声音比点涂肥皂液的方法更为有效。(　　)

13-2-8 设备长期不用时,手柄没必要给予及时的放松。(　　)

13-3 选择题

13-3-1 气液联动速度控制回路中常用元件是(　　)。
  A. 液气转换器　　　　　　B. 气液阻尼缸
  C. 气液阀　　　　　　　　D. 气液增压缸

13-3-2 在气动系统中,有时需要提供两种不同压力来驱动在不同方向上的运动,这时可采用(　　)回路。
  A. 双作用气缸　　　　　　B. 双压驱动
  C. 双向速度　　　　　　　D. 双动控制

13-3-3 气缸不动作的原因可能是(　　)。
  A. 杂质挤入密封面　　　　B. 活塞配合面有缺陷
  C. 密封圈损坏　　　　　　D. 润滑不良

13-3-4 气缸密封件损坏可能导致(　　)。
  A. 气缸不动作　　　　　　B. 压力调不高
  C. 气缸速度太慢　　　　　D. 供压不足

13-4 问答题

13-4-1 单作用气缸和双作用气缸的换向回路的主要区别是什么?

13-4-2 速度控制回路中进排气节流调速回路有何区别?

13-4-3 若要求气动执行元件在运动过程中的某个位置停下来,则要求气动系统具有何种功能?常采用哪些方式进行控制?

13-4-4 气液转换速度控制回路有何特点?其关键元件是什么?

13-4-5 在图13-14所示的工件夹紧气压传动系统中,工件夹紧的时间怎样调节?

13-4-6 使用气动系统的要点有哪些?

13-4-7 经常性维护工作主要包括哪些内容?

13-4-8 换向阀不能换向的原因有哪些?如何排除?

13-4-9 气缸泄漏常常发生在哪些部位?

13-4-10 油雾器常见故障有哪些?

附 录

附录 A 常用液压与气动元件图形符号(新)

(摘自 GB 786.1—2009)

表 A-1 图形符号基本要素、应用规则

符号名称或用途	图形符号	符号名称或用途	图形符号
工作管路		控制管路、泄油管路、放气管路	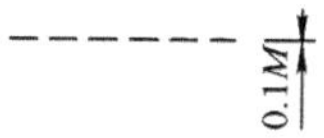
组合元件线		软管总成	
位于溢流阀内的控制管路	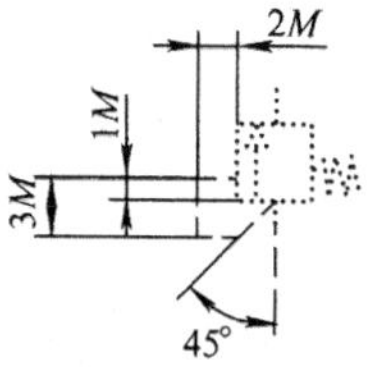	先导式减压阀内的控制管路	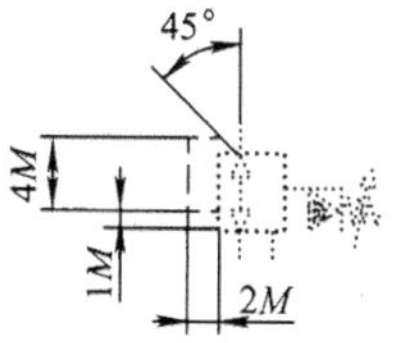
位于减压阀内的控制管路	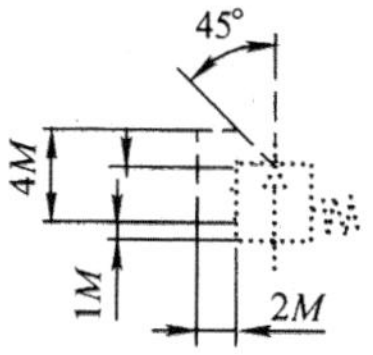	控制机构应画在矩形或长方形图的右侧,除非两侧都有	
压力阀符号的基本位置由流动方向决定,供油口通常画在底部	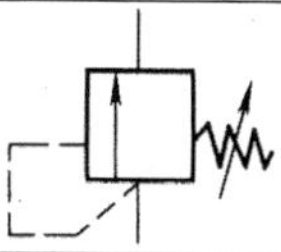	流体流过阀的路径和方向	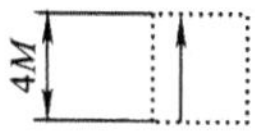
管路的连接	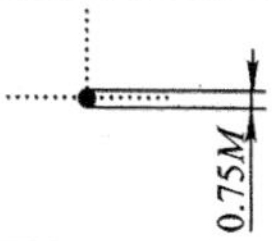	流体流过阀的路径和方向	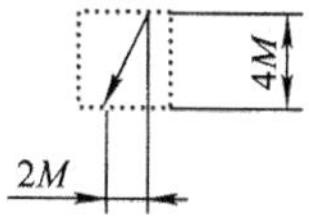
单向阀座(小、大规格)	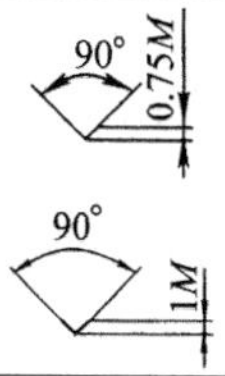	单向阀运动部分(小、大规格)	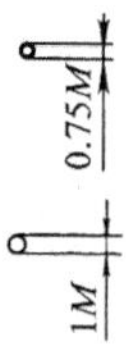

201

续表 A-1

符号名称或用途	图形符号	符号名称或用途	图形符号
节流阀节流口小、大规格	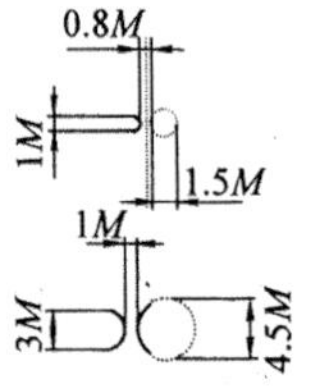	调速阀节流口小、大规格	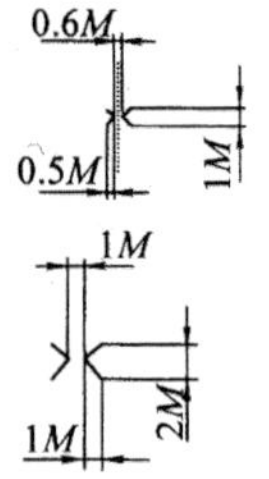
不带单向阀的快换接头,断开状态	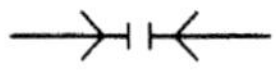	带双单向单向阀快换接头,断开状态	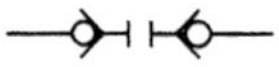
控制管路或泄油管路接口	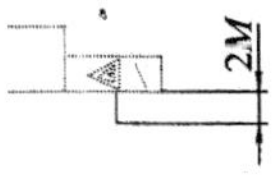	液体流动方向	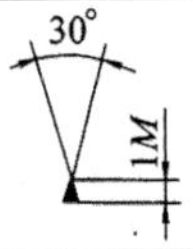
多路旋转接头两边接口都有 2M 间隔,图中数字可自定义并扩展	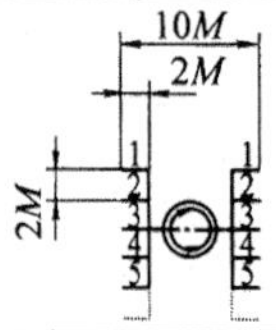	活塞应距缸端盖 1M 以上,连接油口距缸符号末端应在 0.5M 以上	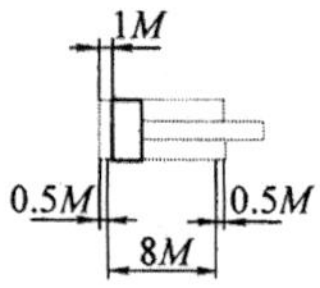
顺时针方向旋转指示箭头	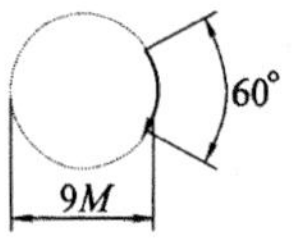	双向旋转指示箭头	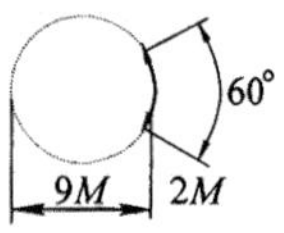
油缸弹簧	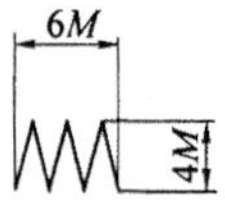	控制元件:弹簧	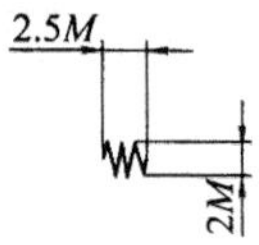
**—输出信号 *—输入信号		输入信号	F——流量; G——位置或长度测量; L——液位; P——压力或真空; S——速度或频率; T——温度; W——质量或力
泵的驱动轴位于左边(首选位置)或右边,且可延长 2M 的倍数	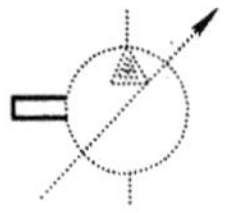	马达的轴位于右边(首选位置)也可置于左边	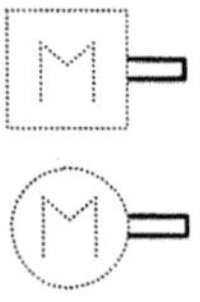
气压源	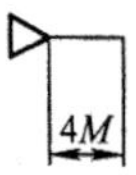	液压源	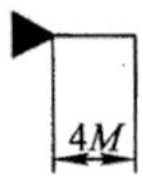

表 A-2 控制方式

符号名称或用途	图形符号	符号名称或用途	图形符号
带分离把手和定位销的控制机构		使用步进电动机的控制机构	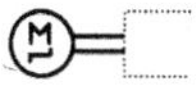
带有定位装置的推或拉的控制机构	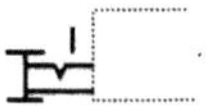	单向行程操作的滚轮杠杆	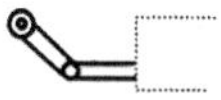
电气先导控制机构	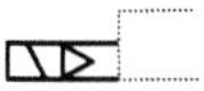	电液先导控制卸压	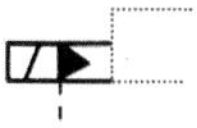
单作用电磁铁,动作背向阀芯 单向作用电磁铁,动作指向阀芯	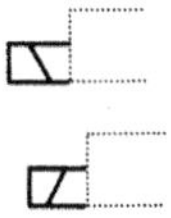	单作用电磁铁,动作背离阀芯,连续控制 单作用电磁铁,动作指向阀芯,连续控制	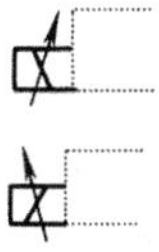
双作用电磁铁控制,动作指向或背离阀芯	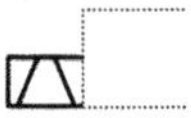	可调行程限制装置的顶杆	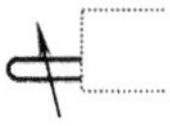
气压复位,外部压力源		手动锁紧控制机构	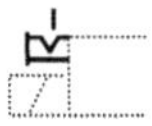

表 A-3 方向阀

符号名称或用途	图形符号	符号名称或用途	图形符号
单向阀		先导式液控单向阀,带复位弹簧	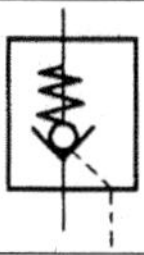
梭阀(或门)	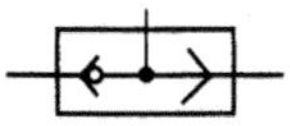	双压阀(与门)	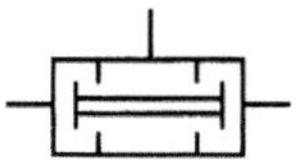
二位二通方向阀,推压控制机构,弹簧复位,常闭	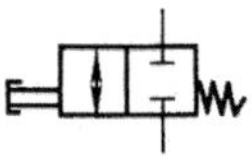	二位三通方向阀,滚轮杠杆控制,弹簧复位	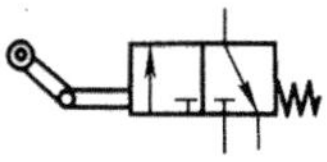
二位二通方向阀,电磁阀操作,弹簧复位,常开	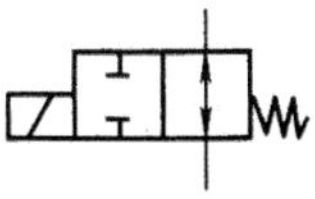	三位四通方向阀,电磁铁操作先导阀,液压操作主阀,外部先导供油,弹簧对中	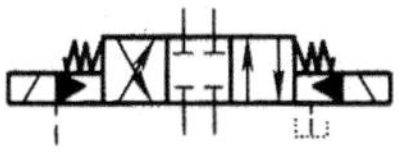
二位四能方向阀,电磁铁操作,弹簧复位	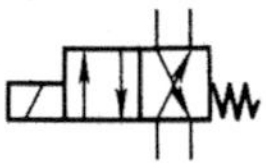	三位四通方向阀,弹簧对中,双电磁铁直接操作	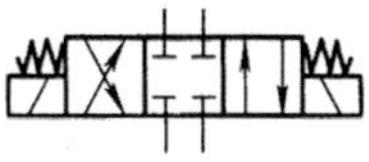
二位三通方向阀,单电磁铁操作,弹簧复位,定位销式手动定位	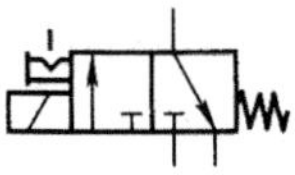	三位四能方向阀,液压控制,弹簧对中	
二位四通方向阀,双电磁铁操作,定位销式(脉冲阀)	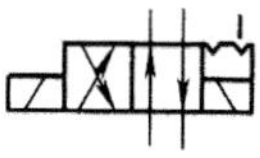	三位五通方向阀,定位销式各位置杠杆控制	

续表 A-3

符号名称或用途	图形符号	符号名称或用途	图形符号
二位三通用液压电磁换向座阀(二位三通电磁球阀)		二位五通气动方向阀,单作用电磁铁,外部供气先导,手动操作,弹簧复位	
直动式比例方向阀	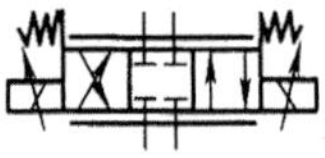	双单向阀,先导式	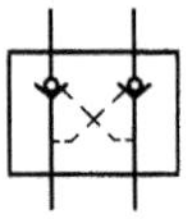
二位五通方向阀,踏板控制	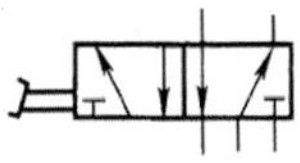	快速排气阀	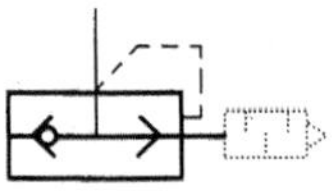
先导式伺服阀,带主级和先导级的闭环位置控制,集成电子器件,外部先导供油和回油		延时控制气动阀	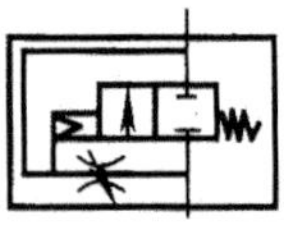

表 A-4 压力阀

符号名称或用途	图形符号	符号名称或用途	图形符号
直动式溢流阀	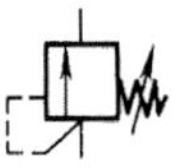	气动内部流向可逆调压阀	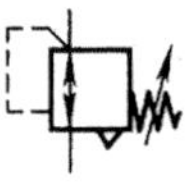
直动式减压阀,外泄式	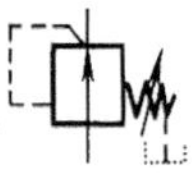	气动外部控制顺序阀	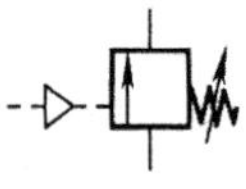
先导式减压阀,外泄式		直动式比例溢流阀	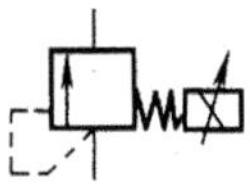
电磁溢流阀,先导式	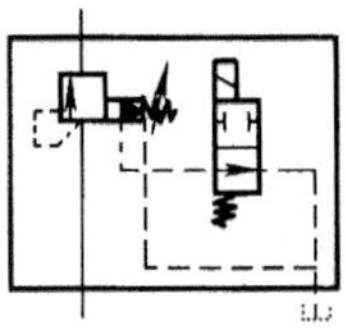	直动式比例溢流阀,电磁力直接作用于阀芯上,集成电子器件	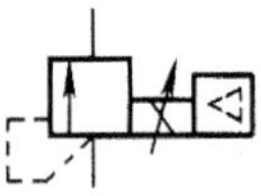
单向顺序阀	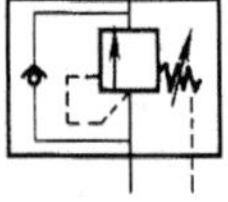	比例溢流阀,先导控制,带电磁铁位置反馈	

表 A-5　泵、马达

符号名称或用途	图形符号	符号名称或用途	图形符号
变量泵	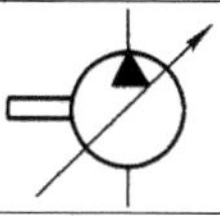	双向流动,带外泄油路的单向变量泵	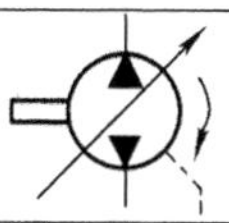
空气压缩机	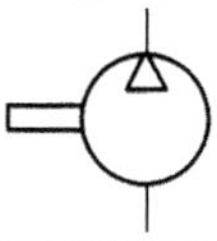	单向旋转的定量泵或马达	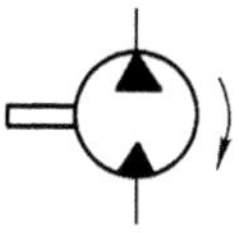
双向变量泵或马达单元,双向流动,带外泄油路	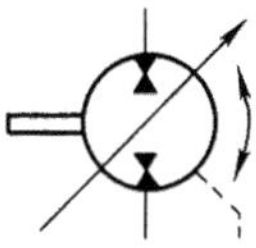	双向摆动缸,限制摆动角度	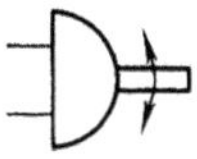
单向变量泵,先导控制,压力补偿,带外泄油路	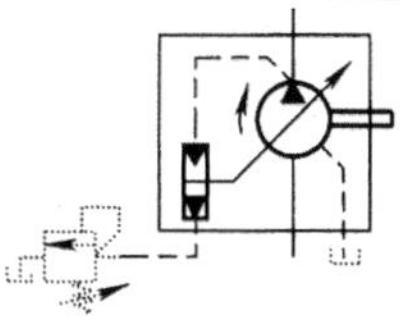	单作用半摆动缸	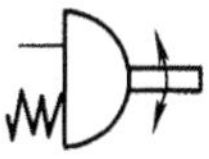
连续增压器,将气体压力 p_1 转换为较高的液体压力 p_2	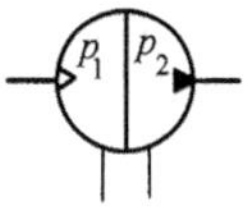	真空泵	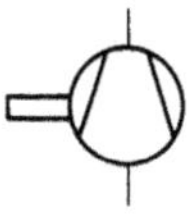
气马达	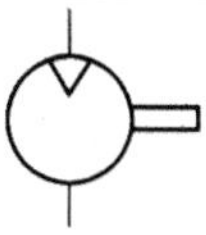	双向定量摆动气马达	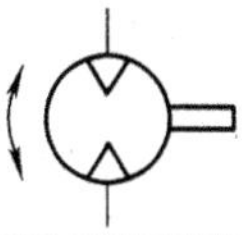

表 A-6　流量阀

符号名称或用途	图形符号	符号名称或用途	图形符号
可调节流阀		可调单向节流阀	
单向调速阀,可调节	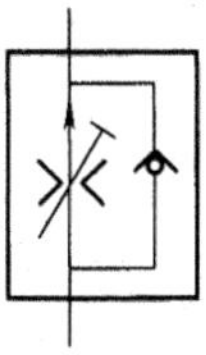	三通流量阀,可调节,将输入流量分为固定流量和剩余流量	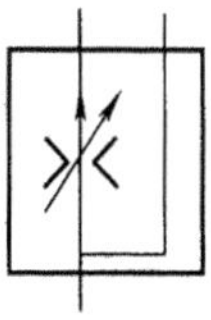
流量阀,滚轮杠杆操作,弹簧复位	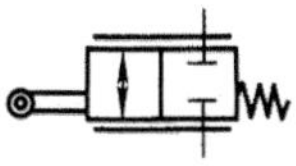	直控式比例流量阀	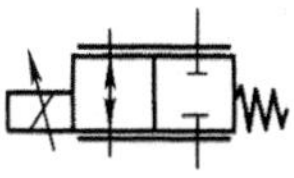
分流阀	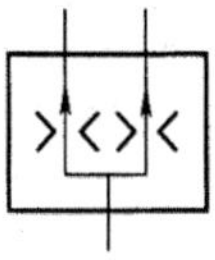	集流阀	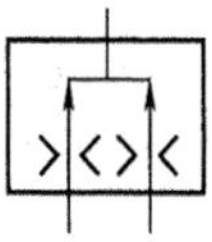

表 A-7 插装阀

符号名称或用途	图形符号	符号名称或用途	图形符号
压力和方向控制插装阀插件,阀座结构,面积比例1:1	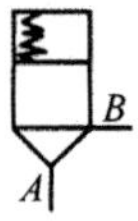	方向控制插装阀插件,带节流端的座阀结构,面积比例≤0.7	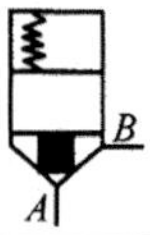
方向控制插装阀插件,带节流端的座阀结构,面积比例＞0.7	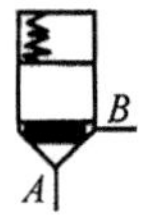	方向控制插装阀插件,座阀结构,面积比例≤0.7	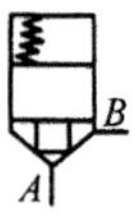
方向控制插装阀插件,座阀结构,面积比例＞0.7	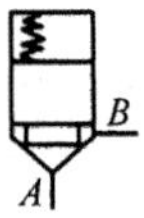	方向阀控制插阀插件,单向流动,座阀结构,内部先导供油,带可替换的节流孔	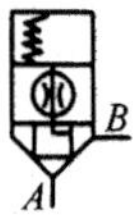
带溢流和限制保护功能的阀芯插件,滑阀结构,常闭	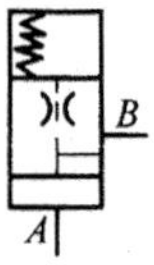	减压插装阀插件,滑阀结构,常开,带集成的单向阀	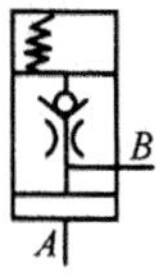
常先导端口的控制盖	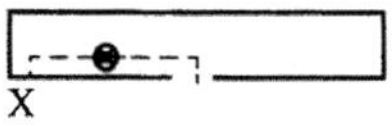	带先导端口的控制盖,带可调节行程的限位器和遥控端口	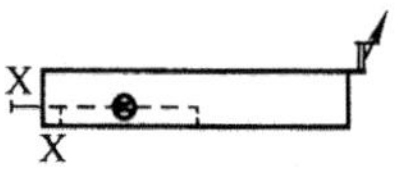
带溢流功能的控制盖	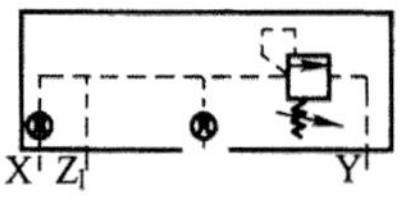	带行程限制器的二通插装阀	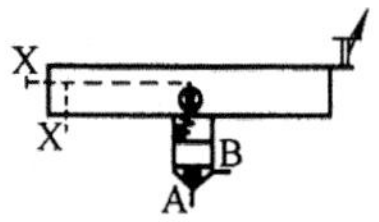

表 A-8 缸

符号名称或用途	图形符号	符号名称或用途	图形符号
单作用间杆缸	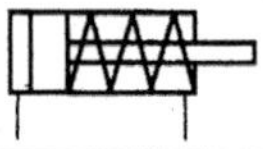	双作用单杆缸	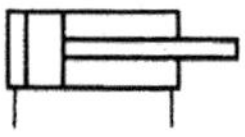
双作用双杆缸,活塞杆直径不同,双侧缓冲,右侧带调节	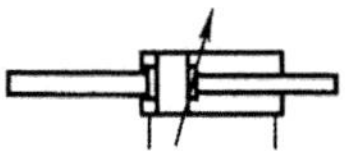	带行程限制器的双作用膜片缸	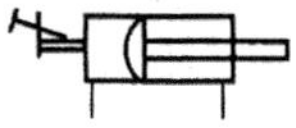
柱塞缸	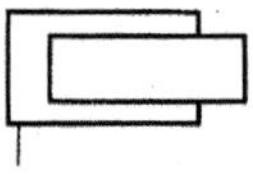	活塞杆终端带缓冲的单作用膜片缸,排气不连接	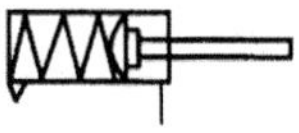
单作用伸缩缸	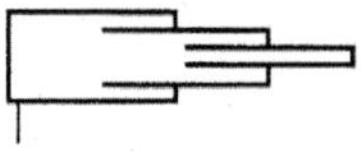	双作用伸缩缸	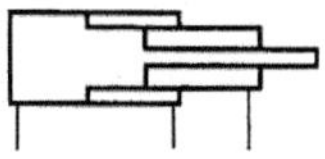
行程两端定位的双作用缸	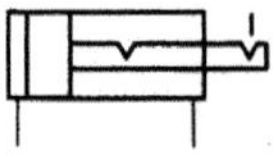	双作用磁性无杆缸,仅在右边终端位置切换	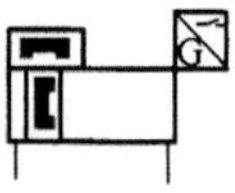

续表 A-8

符号名称或用途	图形符号	符号名称或用途	图形符号
双杆双作用缸,左终点带内部限位开关,内部机械控制、右终点有外部限位开关,由活塞杆触发	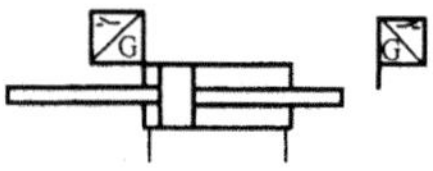	单作用气液转换器	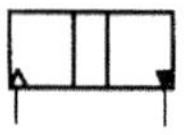
永磁活塞双作用夹具	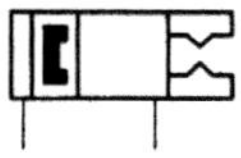	单作用增压器	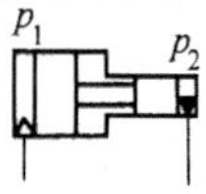 p_1 p_2

表 A-9 附 件

符号名称或用途	图形符号	符号名称或用途	图形符号
可调节的机械电子压力继电器		输出开关信号,可电子调节的压力转换器	
温度计		流量计	
压力表		过滤器	
离心式分离器	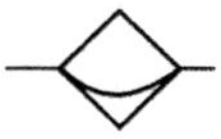	带光学阻塞指示器的过滤器	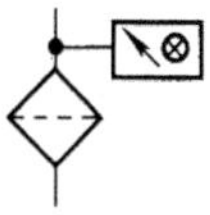
气源处理装置(气动三联件)上图为详细的示意图,下图为简化图	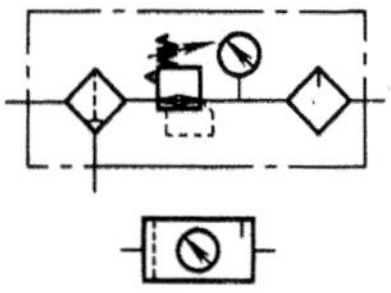	不带压力表的过滤调压阀	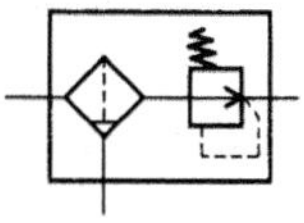
手动排水流体分离器	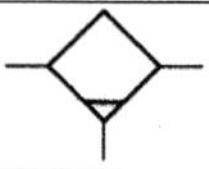	带手动排水分离器的过滤器	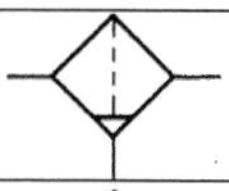
自动排水流体分离器	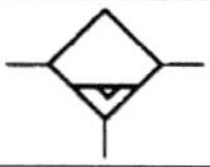	吸附式过滤器	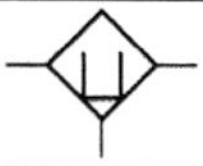
空气干燥器	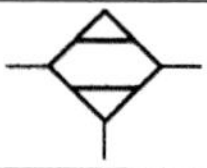	油雾器	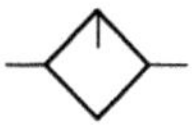
气罐		手动排水油雾器	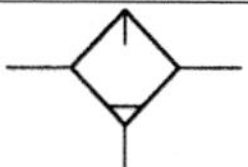
隔膜式充气蓄能器	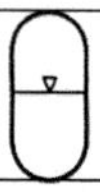	气囊式蓄能器	
活塞式充气蓄能器	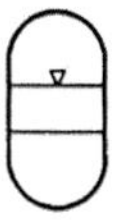	气瓶	

附录 B　常用液压与气动元件图形符号（旧）

（摘自 GB 786.1—1993）

（一）管路及连接

名　称	符　号	名　称	符　号
工作管路		管口在液面以下的油箱	
控制管路		直接排气口	
连接管路		带连接排气口	
交叉管路		带单向阀快换接头	
柔性管路		不带单向阀快换接头	
管口在液面以上的油箱		单通路旋转接头	

（二）控制方法

名　称	符　号	名　称	符　号
按钮式人力控制		滚轮式机械控制	
手柄式人力控制		单向滚轮式机械控制	
踏板式人力控制		单作用电磁控制	
顶杆式机构控制		双作用电磁控制	
弹簧控制		加压或泄压控制	
差动控制		气—液先导控制	
内部压力控制		电—液先导控制	
外部压力控制		电—气先导控制	
气压先导控制		液压先导泄压控制	

续表(二)

名　称	符　号	名　称	符　号
液压先导控制	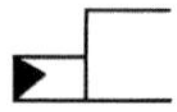	电反馈控制	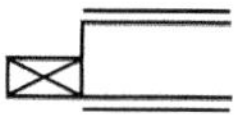

(三) 泵、马达和缸

名　称	符　号	名　称	符　号
单向定量液压泵 空气压缩机	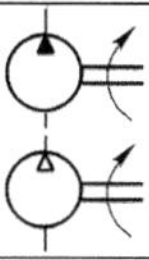	双向定量马达	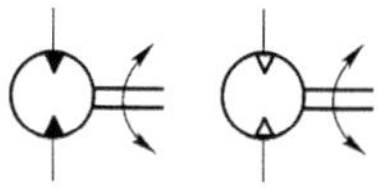
双向定量液压泵	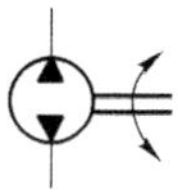	单向变量马达	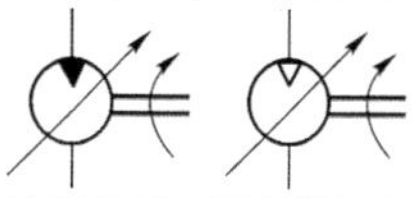
单向变量液压泵	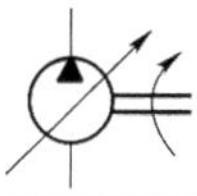	双向变量马达	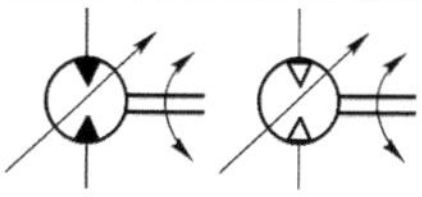
双向变量液压泵	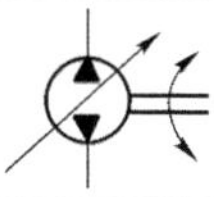	摆动马达	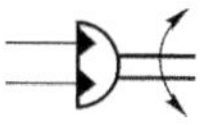
单向定量马达	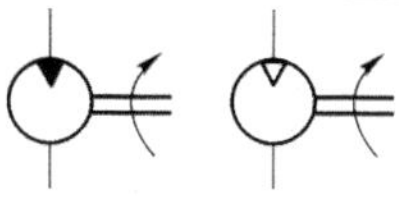	单作用弹簧复位缸	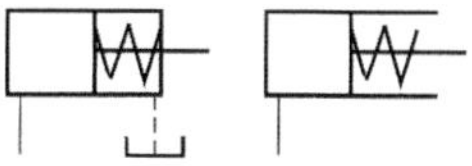
双作用单活塞杆缸	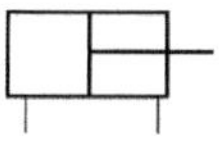	可调双向缓冲缸	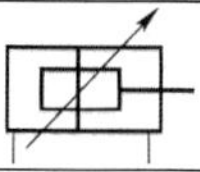
双作用双活塞杆缸	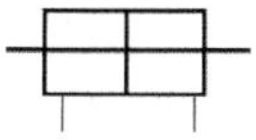	气液转换器	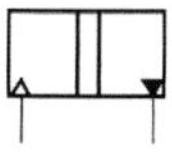
不可调单向缓冲缸	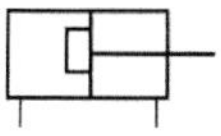	增压器	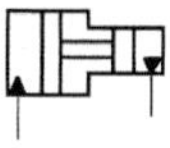

(四) 控制元件

名　称	符　号	名　称	符　号
直动型溢流阀	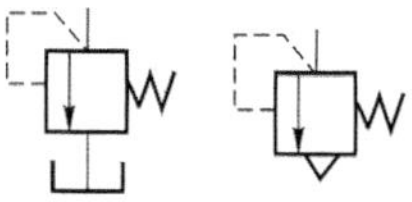	溢流减压阀	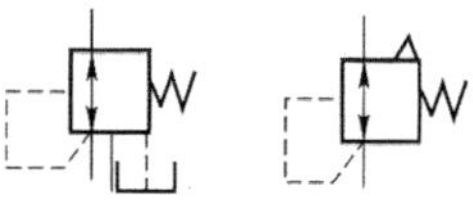
先导型溢流阀	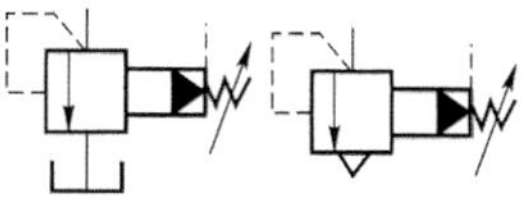	定差减压阀	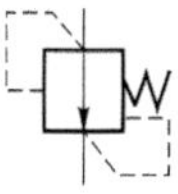
先导型比例电磁溢流阀	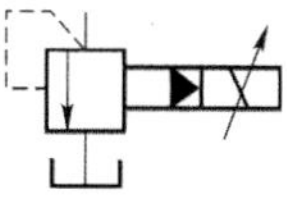	直动型顺序阀	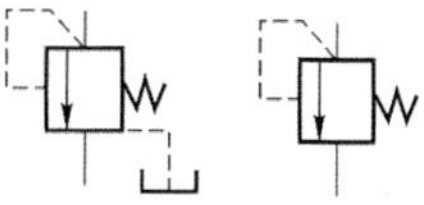

续表(四)

名　称	符　号	名　称	符　号
双向溢流阀		先导型顺序阀	
直动型减压阀		直动型卸荷阀	
先导型减压阀		可调节流阀	
不可调节流阀		快速排气阀	
带消声器的节流阀		二位二通换向阀	
调速阀	一般型　旁通型	二位三通换向阀	
温度补偿调速阀		二位四通换向阀	
分流阀		二位五通换向阀	
单向阀	简化	三位四通换向阀	
液控单向阀	简化	三位五通换向阀	
或门型梭阀		三位六通换向阀	
与门型梭阀		四通电液伺服阀	

（五）辅助元件

名　称	符　号	名　称	符　号
过滤器		污染指示过滤器	
分水排分器	人工排水　自动排水	电动机	
空气过滤器		原动机	
空气干燥器		温度计	
油雾器		压力计	
冷却器		液面计	
加热器		流量计	
蓄能器	一般式　充气式　重锤式　弹簧式	消声器	
气罐		报警器	
液压器		压力继电器	简化　详细
气压源		行程开关	简化　详细

附录C 常用液压与气动元件新旧图形符号对比

元件名称	GB/T 786.1—2009	GB/T 786.1—1993	元件名称	GB/T 786.1—2009	GB/T 786.1—1993
定量泵			单活塞杆缸		
单向变量泵			双杆活塞缸		
双向流动单向旋转变量泵			单作用单杆缸		
双作用马达			液控单向阀		
单向定量马达			双单向阀（液压锁）		
双向定量马达			单向调速阀		
直动式溢流阀			分流阀		
先导式溢流阀			调速阀		
直动式减压阀			电磁阀		
先导式减压阀			电液阀		

续表

元件名称	GB/T 786.1—2009	GB/T 786.1—1993	元件名称	GB/T 786.1—2009	GB/T 786.1—1993
直动式顺序阀			液动阀		
溢流调压阀			不带单向阀的快换接头		
直动式电液比例阀			带单向阀的快换接头		
压力继电器			弹簧		

参考文献

[1] 刘建明,何伟利.液压与气压传动[M].北京:机械工业出版社,2014.
[2] 陆望龙.陆工谈液压维修[M].北京:化学工业出版社,2013.
[3] 张勤,徐钢涛.液压与气压传动技术[M].北京:高等教育出版社,2008.
[4] 张宏友.液压与气动技术[M].2版.大连:大连理工大学出版社,2006.
[5] 姜继海.液压传动[M].哈尔滨:哈尔滨工业大学出版社,2004.
[6] 时彦林.液压传动[M].北京:化学工业出版社,2006.
[7] 曹建东.液压传动与气动技术[M].北京:北京大学出版社,2006.
[8] 胡海涛,陈爱民.气压与液压传动控制技术[M].北京:北京理工大学出版社,2006.
[9] 吴卫荣.液压技术[M].北京:中国轻工业出版社,2006.
[10] 吴卫荣.气动技术[M].北京:中国轻工业出版社,2005.
[11] 张群生.液压与气压传动[M].北京:机械工业出版社,2002.
[12] 刘忠伟.液压与气压传动[M].北京:化学工业出版社,2005.
[13] 章宏甲,黄谊.液压传动[M].北京:机械工业出版社,2000.
[14] 季明善.液气压传动[M].北京:机械工业出版社,2001.
[15] 陆望龙.实用液压机械故障排除与修理大全[M].长沙:湖南科学技术出版社,1999.
[16] 张磊.实用液压技术300题[M].2版.北京:机械工业出版社,1998.
[17] 左健民.液压与气动技术[M].3版.北京:机械工业出版社,2005.
[18] 王积伟,章宏甲,黄谊.液压与气动传动[M].2版.北京:机械工业出版社,2005.
[19] 关肇勋,黄奕振.实用液压回路[M].上海:上海科学技术文献出版社,1988.
[20] 袁承训.液压与气压传动[M].2版.北京:机械工业出版社,2004.
[21] 陆一心.液压与气动技术[M].北京:化学工业出版社,2004.
[22] 姜佩东.液压与气动技术[M].北京:高等教育出版社,2004.
[23] 朱新才,周秋沙.液压与气动技术[M].重庆:重庆大学出版社,2003.
[24] 李登万.液压与气压传动[M].南京:东南大学出版社,2004.
[25] 杜德昌.农机液压与气动技术[M].北京:高等教育出版社,2002.
[26] 朱洪涛.液压与气压传动[M].北京:清华大学出版社,2005.
[27] 齐晓杰.汽车液压与气压传动[M].北京:机械工业出版社,2005.
[28] 赵波,王宏元.液压与气动技术[M].北京:机械工业出版社,2005.
[29] 李芝.液压传动[M].北京:机械工业出版社,1999.